教育部高等学校电子信息类专业教学指导委员会规划教材
高等学校电子信息类专业系列教材

Electronic System Design

电子系统综合设计
——基于精选案例与实战指导

陈小桥　　**张从新**　　**胡明宇**　　**陶琴**　　**编著**
Chen Xiaoqiao　Zhang Congxin　Hu Mingyu　Tao Qin

清華大學出版社
北京

内 容 简 介

本书涵盖范围广泛，以全国大学生电子设计竞赛、英特尔杯大学生电子设计竞赛、Altera 杯大学生电子设计竞赛、全国电工电子基础课程实验教学案例设计竞赛四大赛事为依托，加以大学生科研项目、本科生毕业设计的优秀作品，旨在锻炼学生解决实际问题的能力，为高校学生参加相关科研和竞赛提供科学思路和实战指导，为高等学校电子信息类拔尖创新人才培养的探索与实践提供借鉴和参考。

本书定位准确、内容新颖、结构合理、案例丰富、深入浅出，对读者具有重要的指导意义。本书可作为高等学校电子信息工程、通信工程等专业的实践教程和参考图书，也可供相关工程技术人员参考。

图书在版编目(CIP)数据

电子系统综合设计：基于精选案例与实战指导/陈小桥等编著.—北京：清华大学出版社，2019(2020.1重印)
(高等学校电子信息类专业系列教材)
ISBN 978-7-302-51717-7

Ⅰ.①电… Ⅱ.①陈… Ⅲ.①电子系统—系统设计—高等学校—教材 Ⅳ.①TN02

中国版本图书馆 CIP 数据核字(2018)第 267469 号

责任编辑：曾　册
封面设计：李召霞
责任校对：梁　毅
责任印制：丛怀宇

出版发行：清华大学出版社
　　　　　网　　　址：http://www.tup.com.cn，http://www.wqbook.com
　　　　　地　　　址：北京清华大学学研大厦 A 座　　　　　　邮　　编：100084
　　　　　社 总 机：010-62770175　　　　　　　　　　　　　邮　　购：010-62786544
　　　　　投稿与读者服务：010-62776969，c-service@tup.tsinghua.edu.cn
　　　　　质量反馈：010-62772015，zhiliang@tup.tsinghua.edu.cn
　　　　　课件下载：http://www.tup.com.cn，010-62795954
印 装 者：北京九州迅驰传媒文化有限公司
经　　销：全国新华书店
开　　本：185mm×260mm　　印　张：17　　　　　字　　数：413 千字
版　　次：2019 年 5 月第 1 版　　　　　　　　　　印　　次：2020 年 1 月第 3 次印刷
定　　价：49.00 元

产品编号：079339-01

前 言
PREFACE

电子技术在国民经济建设中发挥了重要作用,它已广泛渗透到工业、农业、国防、科技及人们的日常生活中。随着电子技术日新月异的快速发展和经济需求的迅猛增长,社会对电子类拔尖人才的需求与人才培养模式的矛盾越来越突出,主要反映在高校培养计划普遍重视理论课程教学,忽视了实践环节;有些高校没有达到教育部对各专业实践教学所要求的学时数或学分数,导致学生的工程实践能力、解决实际问题的能力较弱。多年的实践证明,培养优秀人才不仅要有优秀的教师队伍和优质课程,同时还必须重视实践教学在人才培养中的作用和地位。然而重学轻术的现象在高校中还比较普遍,重科学研究、轻人才培养的畸形状态在高校中还有相当大的市场,这不仅严重影响人才培养质量,也阻碍了高等教育发展。

教育部相继启动了"高等学校教学质量和教学改革工程"以及"卓越工程师教育培养计划",将培养学生的实践能力提高到战略高度。武汉大学电子信息学院开展了一系列有益的探索,取得了相对丰硕的成果。本书作者长期以来工作在教学一线,在指导学生创新实践、大学生科研、电子类学科竞赛等方面积累了丰富的实践教学经验。本书收集、整理了一批大学生科研项目、毕业设计专题、各类学科竞赛获奖作品(如全国大学生电子设计竞赛等)以及全国高校实验教学获奖实验项目等,每个案例都给出了相关原理、方案、硬件电路以及软件架构,部分还附有程序源代码,可供学生在自主学习、创新设计、学科竞赛培训及开展电子系统综合设计等方面作为参考,也可作为电子设计实践课程的参考教材。

本书以归纳、学习知识点为主线,适合具有一定电类专业知识的学生使用,本书旨在提高学生设计能力和解决实际问题的能力,尽量解决好电子类综合设计实践环节的薄弱部分,借此推进高校电子实验教学改革。

成书过程中得到武汉大学电子信息学院教学实验中心老师们的大力支持和帮助,他们不仅提供了良好的素材,还提供了许多宝贵的意见和建议。尤其要感谢我的同事杨光义老师,对本书的编写起到非常重要的作用,还要感谢李高旭、张梓琪等同学的无私奉献和参与。由于时间仓促,书中难免有不妥或错误之处,欢迎批评指正。如果您对本书有任何意见或建议,抑或您对本书中的某些内容或章节感兴趣,不妨通过电子邮件(cxq@whu.edu.cn)共同探讨,不胜感激。

陈小桥

2018 年于武汉

说　　明

　　书中的电路图大多来自专业绘图软件,为保持一致,书中不再做修改。例如,电容的单位 uF 即为 μF(微法);元器件标注为正体,如有序号,则采用平排,不采用下角形式。

目 录

CONTENTS

第 1 章

大学生科研项目

1.1 基于 Nios 的航空相机姿态矫正系统

航空摄影是快速获取地理信息的重要技术手段,是测量并更新国家地形图以及建立地理信息数据库的重要资料源,在空间信息的获取与更新中起着不可替代的作用。飞机在飞行摄影时会受到本机和气流等的影响,机体无法保持平稳,因此,机载相机很难对指定区域进行高精度拍摄。如果不使用相机姿态矫正系统,拍摄飞机必须延长飞行时间、增加拍摄次数、增加航次,而且拍摄质量会下降,将给图像的后期处理带来困难。为了有效隔离运载体复杂运动的影响,实现高精度的方位设置对准,控制相机严格按制定航向拍摄,高质量的相机姿态矫正系统必不可少。相机姿态矫正系统可以降低航拍飞机的等级要求,减少拍摄作业对于天气等多种环境因素的依赖,改善拍摄效果,提高后期处理的质量。

1.1.1 系统总体方案

系统控制模块通过模数转换(Analog-to-Digital Convert,ADC)采样得到陀螺仪传出的姿态角数据,经过一定分析操作,给云台下达相应指令。云台接受指令后带动相机调整姿态,从而达到相机姿态矫正的目的。系统总体结构如图 1.1 所示。

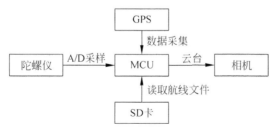

图 1.1　系统总体结构

1. 姿态角获取

姿态传感器使用常见的一款微机电系统(Micro-Electro-Mechanical System,MEMS)——MPU6050。它整合了 3 轴陀螺仪、3 轴加速器,并含可藉由第二个 I^2C(Inter-Integrated Circuit,集成电路总线)端口连接其他厂牌的加速器、磁力传感器或其他传感器的数位运动处理(Digital Motion Processor,DMP)硬件加速引擎,由主要 I^2C 端口以单一数据流的形式,向应用端输出完整的 9 轴融合演算技术 InvenSense 的运动处理资料库,可处理运动感测的复杂数据,降低了运动处理运算对操作系统的负荷,并为应用开发提供架构化的 API。

2. 数据读取时出现中间电平

在 I²C 总线中,由于串行数据(Serial Data,SDA)与串行时钟(Serial Clock,SCL)都是经过上拉电阻的,只要有一方输出为低电平,总线上的电平都会被拉低。但是,在调试的过程中出现了电平处于中间值的问题,如图 1.2 所示。上部分的波形图为 SCL 信号,下部分为 SDA 信号,SDA 信号在中间段出现了一个中间电平。中间电平出现的原因是主机与 MPU6050 在占用 SDA 总线时,原则上不能同时定义为输出。主机在发送 8 位的 DATA 数据后,应将 SDA 从输出口设置为输入口用以接收应答信号,MPU6050 在接收 8 位的 DATA 数据后,会立即将 SDA 置为输出,此时输出为 0。如果主机之前是发送地址加读信号 1,那么 DATA 数据的最后一位是 1。而在主机程序中并没有立刻将 SDA 口设置为输入,从而导致 SDA 两边都是输出口,且一端是 0,一端是 1,这显然是违反规则的。

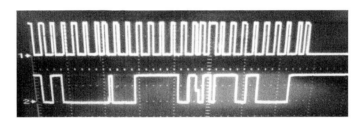

图 1.2　数据读取时出现中间电平

为解决该问题,设置发送完最后一位的数据 DATA 后,立刻在程序中将 SDA 设置为输入状态即高阻态,该措施可以有效规避中间电平的出现。

3. 数据读取时无响应信号 ACK

在 I²C 通信协议中,主机每发送 8 位的数据 DATA,从机就会回应一个确认字符(Acknowledgement,ACK)信号,即由低到高的电平变换,表示接收到了主机发送的信息。如果从机处于 BUSY 状态,则不会对此做出回应。

然而,在实际操作中发现,当发送第一个读信号的时候,传感器时钟没有发送回应 ACK 信号,而在数据线 SDA 上的数据也是全为 1 的信号,如图 1.3 所示。

图 1.3　数据读取时无响应信号 ACK

这是由于在 MPU6050 上电启动之后,需要一定的时间进行预处理,而程序初始化后的延迟时间不足,以致 MPU6050 不能正常地提供数据,所以写数据时 MPU6050 能够响应,而读数据的时候 MPU6050 不能响应。

4. MPU6050 正常读写

解决数据读取时出现中间电平和无响应信号的问题后,MPU6050 能够正常工作,且高 8 位数据、低 8 位数据分别如图 1.4、图 1.5 所示。

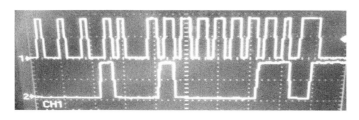

图 1.4 高 8 位数据

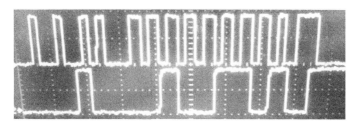

图 1.5 低 8 位数据

由结果可知,在读取数据的 8 个时钟周期中,读取到的高 8 位数据为 0x41,低 8 位数据为 0x26,融合之后数据为 0x4126。由于 MPU6050 传感器是 16 位数据输出,此时读取的数据是 z 轴方向上的加速度,转换成十进制是 16678,此时的量程为 $\pm 2g$,则 z 轴上的加速度为

$$z_{\mathrm{acc}} = \frac{16678}{16368} = 1.018g \tag{1-1}$$

其中,g 为重力加速度常数,即此时 z 轴方向上的加速度为 $1.018g$,而实际状态是传感器 z 轴是与地面垂直的,这与实际值非常接近。至此,姿态角的初步获取完成。

1.1.2 姿态角的处理——Kalman 滤波

数据融合技术是组合导航系统的关键技术之一,20 世纪 60 年代以后,数据融合开始采用 Kalman(卡尔曼)滤波技术。Kalman 滤波是组合导航的核心,它在军事和国防方面应用价值巨大。通过在现场可编程门阵列(Field-Programmable Gate Array,FPGA)上编写加减乘除的硬件语言实现 Kalman 滤波,解决了现有 PC(Personal Computer)和 DSP(Digital Singnal Processor)等微处理器芯片两种方式实现的体积、成本、功耗和导航精度、速度等性能不能兼容等缺点。

1. 乘法运算

根据 IEEE 754 标准,单精度浮点数的格式如图 1.6 所示。浮点数的值通常表示为

$$F = (-1)^S \times 1.M \times R^{E-2^{N-1}} \tag{1-2}$$

其中,S 为符号位,M 为尾数,E 为阶码,R 为基数,N 为一常量,此处取 8。

浮点数乘法运算可表示为

$$\begin{cases} F = F_A \times F_B = (-1)^{S_A + S_B} \times 1.M_A \times 1.M_B \times R^{E_A + E_B - 2^{N-1} - 2^{N-1}} \\ S = S_A \otimes S_B \\ E = E_A + E_B - 2^{N-1} \end{cases} \qquad (1\text{-}3)$$

其中,⊗为异或运算符号。如上所述,浮点数乘法器运算可分为 3 步:

(1) 将数据分为 3 个部分:符号、阶码、尾数。

(2) 符号位进行异或运算,阶码相加,尾数相乘。

(3) 对结果进行规格化并输出。

图 1.6　单精度浮点数的格式

浮点数乘法先利用无符号乘法器将两浮点数的尾数相乘得到双精度的运算结果,同时阶码相加并且减去偏移量 2^{N-1},由于标准的浮点数表示省略了首位"1",所以在运算时需将首位"1"还原。阶码相加并减去偏移量后还应加两次 1,但由于尾数均为 1XXX…X 形式,乘法运算后其结果必然为 01XXX…X 的形式或 1XXX…X 的形式,所以,阶码相加并减去偏移量后只加了一个 1,而另一次加 1 则根据乘法运算结果的形式来确定。

按照上述步骤,编写硬件语言,编译完成后,乘法使用资源情况如图 1.7 所示。

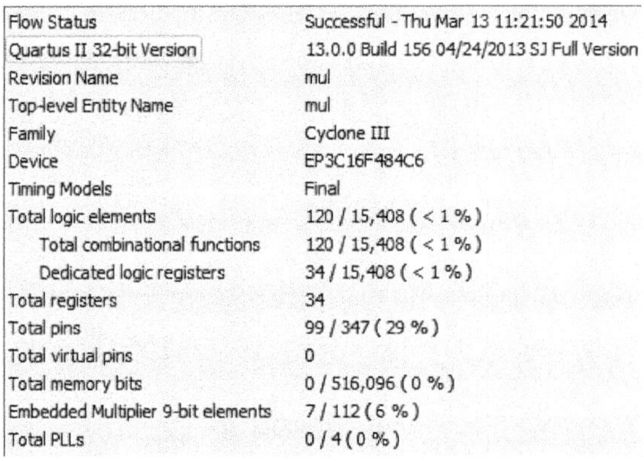

Flow Status	Successful - Thu Mar 13 11:21:50 2014
Quartus II 32-bit Version	13.0.0 Build 156 04/24/2013 SJ Full Version
Revision Name	mul
Top-level Entity Name	mul
Family	Cyclone III
Device	EP3C16F484C6
Timing Models	Final
Total logic elements	120 / 15,408 (< 1 %)
Total combinational functions	120 / 15,408 (< 1 %)
Dedicated logic registers	34 / 15,408 (< 1 %)
Total registers	34
Total pins	99 / 347 (29 %)
Total virtual pins	0
Total memory bits	0 / 516,096 (0 %)
Embedded Multiplier 9-bit elements	7 / 112 (6 %)
Total PLLs	0 / 4 (0 %)

图 1.7　乘法使用资源情况

乘法运算仿真结果如图 1.8 所示。

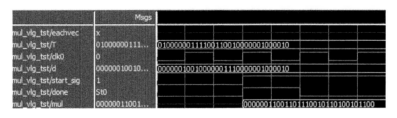

图 1.8　乘法运算仿真结果

由仿真结果可知,该乘法模块占用资源不多,计算速度较快,只需 2 个周期即可完成一次运算。

2. 除法运算

浮点数除法运算可表示为

$$\begin{cases} F = F_A \div F_B = (-1)^{S_A - S_B} \times (1.M_A \div 1.M_B) \times R^{(E_A - E_B + 2^{N-1}) - 2^{N-1}} \\ S = S_A \otimes S_B \\ E = E_A - E_B + 2^{N-1} \end{cases} \quad (1\text{-}4)$$

原理同浮点数乘法,浮点数除法器运算也可分为 3 步:

(1) 将数据分为 3 个部分,符号、阶码、尾数。

(2) 符号位进行异或运算,解码相减,尾数相除。

(3) 对结果进行规格化并输出。

在尾数运算中,设被除数为 f_a,除数为 f_b,第 i 次的商为 Q_i,第 i 次运算得到的余数为 R_i,令 $R_0 = f_a$,则有

$$R_0 = q_1 \times f_b + R_1 \quad (1\text{-}5)$$

当 $R_0 - f_b \geqslant 0$ 时,$q_1 = 1$;反之,$q_1 = 0$,然后需要将除数 f_b 右移一位,即

$$R_1 = q_2 \times (f_b \times 2^{-1}) + R_2 \quad (1\text{-}6)$$

按照上述步骤,编写硬件语言,编译完成后,除法资源使用情况如图 1.9 所示。

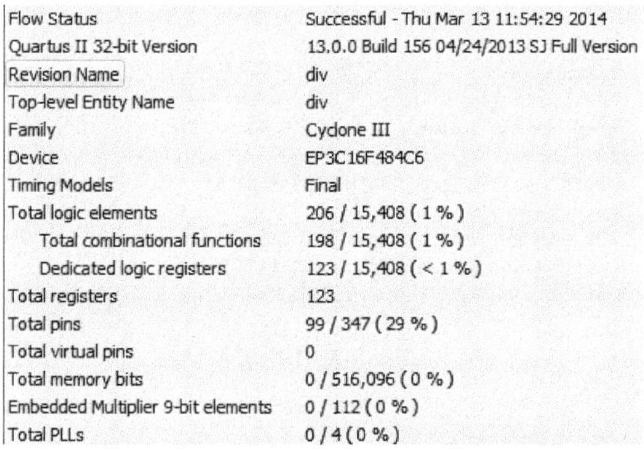

Flow Status	Successful - Thu Mar 13 11:54:29 2014
Quartus II 32-bit Version	13.0.0 Build 156 04/24/2013 SJ Full Version
Revision Name	div
Top-level Entity Name	div
Family	Cyclone III
Device	EP3C16F484C6
Timing Models	Final
Total logic elements	206 / 15,408 (1 %)
Total combinational functions	198 / 15,408 (1 %)
Dedicated logic registers	123 / 15,408 (< 1 %)
Total registers	123
Total pins	99 / 347 (29 %)
Total virtual pins	0
Total memory bits	0 / 516,096 (0 %)
Embedded Multiplier 9-bit elements	0 / 112 (0 %)
Total PLLs	0 / 4 (0 %)

图 1.9　除法资源使用情况

除法运算仿真结果如图 1.10 所示。

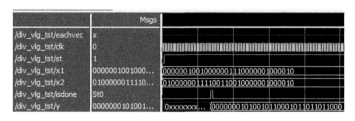

图 1.10　除法运算仿真结果

从仿真结果可知,该除法模块占用资源较少,但是运算时间稍长,需 27 个周期。

3. 加法运算

浮点数加法运算可表示为

$$\begin{cases} F = F_A + F_B = (1.M_A + 1.M_B \times R^{E_B - E_A + 2^{N-1}}) \times R^{E_A - 2^{N-1}} \ (E_A \geqslant E_B) \\ F = F_A + F_B = (1.M_A \times R^{E_A - E_B + 2^{N-1}} + 1.M_B) \times R^{E_B - 2^{N-1}} \ (E_B \geqslant E_A) \end{cases} \quad (1-7)$$

运算步骤如下:

(1) 符号判断:确定 S_A 和 S_B 的值,从而决定是加法运算还是减法运算。

(2) 阶码比较:比较 E_A 和 E_B 的大小,交换浮点数的位置,使较小的数为加数或减数,求阶码之差。

(3) 尾码对接:尾码对阶的原则为"阶码相等,小阶和大阶看齐",小阶向右移动阶差 E 位,阶码增加 E 位。

(4) 求和或求差:对接完毕浮点数的尾码需要进行求和或求差。

(5) 规格化处理:对结果进行前导 1 检测、初次规格化、尾数舍入和最终规格化得到最后结果。

按照上述步骤,编写硬件语言,编译完成后,加法使用资源情况如图 1.11 所示。

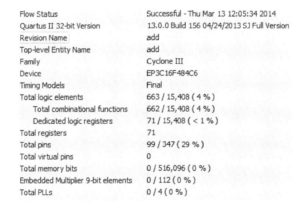

图 1.11 加法使用资源情况

加法运算仿真结果如图 1.12 所示。

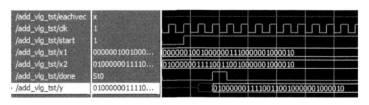

图 1.12 加法运算仿真结果

从仿真结果可知,该加法模块占用资源较少,运算时间也比较短。

4. 减法运算

减法模块的运算步骤基本和加法模块一致,区别在于将加法均替换为减法,在此不再描述运算步骤,直接给出结果。

减法使用资源情况如图 1.13 所示。

Flow Status	Successful - Thu Mar 13 15:04:47 2014
Quartus II 32-bit Version	13.0.0 Build 156 04/24/2013 SJ Full Version
Revision Name	sub
Top-level Entity Name	sub
Family	Cyclone III
Device	EP3C16F484C6
Timing Models	Final
Total logic elements	662 / 15,408 (4 %)
Total combinational functions	662 / 15,408 (4 %)
Dedicated logic registers	71 / 15,408 (< 1 %)
Total registers	71
Total pins	99 / 347 (29 %)
Total virtual pins	0
Total memory bits	0 / 516,096 (0 %)
Embedded Multiplier 9-bit elements	0 / 112 (0 %)
Total PLLs	0 / 4 (0 %)

图 1.13　减法使用资源情况

减法运算仿真结果如图 1.14 所示。

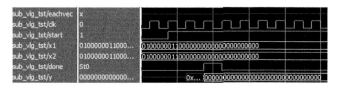

图 1.14　减法运算仿真结果

5. Kalman 滤波硬件模块

基于上述运算基础,接下来搭建 Kalman 滤波的硬件。首先建立系统模型,以陀螺仪数据建立线性方程为

$$\alpha_{k+1} = \alpha_k + (W_k - \beta_k)\Delta T \tag{1-8}$$

其中,α 是飞行姿态角,W 是陀螺仪的测量的角速度数据,β 是测量误差,ΔT 是抽样时间间隔,假定陀螺仪测量误差是常量,即 $\beta_{k+1} = \beta_k$,结合线性方程得到状态矩阵方程,得到前述系统状态方程为

$$\begin{bmatrix} \alpha_{k+1} \\ \beta_{k+1} \end{bmatrix} = \begin{bmatrix} 1 & -\Delta T \\ 0 & 1 \end{bmatrix} \begin{bmatrix} \alpha_k \\ \beta_k \end{bmatrix} + \begin{bmatrix} \Delta T \\ 0 \end{bmatrix} W_k \tag{1-9}$$

Kalman 滤波步骤为:

(1) 读取当前陀螺仪数据 W_k,由状态方程得到系统的状态预测 $x_{k+1} = Ax_k + BW_k$。

(2) 读取加速度计的转角数据 Z_k,根据观测方程得到观测噪声的革新 $V_k = Z_k - Cx_{k+1}$,C 为观测系数矩阵,取 $C = \begin{bmatrix} 1 & 0 \end{bmatrix}$。

(3) 计算估值误差方差阵,$P_{k+1} = AP_kA^T$。

(4) 计算最优增益矩阵,$K_{k+1} = P_{k+1}C^T (CP_{k+1}C^T + R_k)^{-1}$,其中 $R_k = E[V_k \quad V_k^T]$。

(5) 计算最优滤波递推估值,$\hat{x}_{k+1} = x_{k+1} + K_{k+1}V_k$,是我们所需要的值,作为下一次的状态输入。

(6) 计算最优滤波误差方差阵,$\hat{P}_{k+1} = (I - K_{k+1}C)P_{k+1}$,作为下一次的 P_k。

根据以上步骤和加减乘除模块,搭建 Kalman 的硬件模型。

以 Kalman_final 为顶层文件,然后按照 6 个方程新建 6 个第二层文件(分别为 fxyz,fv,fabcd,fk,fkxv,fkp),每个第二层文件对应一个 Kalman 滤波方程,第三层文件就是每个方程的具体实现。Kalman 硬件模块的层次结构如图 1.15 所示。

图 1.15   Kalman 硬件模块的层次结构

Kalman 硬件模块使用资源情况如图 1.16 所示。

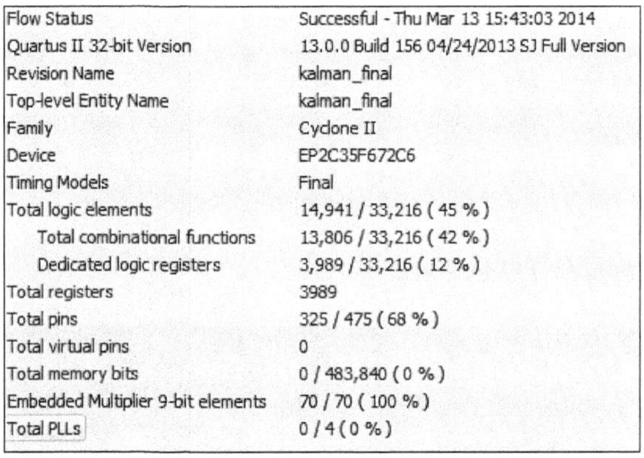

Flow Status	Successful - Thu Mar 13 15:43:03 2014
Quartus II 32-bit Version	13.0.0 Build 156 04/24/2013 SJ Full Version
Revision Name	kalman_final
Top-level Entity Name	kalman_final
Family	Cyclone II
Device	EP2C35F672C6
Timing Models	Final
Total logic elements	14,941 / 33,216 (45 %)
Total combinational functions	13,806 / 33,216 (42 %)
Dedicated logic registers	3,989 / 33,216 (12 %)
Total registers	3989
Total pins	325 / 475 (68 %)
Total virtual pins	0
Total memory bits	0 / 483,840 (0 %)
Embedded Multiplier 9-bit elements	70 / 70 (100 %)
Total PLLs	0 / 4 (0 %)

图 1.16   Kalman 硬件模块使用资源情况

Kalman 滤波仿真结果如图 1.17 所示。

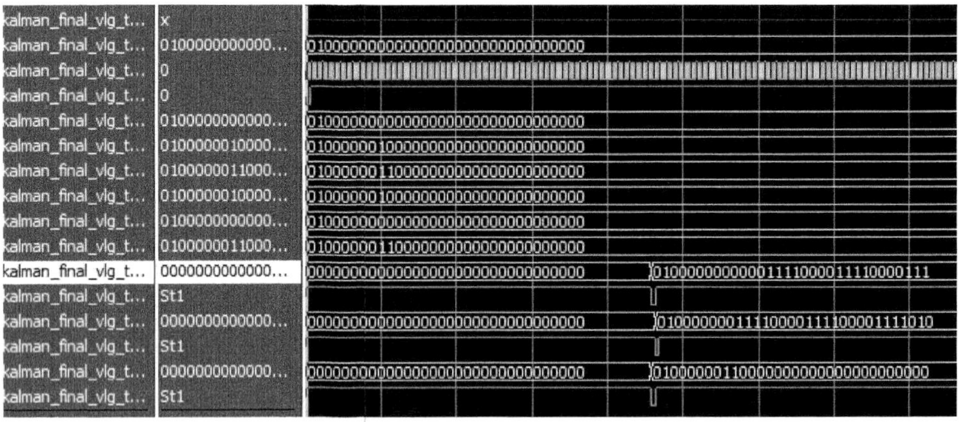

图 1.17   Kalman 滤波仿真结果

从结果可以看出,整个模块占用资源较少,在 50% 以下,而且速度较快,解算一次大约需要 1ms,仿真使用时钟为 100MHz。

1.1.3   相机姿态调整

搭建 Nios 软核,获取经由 Kalman 硬件滤波器处理的姿态角数据,并产生相应的控制信号控制云台自我调整姿态。控制算法采用 PID 算法(Proportion,Integration,

Differentiation)。

在云台的姿态控制中,控制量是舵机的脉冲输入宽度 $u(t)$,控制量是相机角度与预设角度的偏差 $e(t)$。

设定一个比例常数 K_c,则有 $u(t)=K_c \cdot e(t)$。我们使用常规的 PID 参数的整定方法整定 PID 常数 K_c、T_i、T_d。

1) 调整比例常数

首先,将积分系数 T_i 和微分系数 T_d 取零,即取消微分和积分作用,采用纯比例控制。将比例系数 K_c 由小到大变化,观察系统的响应,直至响应速度较快,且有一定范围的超调为止。如果系统静差在规定范围之内,且响应曲线已经满足设计要求,那么只需用纯比例调节器即可。然而在云台的姿态控制上,只使用比例作用难以满足要求。

2) 调整积分常数

由于云台控制系统要求的精度很高,而单纯的比例控制不可避免地会有稳态误差,即当相机的角度与预设角度有较大偏差时,云台自动调整到一个与预设角度相差很小的角度,然后稳定在这个角度上不再有变化。

因此,引入积分作用,使云台最后的调整角度与预设角度有一个微小的偏差,这个偏差造成的积分作用也会逐渐增大,最终使得整个控制器的输出增加,完全消除静态误差,使相机角度与预设角度几乎完全一致。

将积分系数 T_i 由小逐渐增加,积分作用就逐渐增强,观察输出会发现,云台系统的静态误差会逐渐减少直至消除。经过反复试验后,直到消除静态误差的速度达到要求为止。注意这时的超调量会比原来大,应适当地降低一点比例系数 K_c。

3) 调整微分常数

考虑到相机可能遭遇气流因素引起强烈波动,对系统造成不利影响。而波动的环境与正常情况不同,这时比例常数往往难以满足系统输出快速响应,因此引入微分的作用来弥补系统的响应不足。

先加入微分作用,整定时先将微分系数 T_d 从零逐渐增加,观察超调量和稳定性,同时相应地微调比例系数 K_c、积分系数 T_i,逐步试凑,直到满意为止。

在云台系统调试时,PID 显示出其特有的优点,即简洁易操作,不需要太复杂的原理推导。PID 参数较易整定,即 PID 参数 K_c、T_i 和 T_d 可以根据过程的动态特性及时整定。如果过程中动态特性变化,例如,由负载的变化可能引起系统动态特性变化,PID 参数就可以重新整定。这一优点使得该系统易于移植。

而在云台的姿态方向调整中,PID 控制基本上能达到要求,这一点主要体现在精度上。而控制的不足在于,当云台处于突发抖动状态时,往往需要较长的时间才能趋于稳定,这也是一个调节精度与调节速度的矛盾所在。

1.1.4 小结

相机姿态获取方面,采用 MPU6050 作为姿态传感器,可以获得相机的三轴加速度数据和三轴角速度数据,利用 Kalman 滤波理论将加速度数据和角速度数据融合得到可靠的姿态角数据。为兼顾系统成本和性能,使用 FPGA 实现 Kalman 滤波器,效果甚佳。

相机姿态调整方面,搭建 Nios 软核获取经由 Kalman 硬件滤波器处理的姿态角数据,并产生相应的控制信号控制云台进行自我调整姿态。

1.2 火力发电厂锅炉内化学量分布式监测系统

锅炉是火电厂的重要组成部分,每年因水质问题引起的锅炉内部结垢、腐蚀并最终破损爆裂等事故频发,造成了巨大的经济损失,对锅炉的健康状况进行实时、准确的监测具有重大意义。因此,本节设计了一种基于 MSP430 单片机的分布式监测系统。

1.2.1 系统总体方案

监测系统由现场 PC、主工作站和多个前置从工作站组成,系统总体结构如图 1.18 所示。其中,现场 PC 主要包括:用于接收数据的串口模块,储存数据的数据库,用于数据分析处理的运算模块,以及可以进行数据的实时显示、诊断结果显示和相关参数设定的系统界面。各前置工作站主要包括:协调和控制各外设工作的 MSP430 单片机;收/发数据的串口模块;缓存数据的 Flash 模块;协调系统内多机通信的通信接口电路;信号模数转换的A/D 模块;主要用于进行化学量信号预处理的调理电路模块;以及其他外设模块,可以实现可视化操作和安全警报工作。

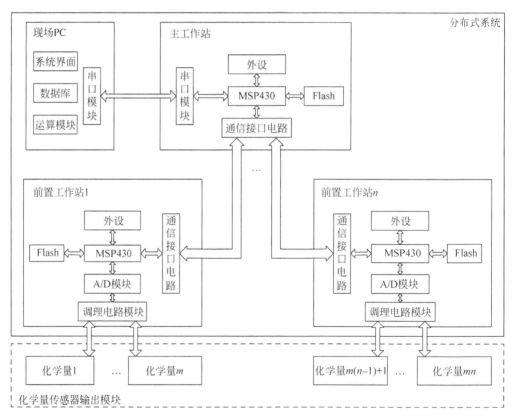

图 1.18 系统总体结构

1.2.2 分布式前置工作站

前置工作站设置在各个锅炉水取样点附近,主要完成对多种、多路化学量数据的采集和传感器信号的前期预处理。由于这种分布式监测模式,使锅炉内引线大为简化,安全风险降低。前置工作站结构如图1.19所示。

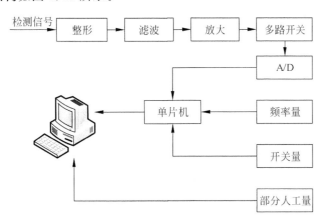

图1.19 前置工作站结构

1. 调理电路

经过调研,火电厂传感器仪表的输出大多为4~20mA或者0~10mA的电流量,因此,调理电路采用的设计方案是将4~20mA的电流量转换为0~5V的电压量。调理电路如图1.20所示,运算放大器采用的是高精度低失调的OP07AH,其参数指标优于普通廉价运放。最为关键的是在对零点信号的处理上,可以保证输入4mA的时候,运放U1的输出电压等于零。

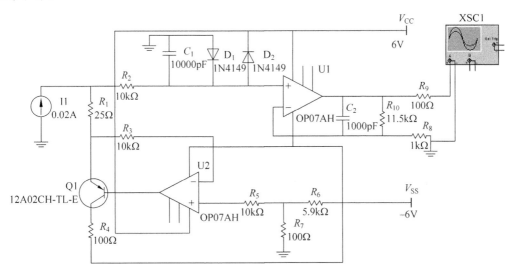

图1.20 调理电路

电路的工作原理是,运放U2的同相输入端电压由经过稳压后的负电源提供,它通过R_6与R_7的分压,取R_7上的电压与R_1上在4mA时的电压一样,然后,经过运放的缓冲,运放输出接有一只 PNP 型三极管,用于扩展输出能力。实际上这是一个典型的运算放大器稳压电源,输出将跟随着运放同相端的电压,可以从接近零的电压起调。

R_1 就是 4~20mA 的 I/V 转换电阻,由于运放的作用,这个电阻的最小取值可以很小,电阻越小越能减轻前方传感变送器的供电要求。考虑到传感变送器属于一种远传信号的使用环境,为了防止引入干扰信号,加有输入滤波电容器 C_1 和两只 1N4149 二极管对输入信号可能出现的危险电压进行保护。

在此调理电路中,取 $R_1 = 25\Omega$。当输入的微弱电流为 4mA 时,其压降为 0.1V。为了使输入 4mA 电流时,输出 0V 电压,需要在 I/V 转换电阻的负端配置 -0.1V 电压。由于 $V_{SS} = -6$V,选取 $R_6 = 5.9$kΩ,$R_7 = 100\Omega$,通过 R_6 与 R_7 的分压,可以得到 -0.1V 电压。这样,输入信号的 0.1V 与 I/V 配置的 -0.1V 恰好互相抵消,运放 U1 的输出将是零电压。该调理电路需将 4~20mA 电流转换为 0~5V 电压,通过 I/V 转换电阻及其负端配置 -0.1V 电压,将 4~20mA 电流转化为 0~0.4V 电压。最后,将后端运算放大器的放大倍数设置为 12.5,将 0~0.4V 电压放大为 0~5V 电压。

2. ADC12 采样模块

在前置工作站中,模拟型信号包括电压、电流、电阻、电容量等,需要先经过整形、滤波、放大以及 A/D 转换等过程转换为数字信号,再传送至单片机。

本系统采用 TI 公司的 16 位超低功耗、具有精简指令集(Reduced Instruction Set Computer,RISC)的 MSP430F149 单片机,此单片机内嵌 12 位 A/D 转换器 ADC12。

ADC12 采用逐次逼近原理,12 位分辨率,最大采样速率为 200kSps,内置采样保持电路具有 8 路模拟输入通道,每个通道可以独立选择内外正负参考电压源。片内 16 组转换存储寄存器,其中一个 16 位寄存器存放转换结果,一个 8 位寄存器存放采样通道号、参考电压选择及序列标志。用户可以预先设置好通道序列及参数,并用序列标志指明序列的结束位置,使得 A/D 可以进行多次转换而不需要软件的干预。

该系统需要在一个前置工作站实现多路通道数据的采集,因而使用多次多通道采样模式。ADC12 采样流程如图 1.21 所示。

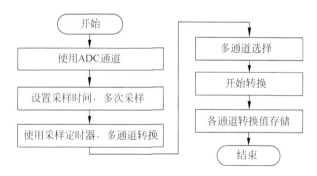

图 1.21　ADC12 采样流程

1.2.3　系统通信与布局

本系统的主要目的是将各前置工作站采集到的化学量数据传至现场 PC 的数据库中,并将部分无法采集的化学量人工录入数据库中,再对所有数据进行运算、处理和显示,以实现对火电厂锅炉内的各化学量的实时监测与诊断。由于系统采用分布式布局,多个前置工作站分别设置在分散的各个锅炉水取样点附近,前置工作站将采集到的数据暂存并且通过主工作站发送至上位机,其中,主工作站与上位机之间使用 RS232 协议进行通信,主工作站与各前置工作站之间使用 RS485 总线协议进行通信,系统整体布局如图 1.22 所示。

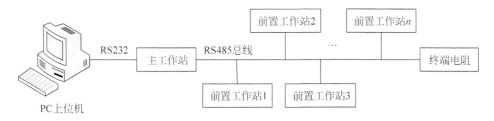

图 1.22 系统整体布局

系统内多机通信主要采用基于 RS485 总线的半双工主从通信方式,主工作站作为主节点,总线上的各个前置工作站作为从节点。系统工作过程中,由主工作站在总线上广播当前可以数据传输的工作站地址,每个前置工作站都收到此广播并且判断该数据帧包含的地址信息是否与自身地址匹配,若匹配则接收此帧并且回传相应的数据,否则丢弃此帧,继续监听总线。

1. 通信接口

各前置工作站主要使用 RS485 通信接口,RS485 接口标准的参数如表 1.1 所示,RS485 接口芯片选择 MAX485 芯片,该芯片采用半双工通信方式,内部含有一个驱动器和接收器,芯片如图 1.23 所示。RO 和 DI 端分别为接收器的输出端和驱动器的输入端。$\overline{\text{RE}}$和 DE 端分别为接收和发送的使能端,当$\overline{\text{RE}}$为逻辑 0 时,器件处于接收状态;当 DE 为逻辑 1 时,器件处于发送状态。A 端和 B 端分别为接收和发送的差分信号端,当 A 端的电平高于 B 端时,代表发送的数据为 1;当 A 端的电平低于 B 端时,代表发送的数据为 0。

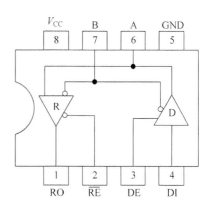

图 1.23 MAX485 芯片

表 1.1 RS485 接口标准的参数

性 能 指 标	RS485	性 能 指 标	RS485
工作模式	差分传输(平衡传输)	最大驱动电压输出范围/V	±5
允许的收发器数目	32	接收器输入阻抗/kΩ	≥12
最大电缆长度/m	1200	接收器输入灵敏度/mV	±200
最大数据速率/Mb·s⁻¹	10	接收器输入电压范围/V	7~12
最小驱动电压输出范围/V	±1.5		

由 MAX485 芯片组成的通信接口电路如图 1.24 所示,其中$\overline{\text{RE}}$和 DE 端相连接到 MSP430 单片机的 P33 口,由该 I/O 口输出高低电平控制芯片的工作模式,需要注意的是在切换芯片输入/输出模式时往往需要一定的时间,因此在半双工通信中切换模式时需一定延时;RO 端接

MSP430 单片机的 P37 口,即 UART 模块的接收端;DI 端接 MSP430 单片机的 P36 口,即 UART 模块的发送端;A、B 端之间接 120Ω 匹配电阻,主要用于消除传输线特性阻抗不连续引起的信号反射。

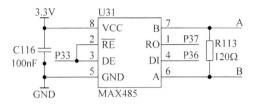

图 1.24 通信接口电路

2. 通信协议

1) 帧格式

此协议的帧格式为:编码格式为二进制代码;波特率为 9600bps。

单片机使用 UART(Universal Asynchronous Receiver/Transmitter)异步串行通信,通信协议为 UART 通信协议,每个字节数据流共 11 位,包括起始位、数据位、奇偶校验位以及停止位,数据传输格式如图 1.25 所示。

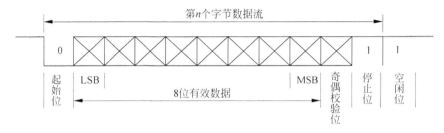

图 1.25 数据传输格式

帧校验方式:数据和,即截取所有数据求和的最后 1 字节。

主工作站的广播帧为相应前置工作站的地址,占 1B,前置工作站识别到匹配地址时的回传帧格式如图 1.26 所示,其中,帧头为每个前置工作站的编号,占 1B,前置工作站采集的每个数据量占 1B,数据校验和占 1B,最后是帧尾(0xFF)占 1B。

图 1.26 回传帧格式

2) 通信过程

RS485 总线为半双工通信方式,每一个节点都不断地在发送与接收模式之间切换,为了协调各节点的工作,避免通信中异常总线冲突,采用主从式方法,由主工作站主动发起通信,在总线上广播要求通信的工作站地址,而各前置工作站在被寻址前只能处于监听总线状态,直到接收的地址与自身匹配成功,则可以将采集到的数据经系统控制单元上传至主机。因所有工作站的数据需要依次采集,所以工作站节点在总线上的编址连续。

主工作站通信软件流程如图 1.27 所示,主工作站每隔一个定时时间会启动一次广播寻址,下一个定时时间到来时,检测是否收到回传帧并校验收到的数据,若失败,则在一个定时时间后重传当前目的工作站地址,直到达到最大重传次数,则放弃对当前目的工作站的寻址,转而向上位机报错。

前置工作站通信软件流程如图 1.28 所示,各前置工作站在收到总线上的广播数据后,立即判断地址与自身是否匹配,若匹配,则立即准备数据并计算校验和,等待数据发送完毕后重新监听总线数据。

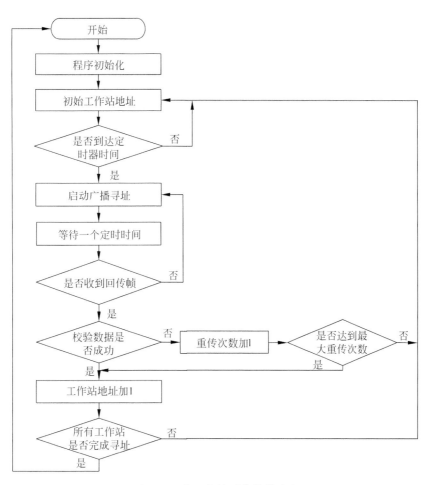

图 1.27 主工作站通信软件流程

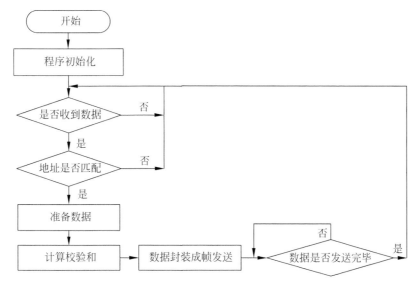

图 1.28 前置工作站通信软件流程

1.2.4 系统软件设计

1. 系统功能

软件基于微软基础类库（Microsoft Foundation Classes，MFC）编写，实现了用串口通信方式从工作站采集数据，并把数据以波形的形式实时显示，同时把数据记录在数据库中，可以选择任意时刻的数据进行查询。

在数据采集过程中，如果数据出现异常，会及时报警，并提出相应的应对方案，供用户选择，用户也可对数据波动范围和应对策略进行修改，以满足定制的需求。系统整体界面如图 1.29 所示。

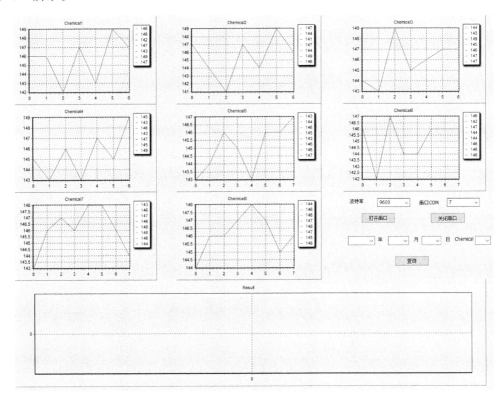

图 1.29 系统整体界面

1）串口通信

MSComm 通信控件提供了一系列标准通信命令的接口，它允许建立串口连接，可以连接到其他通信设备，如 Modem。还可以发送命令、进行数据交换以及监视和响应在通信过程中可能发生的各种错误和事件，从而可以用它创建全双工、事件驱动的、高效实用的通信程序。

利用 MSComm 控件进行串口通信，可以选择相应的串口号和波特率，从而有序接收单片机发出的数据。串口通信界面如图 1.30 所示。

2）实时显示

TeeChart Pro ActiveX 是一个图表控件，适用于可识别 ActiveX 的编程环境，如 Microsoft Office，VB，VC++，ASP 以及 .NET 等。它的结构和特征功能集是通过与用户多

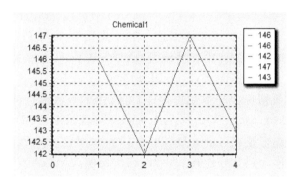

图 1.30　串口通信界面

年的交互式开发建立起来的,所以说是一个强大的图表控件,能够提供高效、直观、节省时间的编程接口。TeeChart Pro ActiveX 控件能够在多种编程环境中提供大量的返回信息,在图表领域,它是数以千计同类产品中的佼佼者。

利用 TeeChart 控件对收到的数据进行展示,把收到的数据以波形的形式在界面上实时显示,可以直观地看出数据的趋势,方便用户进行判断。数据波形实时显示界面如图 1.31 所示。

图 1.31　数据波形实时显示界面

3) 数据存储与查询

SQL Server 是 Microsoft 公司推出的关系型数据库管理系统,具有使用方便、可伸缩性好、与相关软件集成程度高等优点,可跨越从运行 Microsoft Windows 98 的膝上型电脑到运行 Microsoft Windows 2012 的大型多处理器的服务器等多种平台使用。

Microsoft SQL Server 是一个全面的数据库平台,使用集成的商业智能(Business Intelligence,BI)工具提供了企业级的数据管理。Microsoft SQL Server 数据库引擎为关系型数据和结构化数据提供了更安全可靠的存储功能,从而可以构建和管理用于业务的高可用和高性能的数据应用程序。

利用 SQL Server 数据库对软件收到的数据进行存储和管理,安全可靠,并可按照时刻对特定化学量进行精确查询,方便迅捷。数据查询界面如图 1.32 所示。

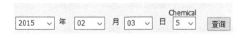

图 1.32　数据查询界面

4) 诊断

当单片机发出特定的错误信号时,软件可以通过弹窗及时提醒用户,使用户能够做出有效应对。

当单片机正常发送数据,但数据值超出了正常的波动范围时,软件也会准确地做出判断并提醒用户,同时会提供给用户参考的应对方案,用户也可按照实际情况对数值范围和应对方案进行修改,以满足具体需求。数据异常时的报警弹窗如图 1.33 所示,数值范围和方案的编辑界面如图 1.34 所示。

图 1.33　数据异常时的报警弹窗　　　　图 1.34　数值范围和方案的编辑界面

2. 数据库设计

使用 SQL Server 2014 来构建数据库,进行数据存储和数据管理查询。SQL 是 Structured Query Language(结构化查询语言)的缩写。SQL 是专为数据库而建立的操作命令集,是一种功能齐全的数据库语言。SQL 语句可以用来执行各种各样的操作,例如更新数据库中的数据,从数据库中提取数据等。目前,绝大多数流行的关系型数据库管理系统,如 Oracle,Sybase,Microsoft SQL Server,Access 等都采用了 SQL 语言标准。

首先,使用开放数据库连接(Open Database Connectivity,ODBC)的方式来连接应用程序和建好的 SQL 数据库。建立好连接后,可以在按键响应函数当中使用 Open(),Edit(),Delete(),Update()等函数接口来对数据库进行打开、更改、删减、更新等操作。可以通过 m_strFilter 这一成员变量来对数据库中的数据进行分类查询,以达成查询具体某年某月某日某化学量数据的功能。

在数据库结构设计上,每一条记录包括:年、月、日及 8 个化学量的值,即 Chemical1～Chemical8。在接收到串口数据时,通过通信协议中的帧头来确定工作站和化学量信息,再获取当前的时间,然后统一将年、月、日和 8 个化学量的值依次存入一条记录当中,即一行信息。

这样的设计有利于在调用查找这些记录信息时,可以调出一天的信息量,也可以按照不同的化学量调出,避免了每次调出都查看所有化学量的繁琐过程,可以简化查找结果,更方便地进行查看和分析。

查找化学量时,通过交互界面来设置查找的条件和范围,具体为某天、某个化学量的数据。再通过查询功能比对数据库当中的记录信息,查找相应记录信息,再将相应化学量的信息通过图表的方式显示出来。数据库节选如图 1.35 所示。

Year	Month	Day	Chemical1	Chemical2	Chemical3	Chemical4	Chemical5	Chemical6	Chemical7	Chemical8
2016	2	29	142	148	142	145	149	145	149	145
2016	2	29	145	146	147	145	146	147	148	145
2016	2	29	143	146	144	146	149	144	146	145
2016	2	29	143	147	147	144	146	147	144	144
2016	2	29	147	150	147	141	144	145	148	144
2016	2	29	144	142	142	148	146	146	142	146

图 1.35　数据库节选

1.2.5 系统测试

1. 模拟化学量传感器

为了测试系统各模块的功能,设计了一个简单的恒流源用以模拟化学量传感器,作为整个系统的输入端。恒流源电路采用三端稳压芯片 LM317,可通过调节稳压引脚之间的电阻值,调节电路输出的 $4\sim20mA$ 电流,并保持稳定。

LM317 是可调节三端正电压稳压器,在输出电压范围 $1.2\sim37V$ 时能够提供超过 1.5A 的电流。此稳压器不仅具有固定式三端稳压电路的最简单形式,又具备输出电压可调的特点,便于使用。此外,还具有调压范围宽、稳压性能好、噪声低、纹波抑制比高等优点。

2. 调理电路线性度测试

调理电路主要用于将 $4\sim20mA$ 微弱电流转换为 $0\sim5V$ 电压,为测试其线性程度以描述电路性能,将恒流源的输出电流传送至调理电路,通过调节滑动变阻器的值改变微弱电流值,记录调理电路输出电压。调理电路的测试数据如表 1.2 所示,测试数据的线性拟合结果如图 1.36 所示。

表 1.2　调理电路的测试数据

输入电流/mA	4	6	8	10	12	14	16	18	20
输出电压/V	0	0.63	1.24	1.88	2.69	3.12	3.72	4.37	5

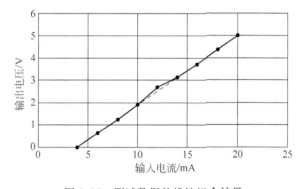

图 1.36　测试数据的线性拟合结果

从上述测试数据可知,系统的调理电路将 $4\sim20mA$ 电流转换为 $0\sim5V$ 电压,有较好的滤波、放大性能,并且输入微弱电流与输出电压大致呈线性关系。

3. 通信性能测试

1) 通信距离测试

RS485 总线理论上的通信距离最远可以达到 1.2km,由于本方案只需在火电厂内使用,实际上在火电厂内通信距离不会过长,主要测试通信距离的增长是否会影响通信质量,经多次测试 30m 内系统控制工作站数据帧重传率不超过 0.16,满足使用要求。下述测试的通信距离均在 30m 内。

2) 通信稳定性测试

总线网络上总共连入 4 个前置工作站,通信测试时间为 10min,测得工作站控制单元数据帧重传率不超过 0.12,此通信协议能够达到稳定性要求。

3）RS485 总线可扩展性测试

测试实验中动态接入总线的工作站数为 1～10 个,经多次测试,工作站数据帧重传率不超过 0.2,在系统内增减节点总线仍能正常工作,说明此通信协议具有良好的可扩展性。

4. 软件性能测试

1）串口通信速度测试

由于涉及打开及存储数据库的操作,因此在接收数据时,速度有一定的限制。对于该火电厂化学量监测系统来说,化学量的变化是一个缓慢的过程,因此数据的通信速率不需要很快。但是为了测试极限效果,做了通信速度测试。通信速度测试结果如表 1.3 所示。

表 1.3　通信速度测试结果

通信速率(数据间隔)/s	数据正确率/%	应 用 场 景
3	100	正常采样速度
0.3	99	测试速度

2）查询响应速度测试

在查询相关记录时,需打开数据库,会造成耗时。因此响应速度也是性能的一部分,系统查询响应速度的测试结果如表 1.4 所示。

表 1.4　系统查询响应速度的测试结果

数据长度/b	耗时/ms	是否首次查询
100	10	是
100	3	否

1.2.6　小结

前置工作站作为一个采样子系统,我们将电路进行包装,形成一个采样工作盒,该工作盒有多路输入信号和一个串口总线通信接口,能同时完成多路信号的采样并实现实时传输。主机实现对信号的收集和处理分析计算,形成直观的图标在工作界面显示。异常数据会通过诊断程序经过简单的分析计算被发现,并给予提示。用户在一个主机界面上就能直观掌握和了解被监测环境的状态。

1.3　锁相环调频发射接收系统

众多调频发射接收技术中,锁相环调频发射接收技术在保证通信的有效性和可靠性方面凸显了它的优势,发挥着举足轻重的作用。锁相环是自动频率控制和自动相位控制技术的融合,它能够完成两个电信号的相位同步。锁相环是一种反馈控制电路,它是一个相位误差控制系统,是将参考信号与输出信号之间的信号进行比较,产生相位误差电压来调整输出信号的相位,以达到与参考信号同频的目的。因此,基于锁相环调频解调原理,设计了锁相环调频发射接收系统,系统结构如图 1.37 所示。

由晶体振荡器产生方波信号作为载波,通过莲花插座从外采集音频信号,实施时用单一频率的正弦波代替,利用锁相环 74HC4046 实现系统的调制解调。经过锁相环调制电路得

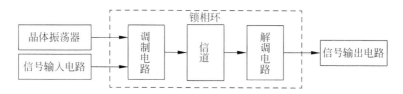

图 1.37　锁相环调频发射接收系统结构

到已调波信号,通过信道传输,实施时用电容代替信道传输。接收端接收到信号后,输入到锁相环解调电路进行解调,得到比较微弱的原始信号,再经过滤波、音频放大器之后,由信号输出电路输出。实验表明,系统抗干扰能力强、功耗低、输出信号稳定。

1.3.1　系统硬件设计

1. 晶振电路

用石英晶体作为振荡电路的核心器件,振荡电路如图 1.38 所示。

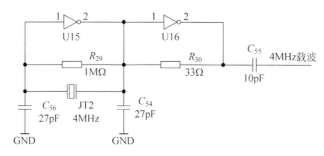

图 1.38　振荡电路

晶体振荡器信号为 CMOS(Complementary Metal Oxide Semiconductor)电平输出,频率等于晶振的并联谐振频率,输出后经隔直电容耦合输入到锁相环的信号输入端。74HC04 相当于有一个增益很大的放大器,而且能够延长晶振的起振时间;R_{29} 是反馈电阻,取值一般为 1MΩ,它可以使反相器在振荡初始时处于线性工作区,不可以省略,否则有时会不能起振。C_{56}、C_{54} 为负载电容,实际上是电容三点式电路的分压电容,接地点就是分压点。以接地点即分压点为参考点,输入和输出是反相的,但从并联谐振回路即石英晶体两端来看,形成一个正反馈以保证电路持续振荡。C_{56}、C_{54} 会稍微影响振荡频率。反相器必须是以 CMOS 电平输入的,不能用 TTL(Transistor-Transistor Logic)电平输入的反相器,因为其输入阻抗不够大,远小于电路的反馈阻抗。R_{29} 值太大,有可能会导致电路工作在晶振的高次谐振频率上,而常见的是 3 次谐波,3MHz 的晶振会产生 9MHz 的频率输出。试验发现,对于 4MHz 的晶振,采用 $R_{29}=1$MΩ 可以使电路稳定输出 4MHz 的方波时钟信号。

2. 信号输入电路

利用信号发生器产生正弦信号,经过由运算放大器构成的电压跟随器,再经电容耦合到反相放大器上,由反相放大器放大后输出的信号再经电容耦合到锁相环压控振荡器的控制端。采用 RC4558D 运算放大器设计电压跟随器和反相放大器,信号输入电路如图 1.39 所示。

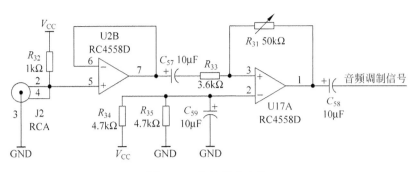

图 1.39 信号输入电路

3. 锁相环调制解调电路

锁相环主要由相位比较器(PD)、压控振荡器(VCO)、环路滤波器(LF)三部分组成。锁相环原理如图 1.40 所示。

图 1.40 锁相环原理

鉴相器(相位比较器)的作用是将两个输入信号 $V_R(t)$ 的相位差转变为输出电压 $V_D(t)$。LF 低通滤波器的作用是使低频信号可以通过,滤除误差电压的高频分量,取出平均电压 $V_C(t)$ 去控制 VCO。还可以进一步降低相位噪声,保证瞬时特性。压控振荡器实现电压控制振荡电路的频率。

系统采用的 Philips 锁相环 74HC4046 是通用的 CMOS 锁相环集成电路,其特点是功耗小,在 $V_{CC}=4.5V$ 时中心频率能达到 17MHz,与一般的锁相环只能做到 1MHz 相比,性能优势更加突出。同时锁相环 74HC4046 内包含调制和解调电路,为了电路图的清晰简明,调制和解调电路分别如图 1.41 和图 1.42 所示。

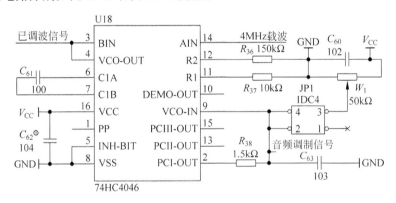

图 1.41 调制电路

调制电路中,从信号输入电路输出的音频信号从锁相环的 9 引脚 VCO-IN 输入锁相环,调制后的调频信号从锁相环的 4 引脚 VCO-OUT 输出。压控振荡器的振荡频率取决于

---

① 采用了电容的一种常用的标示方法(即数码法)。104 表示 10 乘以 10^4 pF,即 0.1μF;同理,100 表示 10pF,106 表示 10μF。后同。

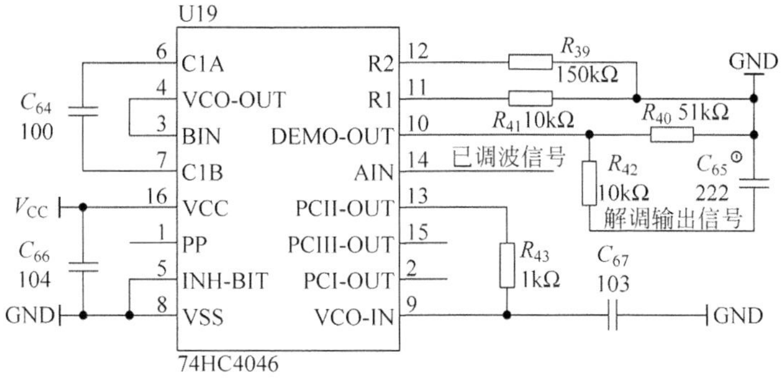

图 1.42　解调电路

输入电压的幅度。当载波信号的频率与锁相环的固有振荡频率相等时,压控振荡器输出信号的频率将保持不变。若压控振荡器的输入信号除了有锁相环低通滤波器输出的信号外,还有调制信号 v_i,则压控振荡器输出信号的频率就是以 ω_o 为中心,随调制信号幅度的变化而变化的调频波信号。

解调电路中,调频信号从锁相环的 14 引脚(信号输入端)输入锁相环,锁相环解调后经过锁相环的 10 引脚(解调信号输出端)输出解调后的低频信号。

为了实现信息的远距离传输,接收信号端接收到信号后必须进行解调才能恢复原信号。当从 14 脚输入一个被音频信号调制的调频信号,则相位比较器输出端将输出一个与音频信号具有相同变化频率的低频信号,经低通滤波器滤除杂波后,就剩下调频信号解调后的音频信号了。调频波与压控振荡器的输出被送入鉴相器,经鉴相后获得变化着的相位误差电压,该误差电压经过低通滤波器滤掉其高频成分,继而获得随调制信号频率变化而变化的信号,经过跟随器得到解调信号,从而实现了调频波的解调。

4. 有源滤波器电路

电路采用二阶低通巴特沃斯滤波器,按照 12dB/倍频程设计衰减。本设计中采用单运算放大器 RC4558 构成源滤波器。RC4558 为 8 脚双列直插式封装,典型增益带宽积 3MHz。

由于音频信号的频率范围为 300Hz~3.4kHz,$R_1=R_2=10$kΩ,计算得 $C_3=2.25$nF,$C_5=1.13$nF,结合电容标称值,实际电路中取 $C_3=2.2$nF,$C_5=1.2$nF。本系统没有幅度增益,有源滤波器电路如图 1.43 所示。

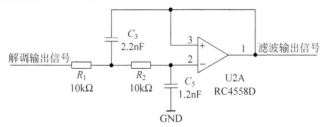

图 1.43　有源滤波器电路

---

① 用数码法标示电容。222 表示 22×10^2pF。后同。

5. 信号输出电路

输出电路是以音频功率放大器 LM386 为核心设计的,解调电路输出的原始信号,经过音频功率放大器的放大,一个隔直耦合电路将音频信号还原经莲花插座输出,信号输出电路如图 1.44 所示。

为使外围元件最少,放大倍数内置为 GAIN＝20。在 1 脚和 8 脚之间增加一只外接电阻和电容,便可将电压增益调为任意值,直至 GAIN＝200。在本设计中,放大倍数设计为 GAIN＝50,如果调试过程中发觉输出过大,可以将 R_3 和 C_{10} 空接,则放大倍数调整为 GAIN＝20。

如果解调电路输出信号幅度较大,直接输入 LM386 会产生饱和失真,因此系统在功放之前设计了分压电路,由可调电位器对解调信号分压(具体电路略),然后输入到信号输出电路。

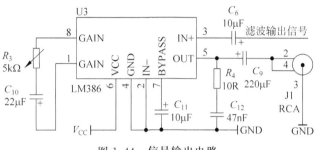

图 1.44　信号输出电路

1.3.2　系统硬件测试

1. 晶振电路频率测试

晶振电路的作用是为系统提供载波信号。单独取出晶体振荡电路,用直流稳压电源给振荡电路上电,待电路供电稳定后,用示波器测试晶振端输出的载波信号,载波信号波形如图 1.45 所示。石英晶体产生的正弦波为 3.99MHz/4.7V。

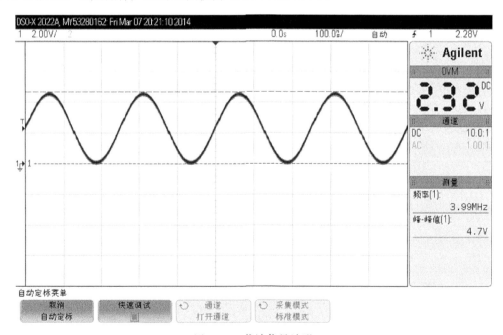

图 1.45　载波信号波形

石英晶体振荡器输出的是稳定的 4MHz 的正弦波,整个振荡电路输出的是 4MHz 的稳定方波。由石英晶体振荡器构成的振荡电路实现了电路设计的目标。经过两个 74HC04 非门后振荡电路最终输出的 4MHz 载波信号如图 1.46 所示。载波信号为 4MHz/5.9V。晶振电路 Proteus 仿真模型如图 1.47 所示,晶振电路仿真结果如图 1.48 所示。

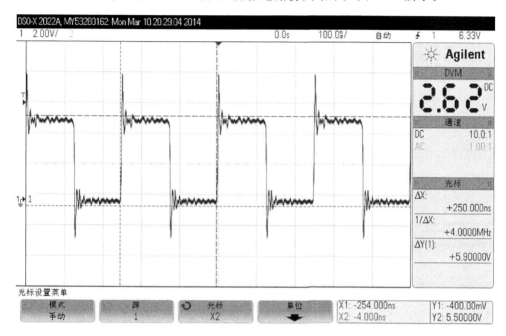

图 1.46 4MHz 载波信号

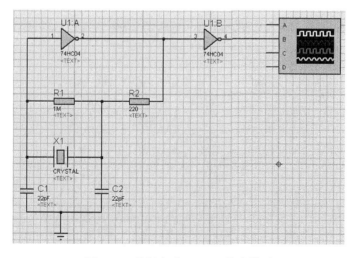

图 1.47 晶振电路 Proteus 仿真模型

2. 信号输入电路测试

系统直接使用高频信号源产生的输出信号作为模拟的音频信号,输入到锁相环与载波信号进行调试。为了便于调试,把信号源产生的单一频率的正弦信号作为输入信号。待电路供电稳定后,用信号发生器产生 1.30kHz/100mV 的正弦波(在 300Hz ~ 3.4kHz 的范围

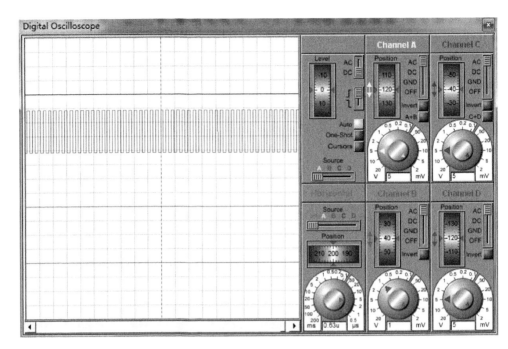

图 1.48　晶振电路仿真结果

内),在输入电路的输入端,用示波器测试经放大后的信号波形并记录。信号输入电路的输出端口的音频调制信号如图 1.49 所示。音频调制信号为 1.30kHz/1.05V,放大倍数为 10.5倍。由于 Proteus 仿真库中没有 RC4558,所以仿真电路选用 NE5532 替代。信号输入电路的 Proteus 仿真模型如图 1.50 所示,音频调制信号仿真结果如图 1.51 所示。

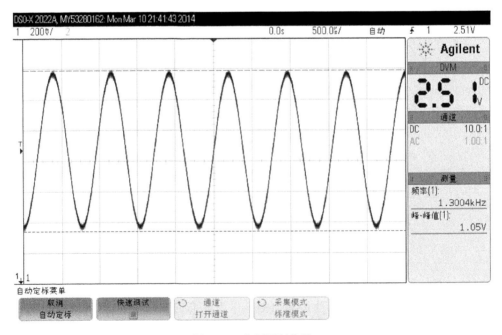

图 1.49　音频调制信号

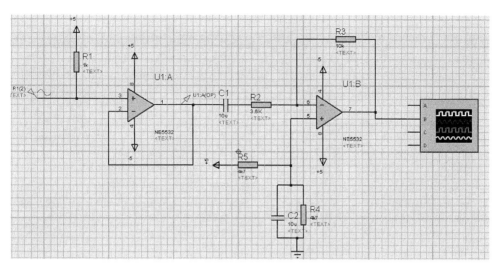

图 1.50　信号输入电路的 Proteus 仿真模型

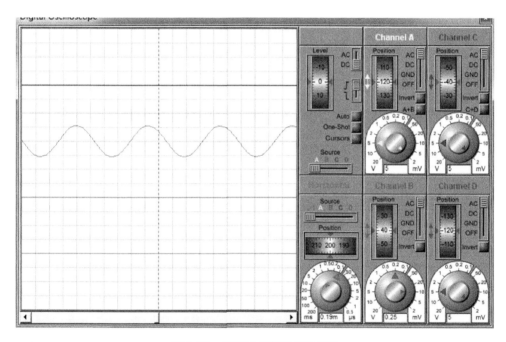

图 1.51　音频调制信号仿真结果

3. 调制电路测试

锁相环 74HC4046 将 4MHz 载波和音频调制信号经过调制后,输出已调波信号。已调波信号如图 1.52 所示。

4. 解调电路测试

将调制电路输出的已调波信号经过模拟信道(电容)输入到解调电路中,锁相环 74HC4046 解调输出音频调制信号。解调电路输出信号如图 1.53 所示。解调输出的音频信号为 1.29kHz/2.19V。解调电路 Proteus 仿真模型如图 1.54 所示,解调电路仿真结果如图 1.55 所示。

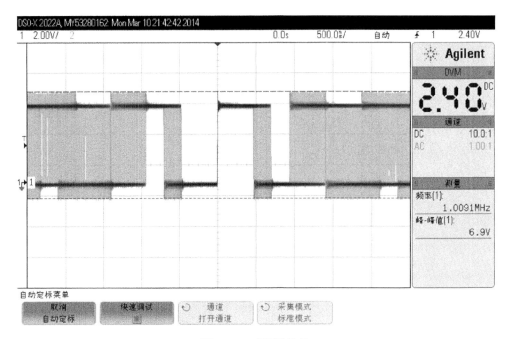

图 1.52　已调波信号

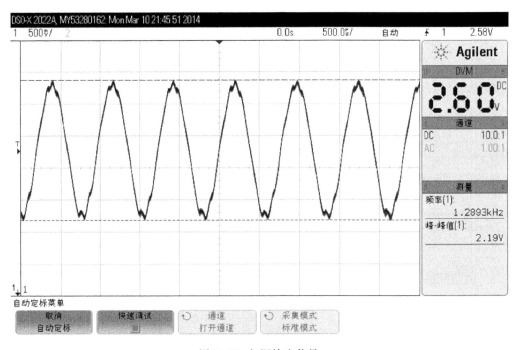

图 1.53　解调输出信号

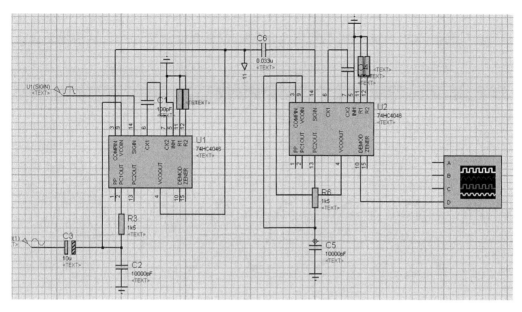

图 1.54 解调电路 Proteus 仿真模型

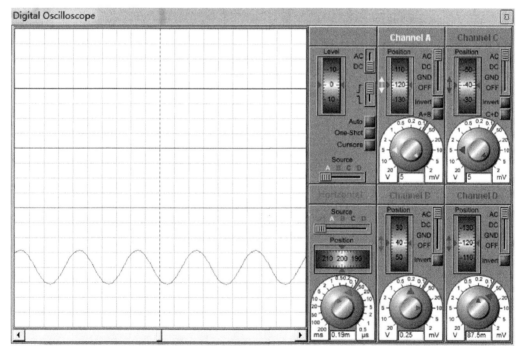

图 1.55 解调电路仿真结果

5. 有源滤波器电路测试

该系统采用 RC4558 组成有源低通滤波器,由于调制解调过程中会引入噪声,导致波形不平滑,通过有源滤波器波形可以滤掉高频分量,使波形比较光滑。本系统中有源低通滤波器的截止频率为 10kHz。滤波后信号如图 1.56 所示。

需要说明的是,由于 Proteus 仿真库中没有 RC4558,所以仿真电路选用 NE5532 替代。有源低通滤波器 Proteus 仿真模型如图 1.57 所示,有源低通滤波器仿真结果如图 1.58 所示。

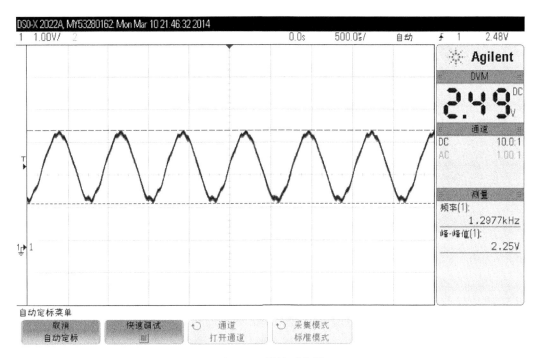

图 1.56 滤波后信号

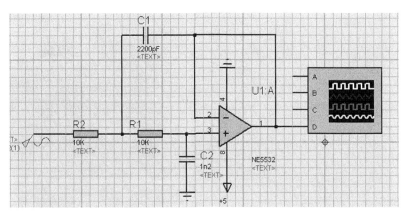

图 1.57 有源低通滤波器 Proteus 仿真模型

6. 信号输出电路测试

将解调信号经过有源滤波器后,经过 LM386 放大,最后输出音频调制信号。信号输出电路波形如图 1.59 所示。放大后的音频信号为 1.29kHz/1.17V。信号输出电路 Proteus 仿真模型如图 1.60 所示,信号输出电路仿真结果如图 1.61 所示。

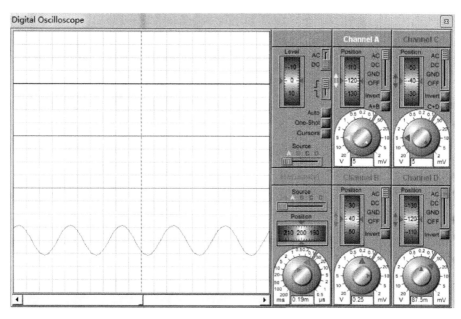

图 1.58 有源低通滤波器仿真结果

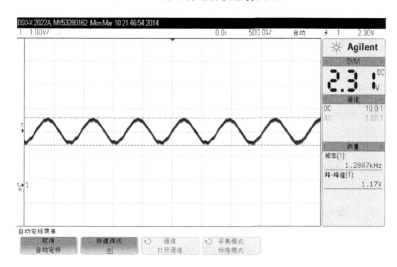

图 1.59 信号输出电路波形

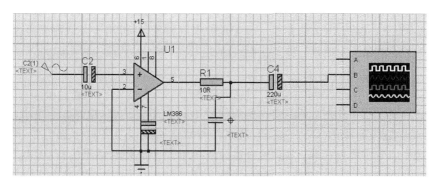

图 1.60 信号输出电路 Proteus 仿真模型

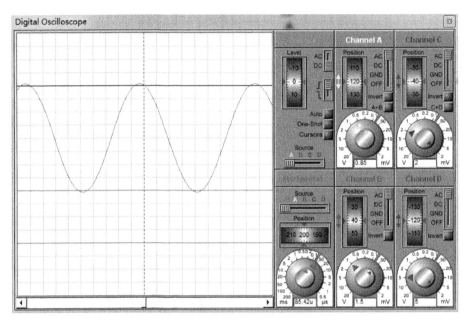

图 1.61　信号输出电路仿真结果

1.3.3　小结

本系统以 74HC4046 锁相环为核心,通过对晶振电路,音频信号的采集、放大,调制解调和输出等电路的设计,实现了整个系统的功能。晶振电路稳定输出 4MHz 方波时钟信号。在系统的输入端输入 1.30kHz/1.05V 的正弦信号后,经过锁相环的调频与解调,在系统的输出端输出了 1.29kHz/1.17V 的正弦信号。在误差允许的范围内,完成了系统的设计目标。

本系统还存在以下可以改进和优化的地方:

(1) 系统的主频比较低,可以提高主频,增加系统的抗干扰能力,同时可以增加带宽。

(2) 系统的信道是由电容代替的,可以增加功放和天线,将信号发射出去,再由接收天线接收调频信号,实现信号的远距离传播。[①]

1.4　天地波组网雷达信号处理系统

天地波组网体制的海态雷达系统作为一种无线海洋遥感技术,在监测海洋表面动力学参数方面具有重大意义。因此,本节研究了一种天地波组网雷达,它可用于获取海洋表面流场,具有自发自收、它发自收及天发地收三种工作模式,对应单站、双站及天波三种不同的信号处理方式。

1.4.1　海洋表面流场提取

天地波组网雷达工作时,雷达接收到的信号中包含了直达波、电离层散射回波、自发自收的海洋回波、它发自收的海洋回波、天发地收的海洋回波以及各种干扰信号,海洋表面流场可以从这些信号中提取出来。其中,直达波成分可用于阵列及通道的校准,本节重点阐述

---

① 本节部分内容已发表于《实验技术与管理》,2014 年,第 31 卷 10 期。

校准后的数据生成流场的方法。

雷达接收机接收到的数据每5min存为一帧,线性调频波的调频周期为8s,所以接收到的数据结构为每周期采样数乘以每帧周期数再乘以阵列天线数的三维复数矩阵。主程序先载入连续两帧数据拼为一帧,以提高频率分辨率,提高处理精度,再按制定好的数据结构对变量赋值,提取出直达波用于校准,根据参数分为不同站、高低频率、不同模式后,再进行处理,系统总体结构如图1.62所示。为提高程序的可视性和逻辑性,程序将各个部分封装成子函数方便调用。

图1.62 系统总体结构

1. 自发自收模式

利用MUSIC空间谱估计算法根据回波信号的空间谱结构确定信号的来波方向。将两个或两个以上的雷达站获得的径向流场进行矢量合成,便可得到矢量流的方向和大小。

单基地雷达提取海洋表面流信息的流程如图1.63所示。首先,雷达接收机解调调频中断连续波(Frequency-Modulated Interruptive-Continuous Wave,FMICW)信号,将不同距离元的回波分离。将解调后的数据传入PC,PC应用软件以不同距离元为单位,将各通道独立累积的回波样本序列经谱分析产生各通道回波多普勒功率谱,在此基础上,对每一距离元进行通道幅度的软件校准。再将校准后的各通道回波多普勒功率谱求和取平均,形成每一距离元合成的海洋回波多普勒功率谱。接着,从中分离出包含海洋表面流信息的一阶多普勒谱区,确定一阶谱区中的有用信号。然后,利用MUSIC算法提取每一表面径向流的多个存在方位,从而获得高频地波雷达探测的海洋表面径向流场的完整信息。最后,将两个单站的径向流图进行矢量合成,形成海洋表面矢量流图。

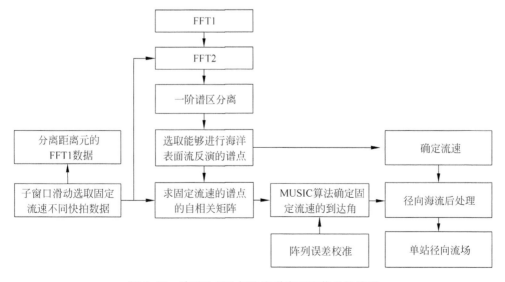

图1.63 单基地雷达提取海洋表面流信息的流程

1）分离距离元

雷达接收机将接收到的数据每 5min 存为一帧,线性调频波的调频周期为 8s,接收到的数据结构为:每周期采样数乘以每帧周期数再乘以阵列天线数的三维复数矩阵。高频和低频的有效探测距离不同,距离分辨率和速度分辨率也不同,但得到的都是径向流场,是海洋表面波流速的径向分量。

2）提取方位信息

高频地波雷达采用 MUSIC 超分辨率算法提取方位信息。分离距离元后再分出方位,径向流场网格如图 1.64 所示,r 代表距离元,θ 代表到达角。

3）生成单站径向流场

得到径向海流的方位之后,还需进行单站均匀网格的生成以及中值插值,才能生成海洋表面径向流图,单站均匀网格的生成由各站的经纬度决定。经 MUSIC 算法得到的是方位连续的场,在经纬度扇形网格里对属于同一距离元和同一到达角范围内的流速进行中值滤波,再插入到径向网格中,保存起来。

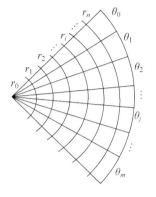

图 1.64　径向流场网格

4）矢量流场的合成

径向流场只是海洋表面流场的径向分量,要得到真实的流速,必须将两个有公共探测区域的径向流合成矢量流。径向网格与矢量网格不同,合成前需要进行处理,将径向海流插值到方形网格中。矢量网格如图 1.65 所示。插值流程如下:

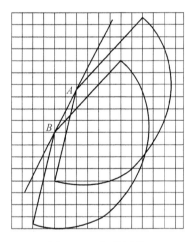

图 1.65　矢量网格

（1）使方形网格的对角线长与径向网格的距离元分辨率相同,画出南北与东西向的正交方形网格。

（2）在经纬度网格内分别对两个径向流场进行搜寻,若当前网格内没有径向流速,则搜寻当前网格周围的 4 个网格,再进行中值滤波作为此网格的流速。

（3）遍历所有经纬度网格。对两站公共探测区域的流速进行合成,若不在公共探测区域,则保留径向流速的大小,作为经纬度网格中的流速。

径向流转化到经纬网格后,遵循投影原则进行合成。径向流场矢量合成方法如图1.66所示,矢量 **OA** 和矢量 **OB** 表示两站的径向流场,矢量 **OC** 表示合成海流,**OC** 在直线 **OA** 和 **OB** 上的投影分别为矢量 **OA** 和矢量 **OB**。

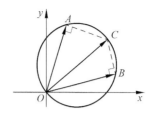

图1.66　径向流场矢量合成方法

根据矢量投影的集合关系,用解析几何的方法求解。已知 **OA** 垂直于 **AC**,**OB** 垂直于 **BC**,所以 O、A、B、C 四点共圆,且 **OC** 为圆直径,据此便可直接由矢量 **OA** 和矢量 **OB** 求出矢量 **OC**。具体方法如下:

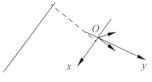

图1.67　坐标轴确定方法

(1) 以 O 点为原点,以两站连线为 x 轴,垂直 x 轴指向海的方向为 y 轴。坐标轴确定方法如图1.67所示。

(2) 用 O 点的经纬度算出 **OA** 和 **OB** 与 x 轴的夹角,两个径向流速的大小即为矢量的大小,由此可得 A 点和 B 点的坐标。

(3) O 点坐标$(0,0)$,A 点(x_A,y_A),B 点(x_B,y_B),代入圆的方程$(x-R_x)^2+(y-R_y)^2=R^2$,可解得圆心坐标(R_x,R_y),以及半径 R。

(4) **OC** 是直径,所以 C 点坐标为$(2\times R_x,2\times R_y)$,**OC** 即为合成的矢量流。

(5) 将所有径向流逐一合成,构成矢量流场。

有一种情况较为特殊,在两站的公共探测范围内,有一径向流速为0,此时没有三点不能确定一个圆,不能运用上述解析方法,但根据投影关系仍可确定合成的流速。一个径向流速为0时的矢量合成方法如图1.68所示。假设 **OB** 方向的径向流速为0,则合成的矢量流方向垂直于 **OB**,在 **OA** 上的投影为 **OA** 方向径向流速的大小。**OA**、**OC** 与 **AC** 构成直角三角形,可由勾股定理求出合成的矢量流。

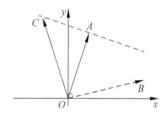

图1.68　一个径向流速为0时的矢量合成方法

2. 它发自收模式

1) 双站雷达的距离关系

单基地雷达以接收机为圆心,获取的是径向流速分量;而双基地雷达接收机和发射机位于不同地点,距离关系比单基地略复杂。在单基地雷达中,距离单元宽度是由接收机输出的脉冲宽度决定的,反映在距离等值线上为同心圆,所以单基地得到的是扇形径向流场。在双基地雷达中,接收机和发射机位于两地,同一距离元上的散射点构成的轨迹不再是圆而是椭圆。

2) 提取海洋表面流速

双站雷达提取海洋表面流的过程与单站基本相同,不同之处在于单站雷达流速与角度无关,而双站雷达流速与角度有关,因此,必须先算出流速的方向才能计算流速。双站雷达提取海洋表面流的流程如图1.69所示。

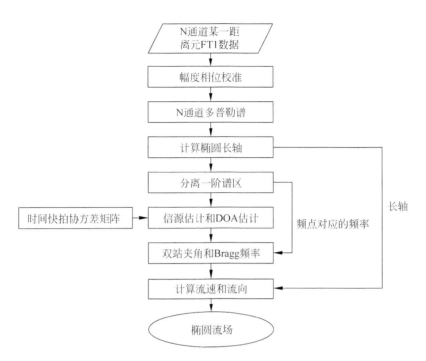

图 1.69　双站雷达提取海洋表面流的流程

3. 天发地收模式

电离层是地球大气的一个电离区域。电离层是受太阳高能辐射以及宇宙线的激励而电离的大气高层。60km 以上的整个地球大气层都处于部分电离或完全电离的状态,电离层是部分电离的大气区域,完全电离的大气区域称为磁层。也有人把整个电离的大气称为电离层,这样就把磁层看作电离层的一部分。除地球外,金星、火星和木星都有电离层。电离层从离地面约 50km 开始一直伸展到约 1000km 高度的地球高层大气空域,其中存在相当多的自由电子和离子,能使无线电波改变传播速度,发生折射、反射和散射,产生极化面的旋转并受到不同程度的吸收。

天波信号经过电离层传播时,由于电离层电子浓度的不规则性(非平稳)使得各次回波信号的相位附加了一个准随机扰动,导致信号不能实现有效的相干积累,杂波谱展宽,这对于海洋表面波的检测是一个极大的限制因素。此外,电离层的多层性使得在某些工作频率上,雷达信号可能经不同的电离层反射,出现多个目标具有相同的斜距(多模传播)或一个目标具有多个斜距(多径传播)的情况。其中,多模传播使得接收信号的多普勒谱发生重影和展宽,影响了 Bragg 峰的提取。而由于多径传播是一个目标出现在多个距离元上,使得散射点的定位复杂化。

天波信号的探测示意如图 1.70 所示,A 点为发射站,B 点为接收站,C 点为电离层散射点,D 点为海面散射点。

在研究已有算法的基础上,构建了天发地收模式下的海流反演模型,现阶段完成了电离层高度的提取。天波探测提取海洋表面流的流程如图 1.71 所示。

在估算电离层高度的过程中,电离层的复杂性不利于

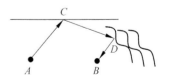

图 1.70　天波信号的探测示意

问题的解决,为简化问题,我们假设电离层是镜面的,而高度是在时刻变化的。发射站、接收站和假设的反射点构成了一个等腰三角形,而两站之间的距离是已知的,只需得到直达波的距离,即可算出等腰三角形的高,因此,电离层的高度问题转换成直达波距离的问题。

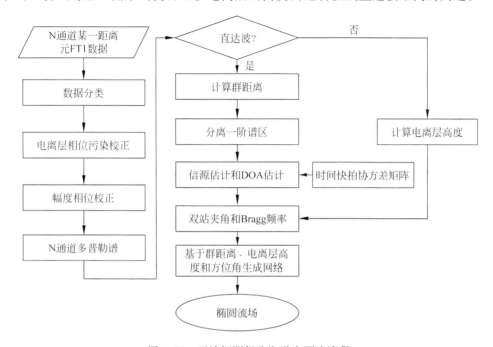

图 1.71　天波探测提取海洋表面流流程

1.4.2　系统测试

本系统测试的实验数据来自武汉大学海态实验室,实验室提供了建在龙海、东山、赤湖三地的天地波组网雷达观测的海洋回波数据。实验过程中,对 2016 年 1 月连续数天的大量数据做了分析,得到了大量海洋表面波流场。为验证结果的正确性和科学性,首先对用于到达角估计的 MUSIC 算法进行了建模验证,接着对所得流场结果进行了分析,并从不同方面统计结果,证明了程序及算法的正确性。

1. 径向流场

实验得到了龙海、赤湖、东山三站大量的径向流场结果。2016 年 1 月 21 日 4 时 41 分的龙海站径向流场的多普勒谱图如图 1.72 所示。

从多普勒谱图中可知,从左到右依次可以划分为天波、龙海站低频、赤湖站低频、东山站低频、赤湖站高频、东山站高频以及龙海站高频,其中颜色最深的点表示能量最强,为直达波,可用于通道校准。分析得知,东山站到龙海站的高频距离偏置和低频距离偏置分别为11 和 32,与程序运行结果一致,保证了阵列校准的正确性。

同一时间的龙海站高频探测和低频探测结果分别如图 1.73 和图 1.74 所示。为分析高频和低频结果的一致性,对每个距离元不同方位的流速做了比较。龙海站高低频误差分析结果如图 1.75 所示,浅色为高频流速,深色为低频流速,显然,高低频结果具有很好的一致性,误差在可接受的范围内。

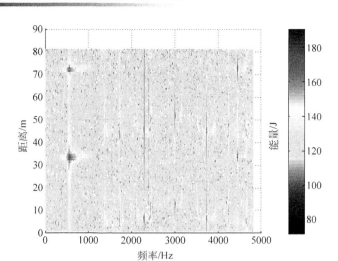

图 1.72　龙海站径向流场的多普勒谱图

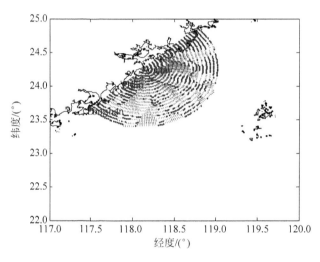

图 1.73　龙海站高频探测结果

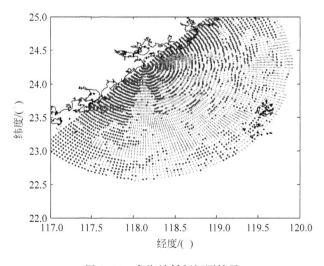

图 1.74　龙海站低频探测结果

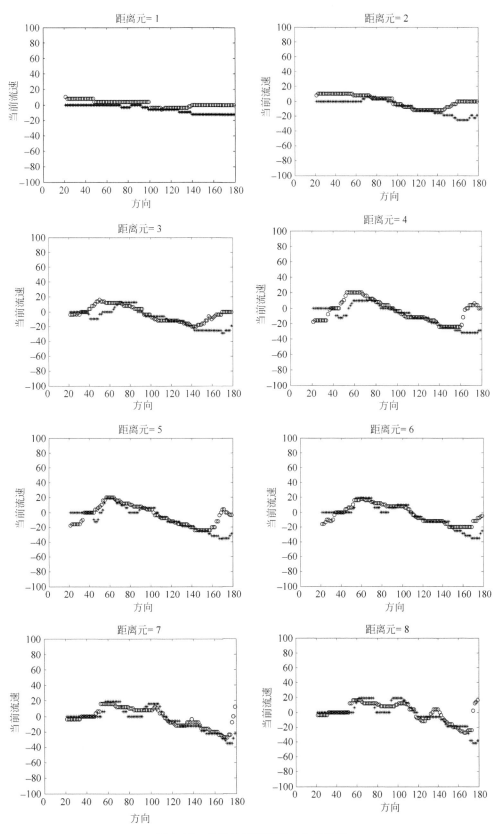

图 1.75 龙海站高低频误差分析结果

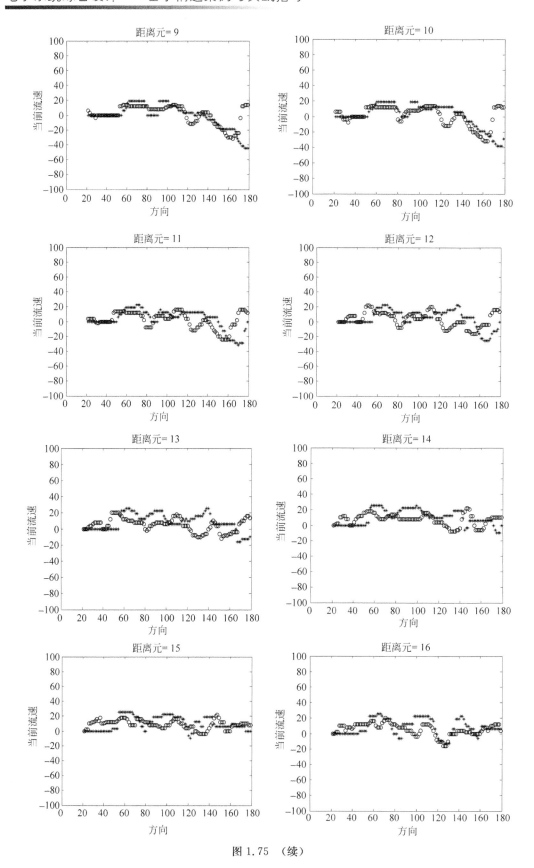

图 1.75 （续）

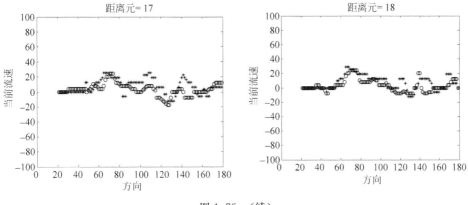

图 1.75　（续）

2. 矢量合成

天地波组网雷达观测了龙海站和东山站自发自收的海洋回波数据,在同一时刻所提取的龙海站和东山站径向流场如图 1.76 所示,龙海站和东山站合成流场如图 1.77 所示。

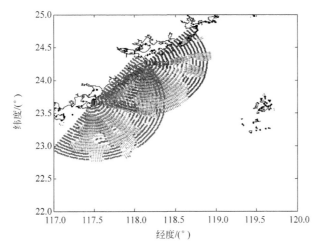

图 1.76　龙海站和东山站径向流场

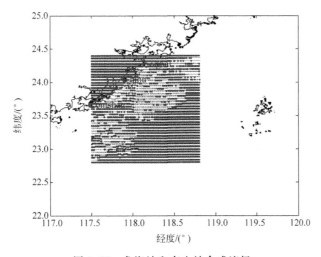

图 1.77　龙海站和东山站合成流场

3. 椭圆流场

2016 年 1 月 21 日凌晨观测了东山发射龙海接收的双站流场数据,低频椭圆流场和高频椭圆流场分别如图 1.78 和图 1.79 所示。

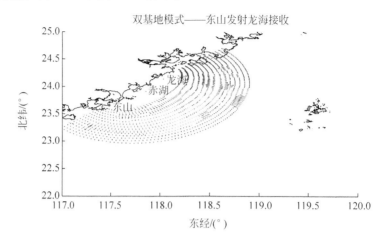

图 1.78　低频椭圆流场

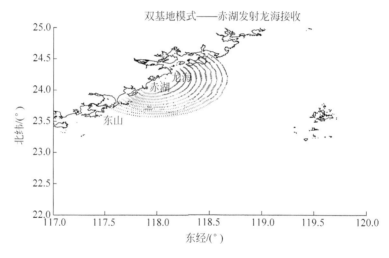

图 1.79　高频椭圆流场

4. 电离层高度

选取 2015 年 1 月份五天的天波数据,且该数据为龙海站接收的崇阳天波发射站发射的天波信号,进行一次快速傅里叶变换(Fast Fourier Transformation,FFT)后得到距离谱,通过距离谱得到直达波的距离,然后解等腰三角形的高,即可得到电离层的高度变化。图 1.80~图 1.84 分别为 2015 年 1 月 25 日到 1 月 29 日 9—17 时的电离层高度,其中部分结果是根据实际情况选择时间。

太阳辐射使部分中性分子和原子电离为自由电子和正离子,它在大气中穿透越深,强度越弱,而大气密度逐渐增加,在空间的分布是不均匀的。它们为不同波段的辐射所电离,形成各自的极值区,从而导致电离层的层状结构。电离层在垂直方向上呈分层结构,一般划分为 D 层、E 层和 F 层,F 层又分为 F1 层和 F2 层,大约位于 300km 高度附近。除正规层次外,电离层区域还存在不均匀结构,如偶发 E 层(Es)和扩展 F。偶发 E 层较为常见,是出现于 E 层区域的不均匀结构。厚度从几百米至一二千米,水平延伸一般为 0.1～10km,高度大约在 110km 处,最大电子密度可达 10cm。扩展 F 是一种出现于 F 层的不均匀结构,在赤道地区,常沿地磁方向延伸,分布于 250～1000km 或更高的电离层区域。由测试结果可知,电离层的距离在 300km 左右变化,而且呈现着上午到中午缓慢升高,到下午再缓慢下降的趋势,这正符合 F 层的变化。

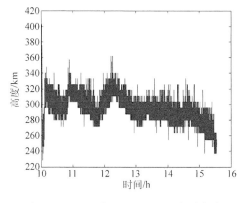

图 1.80　2015 年 1 月 25 日电离层高度

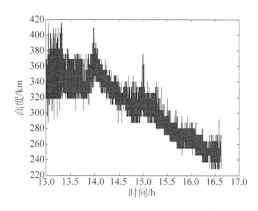

图 1.81　2015 年 1 月 26 日电离层高度

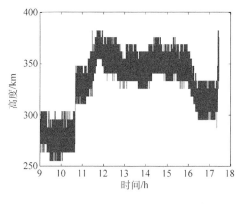

图 1.82　2015 年 1 月 27 日电离层高度

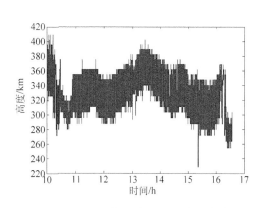

图 1.83　2015 年 1 月 28 日电离层高度

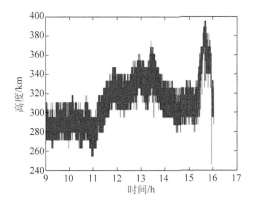

图 1.84　2015 年 1 月 29 日电离层高度

5. 流速统计

以龙海站径向流场为例,对 2016 年 1 月 22 日的流速做了时间上的统计,同一方位角不同距离元的流速统计如图 1.85 所示,同一距离元不同方位角的流速统计如图 1.86 所示。气象学中把在一天中有两次高潮,两次低潮,且高潮位与高潮位、低潮位与低潮位潮高相等,涨、落潮历时相等的潮汐称半日潮。反映在流速上呈现出形似正弦波的变化,且一天为两个周期,以上对流速的统计基本满足此规律,证明了结果的正确性。但是每个距离元上的流速并不完全符合半日潮的规律,结合多普勒谱分析后,发现是海面有动态目标或数据被天波干扰所致,下一步可对信号做抗干扰处理,以减轻干扰。

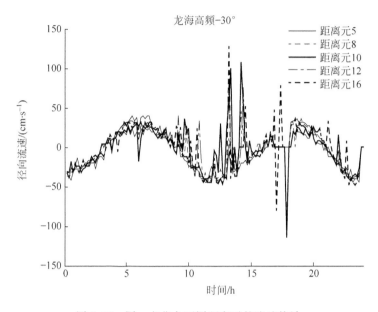

图 1.85　同一方位角不同距离元的流速统计

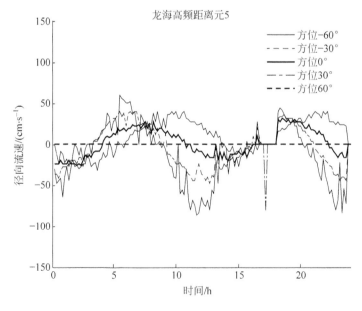

图 1.86　同一距离元不同方位角的流速统计

1.4.3　小结

天地波组网体制的海态雷达系统作为一种无线海洋遥感技术,在监测海洋表面动力学参数方面具有重大的意义。本节研制的天地波组网雷达可用于获取海洋表面流场,具有自发自收、它发自收及天发地收三种工作模式,对应单站、双站及天波三种不同的信号处理方式。首先,具体阐述了从天地波混合海洋回波中分离单站地波数据和双站地波数据,并分别提取出单站径向流场和双站椭圆流场的原理及方法;其次,完成了天波回波数据的分离以及天波直达波的特性统计;最后,详细介绍了本项目基于 MATLAB 平台对上述三种模式的信号处理的编程实现。由大量实测数据运行得到的流场具有很好的连续性,符合海洋表面动力学的一般规律,所得到的电离层高度也分布在合理的区间内。

本节完成了以下工作:

(1) 从天地波回合回波中分离出单站信号,基于单基地高频地波雷达的结构构建了自发自收模式下的信号处理模型,分别得到了三个雷达基站低频和高频探测范围内的径向流场。

(2) 从天地波回合回波中分离出双站信号,基于双基地高频地波雷达的结构构建了它发自收模式下的信号处理模型,分别得到了三个雷达基站低频和高频探测范围内的椭圆流场。

(3) 利用径向流场和椭圆流场合成了矢量流场。

(4) 从天地波回合回波中分离出天波直达波信号,基于天地波组网雷达的结构构建了天发地收模式下的信号处理模型;并统计了电离层高度变化。

1.5　数字检流计

本节设计了一款数字式检流计,基于 MSP430 系列单片机,使用数字测量的方法实现对微弱电流的连续监测,其结构简单,成本较低,不易受外界环境干扰,测量结果的稳定性优于光点式检流计,可用于微波技术实验,用它来替代光点检流计,能够更好地满足实验要求。

1.5.1　系统总体方案

微波测量系统主要由微波信号源、隔离器、衰减器、波长计、定向耦合器、波导测量线、检流计和负载组成,测量线上耦合到晶体检波器的微弱信号经晶体检波器转换成电流输出,该电流值可通过检流计读取。由于测量线输出的反映开槽线内场分布的检波电流值很小,通常低于 $1\mu A$,很难直接检测,因此要完成对电流的测量,不能直接进行采样,首先需要将弱电流信号转变为弱电压信号,然后完成小信号的放大,再进行数字化处理。

数字检流计外观设计如图 1.87 所示。为了达到单片机内置 A/D 转换所需要的电压范围,首先将晶体检波二极管的检波电流通过 I/V 转化成电压,再由放大电路放大,同时加入低通滤波器滤掉高频干扰成分,接着由 A/D 采样转换成数字信号,由数码管来显示测量结果。

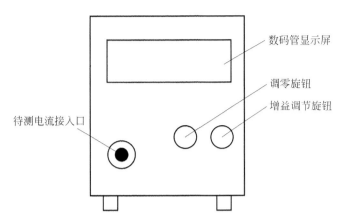

图 1.87　数字检流计的外观设计

1.5.2　系统硬件设计

数字检流计的硬件电路由信号调理电路、A/D 采样及显示电路和电源电路三部分构成。

1. 信号调理电路

信号调理电路主要完成对输入的弱电流信号进行 I/V 转换[①]、两级放大及滤波处理等功能,信号调理电路如图 1.88 所示。

I/V 转换,即电流信号到电压信号的转换,是通过在调理电路前端并接 2MΩ 电阻实现的。由于晶体检波器的电势比模拟地的电势低,电流经 I/V 转换后变为负电压信号。在微波测量中,主要关注的是测量结果的相对值,如波腹点与波节点的电压之比等,而很少关注绝对值,因此采用这种方式进行 I/V 转换是能满足测量需求的。

将转换输出的弱电压信号送入信号放大部分,采用由前端放大电路和可调主放大电路组成的二级放大电路,两级均采用同相比例放大,前级放大倍数为 10,后级放大倍数在 10 倍以上。直流放大部分采用了由 OPA227 组成的放大电路,OPA227 是 TI 公司生产的高精度、低噪声运算放大器。通过精密电位器,在两级均设置了调零电路,实现零点调节。在主放大级,基于电位器设置了增益调节电路,方便实验中根据实际情况进行增益调节。

经两级放大后的信号再通过二阶反相型低通有源滤波器。这是由于,经 I/V 转换后输入电压为负值,经过两次同相放大后依然为负电压,需要通过一次反相放大变换为正电压以送入 A/D 采样;放大过程中不可避免地产生高频噪声,需要用低通滤波器对噪声进行抑制;由于放大倍数可调,主放大级的输出电压可能达到满偏而超过 A/D 采样的耐压值,为保护 A/D 采样电路,需要用比例电路对主放大级的输出电压进行限幅。二阶反相型低通有源滤波器仍采用 OPA277 运放,输出信号送入 A/D 采样及数码管显示。

2. A/D 采样及显示电路

A/D 采样及显示电路由单片机来实现控制,主要完成信号采样、数码管的显示控制及电路复位等功能。

---

① 即电流电压转换。

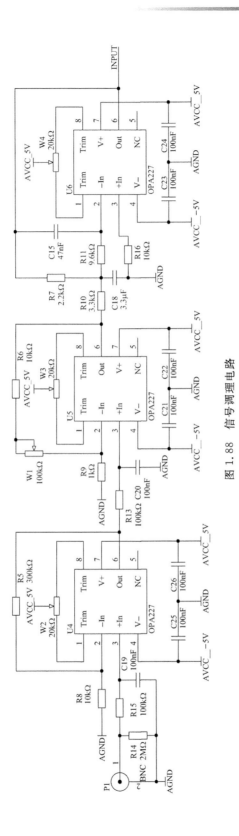

图 1.88 信号调理电路

微控制单元(Microcontroller Unit,MCU)选用 TI 公司生产的 MSP430G2553 单片机,该单片机内置 10 位 A/D,可以降低电路设计的复杂度,且该单片机具有超低功耗等特点。实验中原来采用的光点检流计的量程一般为 0～65,分辨率为 1,而本设计所选用的 A/D 位宽为 10,转换结果在 0～1023 的范围内,结合所选用的 A/D 的位宽和信号变化范围,用 4 位 7 段数码管来显示即可以满足测量要求,因此,选用 4 位复用共阴极数码管,驱动选用 7 段数码管专用的 74HC573D 芯片。用 MSP430G2553 的 P2.0～P2.7 口完成对 4 个数码管各段的控制,利用 MSP430G2553 的 P1.4～P1.7 口来轮流刷新四位数码管,并把 P1.3 口作为 A/D 输入通道,这样既充分利用了 MSP430G2553 单片机的 GPIO 口,又便于电路的布线。A/D 采样及显示电路如图 1.89 所示。

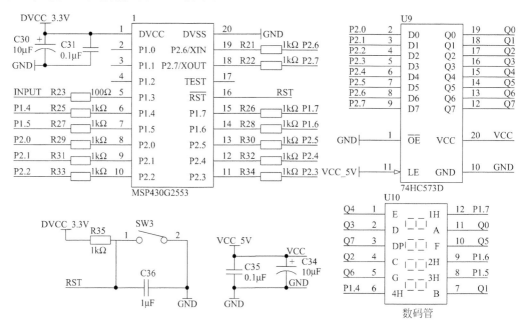

图 1.89　A/D 采样及显示电路

3. 电源电路

电源电路主要完成 AC-DC 转换、DC-DC 转换,实现为各模块供电的功能。AC-DC 转换主要完成交流电向直流低电压的转换。DC-DC 转换为各个模块供电,选用的芯片为低电压供电的低功耗芯片,运放 OPA227 采用双电源供电,MSP430G2553 的供电电压为 DC3.3V,A/D 转换的输入范围为 0～DC3.3V,数码管驱动 74HC573D 芯片采用 DC5V 供电。电源和地之间均选用电容去耦。AC-DC 转换电路如图 1.90 所示,DC-DC 转换电路如图 1.91 所示。

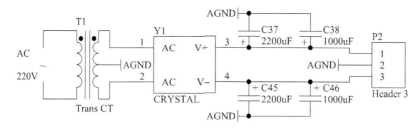

图 1.90　AC-DC 转换电路

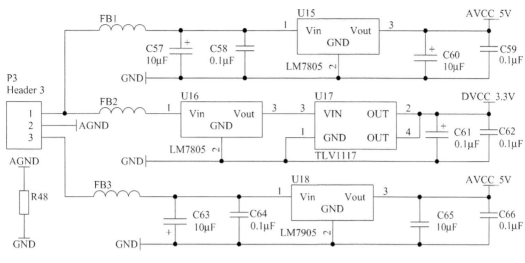

图 1.91　DC-DC 转换电路

4. 系统程序

数字检流计上电后,电源电路和信号调理电路即开始工作,单片机初始化后,开始启动单通道单次 A/D 转换,转换多次后取均值刷新数码管的显示,如此反复,程序流程如图 1.92所示。

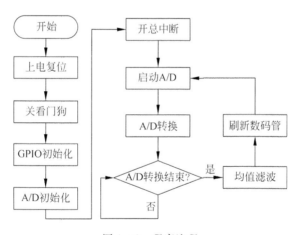

图 1.92　程序流程

GPIO 初始化中,P1.4~P1.7 及 P2.0~P2.7 设置为输出模式,注意 P2.6 和 P2.7 默认为 MSP430 的晶振输入口,要先更改为 GPIO 模式,否则数码管不能正常显示。为了节省GPIO 口,4 位数码管的写入引脚是复用的,所以必须依次刷新,为了使数码管的显示连续,必须控制好 A/D 转换和每位数码管刷新的时间间隔。每位数码管控制位为低时,该数码管使能,其余为灭,且同一时刻只能有一位数码管亮,调整好每位数码管发光时间和刷新间隔,可利用人眼视觉残留效应使人看到的显示数据连续。

1.5.3　小结

为了检验该数字检流计的性能,将其连接到微波测量系统中,将微波测量线终端接短路负载,移动活塞,直接读取数码管的显示结果,获取测量线探针所在位置的电场分布,测量结果如图 1.93 所示。图中,横轴表示探针在测量线上的位置,纵轴表示数字检流计的读数,该测量结果与理想曲线相吻合,且由此测量值计算得到的波导波长约为 42mm,与理论值一致。此外,该测量结果稳定,简洁直观,不存在因外部振动而影响测量稳定性的问题。实测表明,本节设计的数字检流计能满足微波实验的需求。

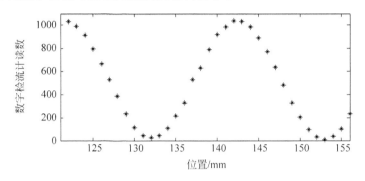

图 1.93　驻波测量结果

　　这款数字式检流计的设计从实验教学开展和实验室维护的角度出发,结构简单,成本较低,不易被外界环境干扰,测量结果稳定,在微波技术实验中,用它来替代光点检流计,能够更好地满足实验要求。①

1.6　智能光伏供电与监测系统

　　经济全球化促进了世界经济的快速发展,但是不科学的发展方式也给环境带来了不可挽回的伤害,就此我国提出了以节能减排为新理念的科学发展观,清洁能源以及低碳化生产已经逐步成为当今主流。光伏发电的节能优势明显,尤其是针对成千上万的中国家庭用户而言——成功的家用光伏系统每年能使一座城市节省至少数亿度电。随着光伏电站应用规模和区域的不断扩大,电站的监控具有越来越重要的意义,本节设计了一种方便、快捷的光伏供电与监控系统。

1.6.1　系统总体方案

　　太阳能光伏供电系统的结构如图 1.94 所示,系统输入源为太阳能光伏电池,光伏供电与监测系统分成三大模块,包括用户光伏供电节点模块、数据采集处理与通信传递网络、管理监测终端。小区太阳能供电系统将每个家庭的太阳能光伏系统作为节点,采用分布式采集方式将每个节点的信息进行汇总、分析和整理,并将分析结果通过信道上传至监控端,最终通过管理与查看终端的软件对使用数据进行管理监测。

　　1）用户光伏供电节点模块

　　用户端光伏供电系统是整个系统的分布式节点,也是实现能量转换和管理的核心。太阳能电池板将光能转化为电能存储在蓄电池中。在蓄电池供电的情况下,蓄电池稳定输出

---

　　① 本节部分内容已发表于《实验技术与管理》,2016 年,第 33 卷 12 期。

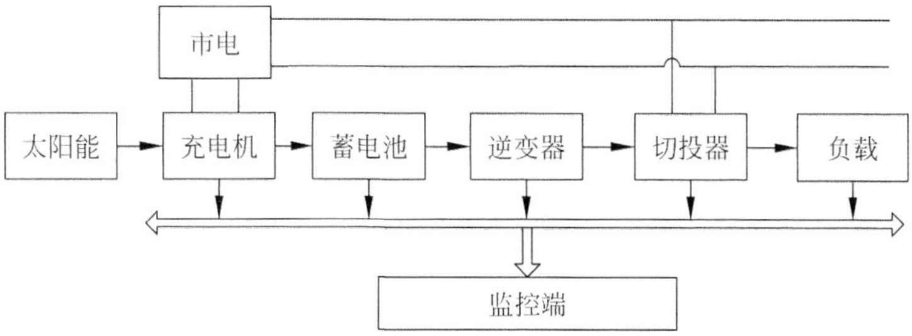

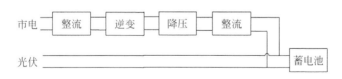

图 1.94 太阳能光伏供电系统结构

电压,经过升压与逆变,转化为可以利用的 220V 市电给用电电器提供能量。同时将蓄电池状态、负载功率等数据利用网络传输给交互网络。

2) 数据采集处理与通信传递网络

用户节点的数据经无线网络传输给主机服务器,更新相关节点上的实时功率、使用时间、蓄电池电压、环境参数等信息,上位机软件据此对各个节点的工作状态进行检测判断,并进行存储和处理。

3) 管理监测终端

上位机软件把获得的数据进行处理,电业局、用电用户以及电网管理者可以利用不同权限的用户登录系统查看相应的用户信息。

1.6.2 光伏供电系统

市电是交流电压,需要经过处理才能给蓄电池充电。市电经整流、逆变、高频降压、整流后变成电平可控的直流电压。

系统控制部分控制金属氧化物半导体场效应管(Metal-Oxide-Semiconductor Field-Effect Transistor,MOSFET)的通断来选择市电还是太阳能充电。市电充电采用三段式充电法。太阳能充电采用 BUCK 电路,软件采用最大功率点跟踪算法(Maximum Power Point Tracking,MPPT),确保获得太阳能充电最大功率。充电机方案如图 1.95 所示。

图 1.95 充电机方案

1. 太阳能光伏充电电路

系统选用 MOSFET(90N15)控制太阳能光伏充电的通断。MOSFET 的驱动电路由 TLP250 快速光耦实现。单片机控制 PWM(Pulse Width Modulation)关断时,MOSFET 断开,光伏不充电。PWM 产生时,MOSFET 导通,光伏充电。单片机通过调节 PWM 的占空比,实现充电电流和充电电压的控制。太阳能光伏充电电路如图 1.96 所示。

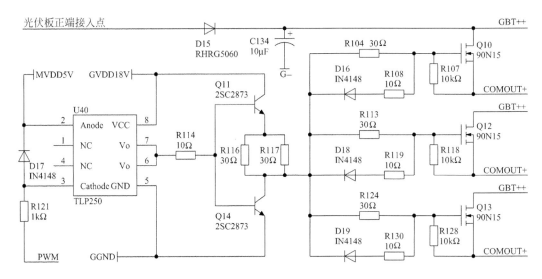

图 1.96　太阳能光伏充电电路

2. 光伏逆变器

逆变器采用推挽、高频升压、整流、逆变和滤波五级组成,逆变器方案如图 1.97 所示。

图 1.97　逆变器方案

1) 推挽升压电路

为了避免采用体积笨重的工频变压器,系统采用高频升压的方法。推挽升压核心主回路电路如图 1.98 所示。

变压器原边有两个绕组,且匝数相同,两组开关管交替通断。这种变换电路开关器件少,驱动简单,输出功率大,但是开关器件要承受两倍的输入电压,适用于低电压大电流的场合。推挽升压的控制电路如图 1.99 所示。

SG3525 是一款功能齐全、价格低廉的单片集成 PWM 控制芯片,SP_ST 可以作为控制电路的使能信号,高电平有效。PWM_A 和 PWM_B 是 SG3525 两路的推挽输出。<350V>是直流升压后的高压直流电压(350V),经过电阻分压取样,得到反馈信号 GYPM,并通过 TL431、PC817 和 SG3525 的内部误差放大器构成一个电压负反馈闭合回路。

2) IPM 模块逆变器

350V 高压直流电输入给 IPM(Intelligent Power Module)模块 PM150RSA060(U9),SPWM(Sinusoidal Pulse Width Modulation)驱动信号由 DSP 产生,三路驱动电路的电源由一个单独的开关电源供电,每一路电源在电气上完全隔离。IPM 模块上的中断信号经过 74HCT541 缓冲、电阻分压后接回到 DSP 的中断引脚上,一旦输出发生过流等异常现象,IPM 模块立刻产生中断,并引起 DSP 中断,SPWM 驱动信号立刻关闭,可以有效防止烧毁 IPM 模块等异常情况的发生。

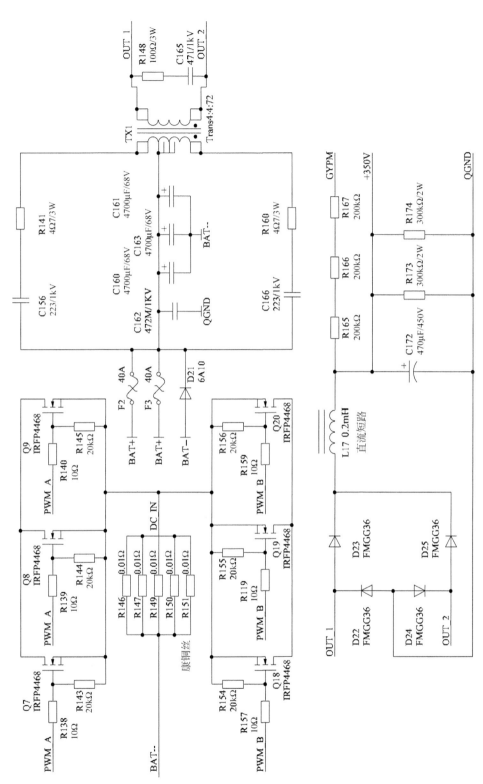

图 1.98 推挽升压核心主回路电路

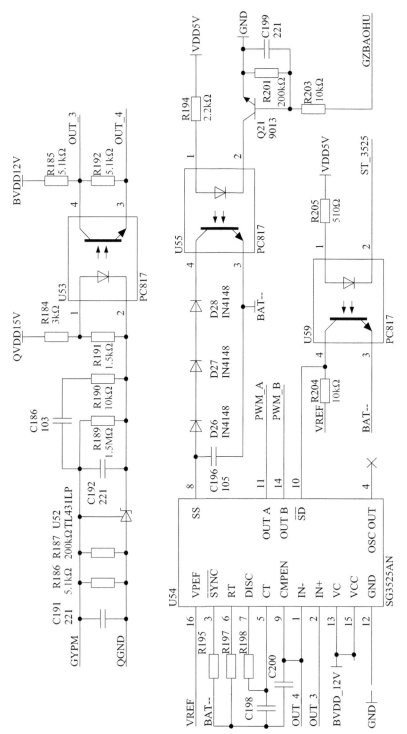

图 1.99 推挽升压的控制电路

3）滤波电路

IPM 模块产生的高压 SPWM 输出经 LC 滤波后,就得到 220V/50Hz 的交流电,LC 滤波电路如图 1.100 所示,滤波电感参数设计结果如图 1.101 所示,其中,电感量为 0.9mH,线径 1.0mm,1、3、4、6 起固定作用。

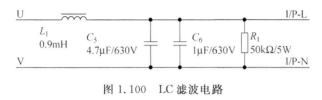

图 1.100　LC 滤波电路

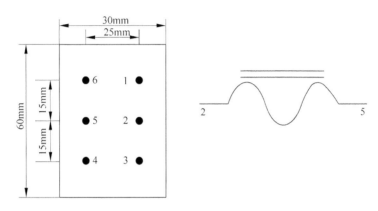

图 1.101　滤波电感参数设计结果

3. 切投器电路

继电器由 DSP 控制。由于继电器开闭的时候,可能产生很大的干扰,所以需要用光耦 TLP521-4(U5)隔离。为了提高光耦的驱动能力,确保继电器正确动作,系统选用达林顿驱动芯片 ULN2003A(U6)。切投器电路如图 1.102 所示,其中,K1 和 K5 共用一个控制端口,K2 和 K4 共用一个控制端口。

1.6.3　监控系统

监控系统主要实现系统参数变量检测和发电站工作参数的监控,并且通过 Zigbee 网络和 GPRS(General Packet Radio Service)网络进行无线传输。

变送器通过串行网络与 Zigbee/GPRS 网关连接,并将太阳光的强度和角度信号传送给 Zigbee/GPRS 网关用于下阶段的控制,将时钟信息传送至光信号变送器用于时钟同步;网关将获得的光信号通过 Zigbee 网络发送给网内的光伏发电装置,用于其他光伏发电装置的自动跟踪。

Zigbee/GPRS 网关通过 Zigbee 网络和串行网络收集各光伏发电装置的工作参数和光信号变送器的工作参数,并通过 GPRS 网络将其反馈给远程监控中心用于系统监控。

带有 Zigbee 子节点模块的光伏发电装置,通过 Zigbee 子节点模块接收来自 Zigbee/GPRS 网关的光信号数据以实现对太阳光的自动跟踪和工作参数反馈。

远程监控中心通过 GPRS 网络监控来自 Zigbee/GPRS 网关的数据,并且同步各光伏发电站 Zigbee/GPRS 网关的时钟数据。

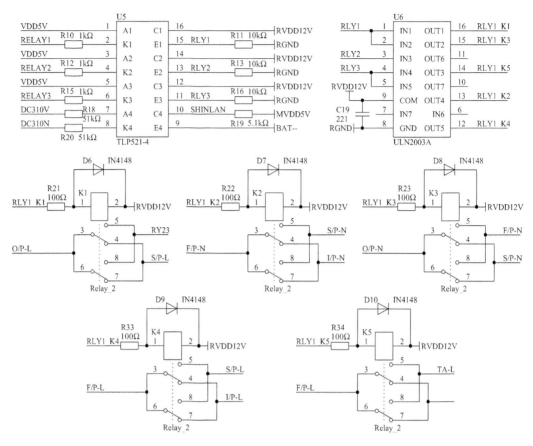

图 1.102　切投器电路

1. 通信协议

串行通信主要用于光信号变送器与 Zigbee/GPRS 网关之间的数据通信,主要包括时钟数据、光角度数据、强度数据和系统功耗。数据的读取均由主机发起,Zigbee/GPRS 网关主动查询,光信号变送器作为从机根据收到的报文信息做出动作,从机不主动发送数据。

通信协议串行报文格式如表 1.5 所示。

表 1.5　通信协议串行报文格式

从　机　号	功　能　码	扩　展　域	数据信息域	数　据　域	校　验　域	结　束　码
1B	1B	2B	2B	1～50B	1B	1B

(1) 从机号为报文的起始字节,代表目的地址,0x01～0xFF 表示其他从机地址,共有 255 个从机地址。

(2) 功能码共占 1B,功能码含义如表 1.6 所示。功能码的最高位表示读写位,0 为读取数据,1 为设置数据;其他每一位在读写模式下都表示一种功能,可以合并使用,例如 0x03 表示读取的角度信息和强度信息,本系统只定义了上述几种功能,保留了几位信息域留用。

(3) 扩展域为 2B 数据,留待后用,没有使用的前提下,默认为 0x00。

(4) 数据信息域为 2B 的数据信息,高字节为数据类型,低字节为后面数据域的数据个数。

（5）数据域共包含 1～50B 数据信息,高字节在前,低字节在后。

（6）校验域为 1B 的累加和数据,表示从机号到数据域最后一个数据字节的累加和。

（7）结束码为 1 个固定字节 0xEE,用于提示报文结束。

表 1.6　功能码含义

功　能　码	0x00	0x01	0x02	0x04	0x80	0x81
含义	角度信息	强度信息	功耗	时钟	保留	保留

无线通信模块结构如图 1.103 所示。

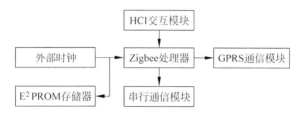

图 1.103　无线通信模块结构

其中,Zigbee 处理器为模块提供控制器和 Zigbee 射频模块(2.4GHz),同时控制其他外设的网关数据的转换;GPRS 通信模块通过串口与控制器相连,用于网关和远程 PC 的数据通信;外部时钟信号和 E²PROM 存储器通过总线和控制器相连,分别实现系统的控制和一些实时信息数据的存储;人机交互界面(Human-Computer Interaction,HCI)模块由 LCD(Liquid Crystal Display)和按键组成,主要用于数据的现场查看和维护检修。

2. 通信模块硬件设计

Zigbee 芯片选用 TI 公司推出的 CC2530SOC 芯片,支持 IEEE802.15 标准的应用。

收发模块的外围电路主要由电源电路、射频输入/输出匹配电路、晶振电路和通信接口电路组成。

（1）射频输入/输出匹配电路由一些低成本的电感和电容搭建的非平衡变压器组成,主要用于改善非平衡天线的性能,其参数可参照 TI 提供的数据手册,为固定值。

（2）晶振电路采用双晶振实现,32MHz 的外部高频晶振主要用于射频模块正常收发工作,32MHz 的外部低频晶振用于系统休眠和唤醒,可以大大降低系统的功耗。

（3）通信接口电路通过双排针将 CC2530 的普通 GPIO 和 SPI 等外设接口引出来,便于系统的控制和扩展。

（4）GPRS 部分选用 Sim300 模块。

3. 上位机程序设计

为了方便用户查看相关数据进行决策和管理,设计了一个基于用户接口的应用软件。软件设计以 Visual C++6.0 为开发平台,它是一种较为底层的面向对象的开发语言,符合现代软件工程的思想。应用软件部分包括服务器设计模块、接收检测数据模块、实时显示终端工作模式模块,历史数据查询模块、历史日志查询模块,设置终端工作模式模块,参数分析模块。

上位机软件整体设计如图 1.104 所示,车载终端按照一定的工作模式向服务器上位机传送监测数据,上位机对数据进行处理后,在主界面显示车载终端的具体工作状态,并将数据存入数据库;数据入库以后,还可将其读出并显示在历史记录查询界面和历史日志查询界面。主界面的车载终端列表实时更新车载终端的具体信息。

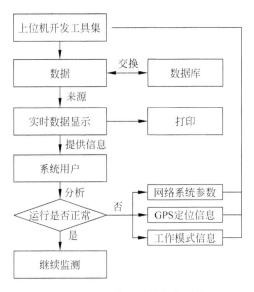

图 1.104　上位机软件整体设计

在 Visual C++中,利用 MFCAppWizard(EXE)建立一个"应用工程"窗口。在窗口下完成各个控件的添加和回调函数编写。用户界面设计如图 1.105 所示。

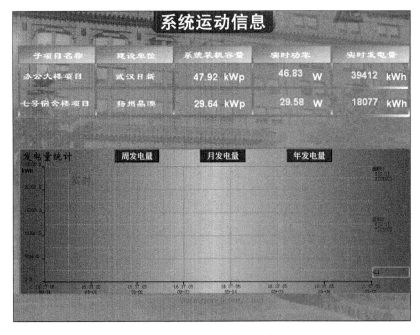

图 1.105　用户界面设计

1.6.4 光伏系统测试

针对所设计的系统进行以下功能测试：蓄电池充放电测试，逆变器电压逆变测试，逆变系统测量电路性能测试，Zigbee/GPRS 数据收发和组网测试，用户接口界面效果测试。

1. 测试条件

（1）测试设备包括一台光伏发电装置、一台 PC、一台手持监控端、一台 Zigbee 协议用户 USB 分析仪、一台外用表，以及示波器等电子仪器。

（2）测试软件包括上位机监控软件和 Zigbee 数据分析软件。

（3）测试环境：普通室内，无线基站在相距 100m 处的实验室。

2. 测试过程

1）逆变器效果

逆变器测试结果如表 1.7 所示。逆变器模块可以很好地完成逆变功能，在不同负载下输出电压有效值在 220V 上下小范围波动，失真度满足要求。

表 1.7 逆变器测试结果

逆变器负载/W	输出电压有效值/V	失真度/%	逆变器负载/W	输出电压有效值/V	失真度/%
100	226	1.3	600	223	2.4
200	224	2.3	800	224	2.6
400	225	2.8	1000	217	3.2

2）Zigbee 收发效果

Zigbee 收发测试数据如表 1.8 所示。通过测试，因为环境和间隔距离的不同，Zigbee 收发器的效果差异比较显著。由测试数据可知，本系统性能比较适合应用于方圆 100m 左右（点对点）的比较复杂的地形，而且通过一定的协议处理，可以进一步降低误包率。

表 1.8 Zigbee 收发测试数据

Zigbee	字节/包	收发次数	距离/m	信号强度/dBm	误包率/‰
第一组	10	1000	50	−60	2
第二组	10	1000	100	−60	6
第三组	10	1000	150	−60	14
第四组	10	1000	50	−80	7
第五组	10	1000	100	−80	9
第六组	10	1000	150	−80	27

3）GPRS 数据收发

GPRS 收发测试数据如表 1.9 所示。由结果可知，在 GPRS 测试中，信号传输的效果完全满足要求。

表 1.9　GPRS 收发测试数据

GPRS	字节/包	收 发 次 数	误包率/‰
第一组	20	1000	2
第二组	20	1000	1
第三组	20	1000	4
第四组	20	1000	3
第五组	20	1000	2
第六组	20	1000	6

1.6.5　小结

改进型的功率扰动观察法使光伏电池阵列保持最大功率输出,改进后的功率扰动法不仅简单有效,而且当天气变化后,仍然能够对其进行最大功率跟踪,使光伏电池阵列工作在最大功率点。

在三阶段充电方法的基础上,提出了基于放电脉冲的三阶段充电方法。三阶段充电方法本身就是一种适用于独立光伏发电系统中的常用充电方法,在充电过程中加入放电脉冲,增大了蓄电池的可接受充电电流,而有效抑制充电过程中可接受充电电流的减小,使其能够完全吸收光伏电池阵列转换的电能,从而提高了系统效率。

使用推挽升压、高频逆变的逆变器方案成功实现了蓄电池直流电逆变成为 220V 交流电,效率高达 92%。采用运算放大器和互感器等器件测量得到了电路系统中的各个物理量,传送到 DSP 控制器中以备后用。

采用独立的光信号变送器,降低了自动跟踪系统的成本和功耗,同时使系统具有更强的灵活性和可维护性;采用 Zigbee 与 GPRS 网络进行数据传输,无需布线,同时又可以快速组建网络,提供数据安全性。

本节应用一台 PC 和多个车载终端实现了无线网络实时监测系统,系统的成功开发能够为运营商提供真实的网络质量监测数据,且能实时自动地进行采集,无须人工参与,从而提高效率。

1.7　基于 TFT-LCD 的多路实时采集显示系统

随着电子技术的发展,TFT-LCD 在嵌入式系统中得到了广泛应用。LCD 模块不仅可以显示汉字、字符和图形,而且控制技术采用数字控制方式,显示平面化、多样化,正好符合图像显示技术的发展趋势,它的应用研究是当前的热门课题。

1.7.1　系统总体方案

1. 系统总体结构

多路实时采集显示系统的主要功能为实时采集电压数据,并在显示屏上实时显示。系统主要由信号调理模块、信号采集模块、信号处理模块、液晶显示模块和电源模块 5 个部分组成,另外还设计了蜂鸣器等辅助模块。系统使用 7 寸 TFT-LCD 配合单片机 PIC18F4520以此实现多路输入电压的实时采集功能,最终在 TFT-LCD 上动态显示多路电压的变化曲线,具有良好的视觉效果。多路实时采集显示系统总体结构如图 1.106 所示。

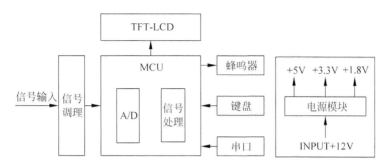

图 1.106　多路实时采集显示系统总体结构

信号调理模块的功能是将输入信号调整到采集模块可接受的电压范围,同时起到信号隔离的作用,也扩大了输入电压的动态范围,可以适应各种不同的输入电压范围,系统设置了由运算放大器 TLV2372 组成的信号调理模块;信号采集模块以单片机片内的 A/D 为核心,将信号调理模块输出的模拟信号转换为数字信号,并且系统所用的 PIC18F4520 自带 10位 A/D 转换器,该模块具备可编程采集时间,从而不必在选择通道和启动转换之间等待一个采样周期,减少了代码开销;信号处理模块对数字信号进行运算等处理,输出给液晶显示模块;而显示模块将采用 7 寸 TFT-LCD 显示屏,采用工业级驱动芯片 MD070SD,具有8080 时序 16 位并行总线接口,分辨率为 800×480;电源模块采用 DC12V 单电源供电,然后经过电压变换产生+5V、+3.3V 和+1.8V 电压,同时系统采取了一系列降低噪声的措施,并设置了短路、反接、过流、过压等保护功能。

2. 系统硬件设计

1) PIC18F4520 单片机

PIC18F4520 是 Microchip 公司采用纳瓦技术的增强型闪存单片机,既可以采用+5V电压供电,也可以采用+3.3V 电压供电,40MHz 上限时钟频率,可支持高达 10MIPS 的操作。PIC18F4520 单片机电路如图 1.107 所示。为适应 TFT-LCD 显示模块的电压要求,单片机采用+3.3V 供电。单片机的所有引脚均通过排针(JP5、JP6)引出,方便调试和扩展。

2) TFT-LCD 显示模块

TFT-LCD 显示模块外形尺寸 165mm×100mm(7 寸),采用工业级驱动芯片 MD070SD,具有 8080 时序 16 位并行总线接口,分辨率为 800×480。模块内部采用 PLD+SDRAM 方式驱动,在总线接口与 RGB 接口之间实现转换的同时还提供了一系列实用功能,能够显示字符、汉字、图形以及各种符号信息,清晰度较高,同时还支持触屏操作、SD 卡扩展等功能。TFT-LCD 接口电路如图 1.108 所示。

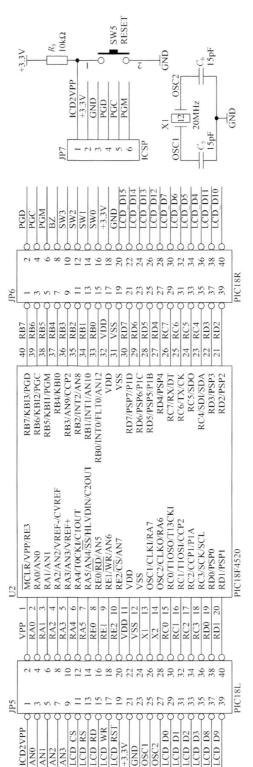

图 1.107 PIC18F4520 单片机电路

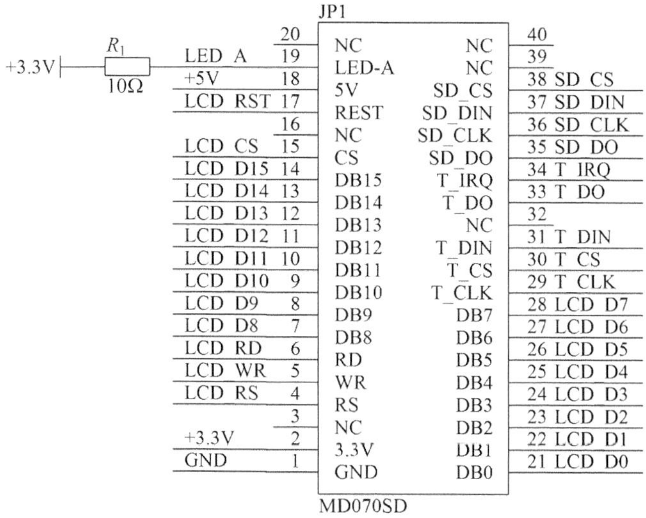

图 1.108 TFT-LCD 接口电路

3）信号调理模块

为了扩大输入信号的动态范围，适应各种不同的输入电压范围，系统设置了由运算放大器 TLV2372 组成的信号调理模块。TLV2372 是单电源双运算放大器，具有输入和输出 Rail-to-Rail 功能。考虑到输入信号阻抗的影响，第一级放大器设计为射极跟随器，起隔离作用。第二级放大器设计为反向放大器，实现电压调理功能，信号调理电路如图 1.109 所示。系统共设置了四路信号调理通道，图 1.109 只列出了其中一路，其余三路相同，系统可以根据实际需要选择对应的通道。

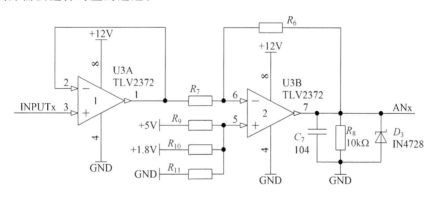

图 1.109 信号调理电路

输入 INPUTx 和输出 ANx 的函数关系为

$$ANx = -\frac{R_6}{R_7} \times INPUTx + \frac{R_6 + R_7}{R_7} \times V_{REF} \tag{1-10}$$

其中，V_{REF} 由 +5V、+1.8V、0V 通过 R_9、R_{10}、R_{11} 组合产生，可以得到 0~5V 范围的参考电压。

4）电源模块

为了简化系统供电，系统采用 DC12V 单电源供电，然后经过电压变换产生 +5V、+3.3V

和 +1.8V 电压。系统采取了一系列降低噪声的措施,并设置了短路、反接、过流、过压等保护功能,电源电路如图 1.110 所示。

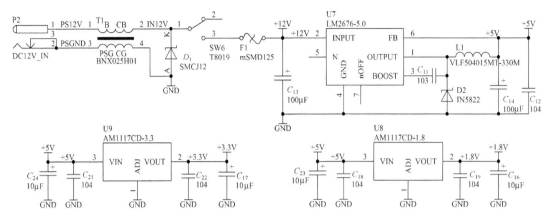

图 1.110　电源电路

P2 为电源接口。T1 为 EMI 专用集成滤波器 BNX025H01,插入损耗大于 35dB (50kHz～1GHz)。D1 为瞬态抑制二极管(Transient Voltage Suppressor,TVS)SMCJ12,当 TVS 两端受到反向瞬态冲击时,它能以皮秒量级的速度,将其两极间的高阻抗变为低阻抗,吸收高达 1500W 以上的浪涌功率,使两极间的电压箝位于一个预定值,有效保护系统中的重要元件。F1 为可恢复保险管 mSMD125,保持电流 $I_{hold} = 1.25A$。U7 为降压型开关稳压器 LM2676,内部固定振荡频率 260kHz,效率高达 94%。U8、U9 为三端线性稳压器 AM1117CD,分别产生 +1.8V 和 +3.3V 的电压。

5) 蜂鸣器等辅助模块

辅助模块包括蜂鸣器、键盘和串口电路,完成扩展功能。蜂鸣器电路如图 1.111 所示,其中 BZ 由单片机通过跳线产生。当 BZ 为低电平时,三极管 Q1 打开,蜂鸣器工作。当 BZ 为高电平时,三极管 Q1 关断,蜂鸣器不工作。

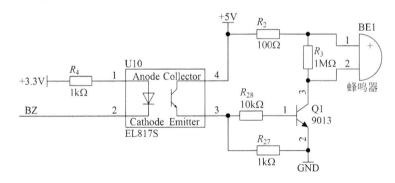

图 1.111　蜂鸣器电路

3. 系统软件设计

系统软件设计主要完成数据采集、数据处理和 LCD 显示等功能。主程序流程如图 1.112(a)所示,首先初始化单片机系统和启动定时器,再初始化 LCD 并绘制 LCD 显示界面,然后在单片机控制下通过 A/D 转换器对输入信号进行采集处理,得到适合 LCD 显示的数字编码,并在 LCD 上显示,最后将信号曲线实时显示出来。LCD 显示子程序流程如图 1.112(b)所示,实现电压曲线实时绘制的功能。系统软件基于 MPLAB 开发环境,采用 PIC 单片机 C 语言编程。

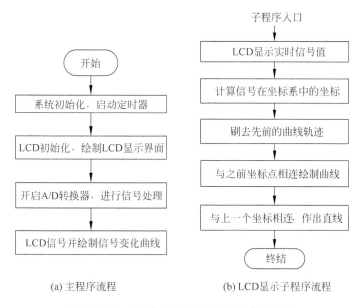

(a) 主程序流程   (b) LCD显示子程序流程

图 1.112   主程序和 LCD 显示子程序流程图

1) 工作时序

MD070SD 有两种工作模式:命令模式和数据传输模式,可以通过控制字来设置,完成 MD070SD 的配置和 LCD 显示的数据传送。

2) 图形显示算法

为了提高实时性,最大限度降低显示延迟时间,系统采用局部分区域操作思想,只对需要更新显示信息的区域进行数据操作,对于其他区域则不进行任何操作,以节约处理时间,提高数据更新速率。具体实现方式是边擦除先前的信号曲线边绘制实时的信号变化曲线,同时将擦除的坐标格线补充完整,大大缩短了延迟时间。

3) 多路实时显示

由于单片机为单线程处理器,为实现多路实时采集显示功能,系统采取的具体方式是:开启其中一个输入通道进行数据采集处理并绘制曲线,然后关闭该通道并开启另一通道进行数据采集处理并显示,如此反复地在不同通道间切换,实现多路显示的目的。系统的指令周期短,每次开启与关闭通道之间的时间很短,因此系统的实时性几乎不受影响。

1.7.2 系统测试

系统测试分为静态测试和动态测试,主要验证系统的准确性和 TFT-LCD 上曲线绘制的实时性。

1. 测试条件

测试在实验室环境下进行,测试仪器清单如表 1.10 所示。

表 1.10　测试仪器清单

序　号	名　　称	厂　家	型　号	主　要　参　数
1	直流稳压电源	宁波中策	SG1733SB3A	双踪 32V/3A
2	函数发生器	Rigol	DG4162	双通道 160MHz
3	数字示波器	Agilent	DSO-X2022A	双通道 200MHz
4	数字万用表	固纬电子	GDM-5145	4 位半

2. 静态测试

改变直流稳压电源的输出电压,作为其中一路信号输入 INPUTx,分别记录万用表读数和系统测试结果。静态测量结果如表 1.11 所示,以 4 位半数字万用表为基准,系统最大误差 57mV,平均误差 26.1mV。

表 1.11　静态测量结果　　　　　　　　　　　　　　　　　　mV

输入电压	万用表读数	系统测试结果	误　差	输入电压	万用表读数	系统测试结果	误　差
0	8	0	8	2500	2577	2570	7
500	527	470	57	3000	3097	3100	3
1000	1003	950	53	3500	3590	3620	30
1500	1527	1500	27	4000	4043	4090	47
2000	2084	2080	4	4500	4575	4600	25

3. 动态测试

实测表明,系统响应速度很快,产生的时间延时极小,最快实现 3 帧的刷新速度。通过函数发生器输入正弦波,观察 LCD 上显示的波形,动态测试实验效果如图 1.113 所示。图 1.113(a)为系统测试实物,图 1.13(b)为 TFT-LCD 显示效果。

 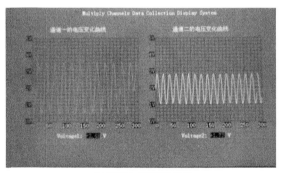

(a) 系统测试实物　　　　　　　　　　　(b) TFT-LCD显示效果

图 1.113　动态测试实验效果

1.7.3　小结

多路实时采集显示系统硬件电路简洁,易于扩展,可与其他电路系统联合使用。系统用户界面友好,信息量大,能够更加灵活多彩地显示内容,在处理简单的图像、文字等内容上,系统刷新速度在首次刷屏后几乎没有延迟,取得了很好的效果。

注:本节部分内容已发表于《实验室探索与研究》,2015 年,第 34 卷 06 期。

1.8　基于 H.265/HEVC 的视频质量参数评价

高清视频意味着高流量,对用户带宽有极高要求。目前电视、平板电脑和智能手机领域的厂商,都在加紧推出更多支持 H.265 的终端设备。本节通过实验研究了在 H.265/HEVC 压缩标准下,比特率以及 GOP(Group of Pictures)参数对视频质量的影响,并针对具有不同动态情况的视频,研究了压缩对其质量的影响。

1.8.1　H.265/HEVC 算法

从编码单元上来说,在 H.265/HEVC 之中,基本编码单元为编码树单元(Coding Tree Unit,CTU),大小为 16×16 像素、32×32 像素或者 64×64 像素,每个编码树单元由亮度编码树块与对应的色度编码树块组成,而 H.264 中每个宏块(Macro Block,MB)大小都是固定的 16×16 像素,这种划分使得视频编码更加灵活,同时有助于提高编码效率。

在亮度分量的帧内预测上,H.265/HEVC 支持 33 种方向,H.265 只支持 4 种,对于图像中平滑区域的帧内预测,H.265/HEVC 使用平面预测模式(Planner Mode)来替代原先的 DC 预测模式,在相同客观质量的条件下,有助于图像主观质量的大幅度提高。

为了提高解码图像的主客观质量,在 HEVC 中,对重建图像进行级联、块斑滤波、像素自适应补偿和自适应环路滤波操作。其中,去块斑滤波用于消除块效应,而像素自适应补偿和自适应环路滤波则用于消除量化噪声。

此外,H.265/HEVC 还采用了更好的运动补偿处理和矢量预测方法,以及先进的四叉树残差变换块结构和像素自适应补偿技术。

与之前的压缩标准相比,H.265 具有更高的编码效率以及更好的恢复丢失数据的能力。H.265 支持超高清视频,然而 H.264 却很难压缩超高清视频。此外,在各种网络环境之中,H.265 具有更好的适应性。

已有的测试表明,在相同的图像质量下,相比于 H.264,通过 H.265 编码的视频大小将减少大约 39%～44%。主观视觉测试得出的数据显示,在码率减少 51%～74% 的情况下,H.265 编码视频的质量还能与 H.264 编码视频近似甚至更好,也就是说比预期的峰值信噪比(Peak Signal to Noise Ratio,PSNR)要好。

1.8.2　客观视频质量评价方法

1. 客观视频质量评价参数

视频质量评估包括主观评估和客观评估。主观评估是利用观察者来评估视频质量。尽管主观评估准确可靠,然而耗费人力和时间。由于客观评估的有效性和可重复性,客观评估被广泛应用。选用三个被广泛使用的客观参数 PSNR、SSIM(Structural Similarity Index Measurement)和 VQM(Video-Quality Metric)来评估视频质量。

1) 峰值信噪比(PSNR)

PSNR 被定义为

$$PSNR = 10\lg \frac{L^2}{MSE} \tag{1-11}$$

其中，L 是允许的图像像素强度的动态范围。

均方误差 MSE(Mean Square Error)被定义为

$$MSE = \frac{1}{M \times N} \sum_{i=0}^{M-1} \sum_{j=0}^{N-1} (x_{ij} - y_{ij})^2 \tag{1-12}$$

其中，$M \times N$ 反映了图像的尺寸，x_{ij} 代表原始图像的像素，y_{ij} 代表被处理后的图像的像素。相比于 MSE，如果被比较的图片具有不同的动态范围，那么 PSNR 将包含更多的信息。

尽管 PSNR 因计算简单而被广泛使用，但它的测试结果与主观评价结果的一致性较差，不能完全反映人眼的主观感觉。

2) 结构相似性(SSIM)

SSIM 反映了原始图像和被处理后的图像的亮度、对比度和结构相似性。亮度由光照和反射决定。对比度反映了物体的亮度或颜色的不同。结构相似性反映了物体的结构，而与亮度和对比度无关。所以，在测量结构相似度时，需去除亮度和对比度。SSIM 测量系统结构如图 1.114 所示。

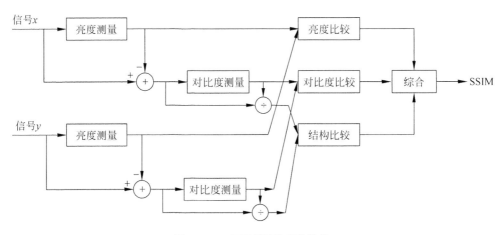

图 1.114　SSIM 测量系统结构

相较于传统所使用的影像品质衡量指标 PSNR，结构相似性指标 SSIM 在影像品质的衡量上更能符合人眼对影像品质的判断。

3) 视频质量度量(VQM)

VQM 客观测试标准由美国国家电信和信息管理局(NTIA)提出，是利用统计学原理模拟实际的人眼视觉系统(Human Visual System，HVS)，在提取参考及其对应的测试图像中，且在人眼能够感知的图像特征值的基础上，计算得出的视频质量客观评价值。这些图像特征值包括亮度、色彩、时空变化等信息，由此得到的评价值是人眼可感知的模糊、块失真、不均匀/不自然的运动、噪声和错误块等损伤的综合反映。

在 2003 年进行的第二次视频质量专题测试中，VQM 客观视频质量评价方法对于 PAL 制及 N 视频格式都有较好的表现，与主观测试结果的一致性较高。

2. 视频质量评价软件

反映编解码前后视频质量的客观参数 PSNR、SSIM 和 VQM 可以通过视频质量评价软件 MSU(Video Quality Measurement Tool)进行测量。MSU VQMT 是莫斯科国立大学的 Graphics and Media Lab 实验室制作的一款客观视频质量评价软件。MSU VQMT 支持相当丰富的客观视频质量评价算法,它提供了多种全参考视频质量评价方法(对比两个视频)和无参考视频质量评价方法(分析一个视频)。MSU 软件界面如图 1.115 所示。

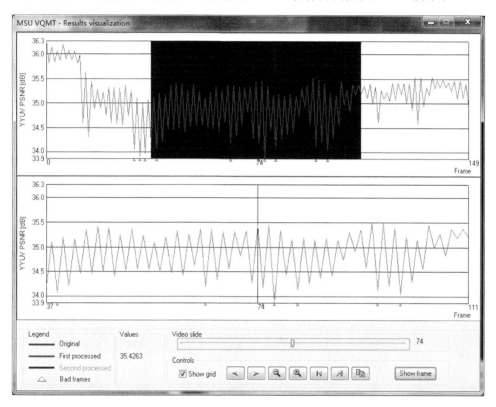

图 1.115　MSU 软件界面

3. 参数处理

对于通过视频质量评价软件 MSU 测得的客观参数,我们采用 Origin、Excel 或 MATLAB 等软件进行绘图,绘制的图像包括:3 种 GOP 参数下客观参数和比特率的关系图(比特率范围为 2～30Mb/s),不同动态情况下客观参数和比特率的关系图(比特率范围为 2～30Mb/s),6 种 GOP 参数下客观参数和比特率的关系图(比特率范围为 2～10Mb/s)。

1.8.3　序列编解码测试

序列编解码测试过程如图 1.116 所示。首先,获取 4 个动态情况具有明显差异的原始视频序列(∗.yuv),根据所需的比特率和 GOP 参数更改配置文件中的参数,利用 H.265 编码器(TAppEncoder)对原始视频序列进行编码;其次,利用 H.265 解码器(TAppDecoder)对压缩视频进行解码;然后,利用已有的视频质量评价软件(MSU)测试编解码前后视频的客观参数值(PSNR、SSIM 和 VQM);最后,通过分析测试结果得出实验结论。

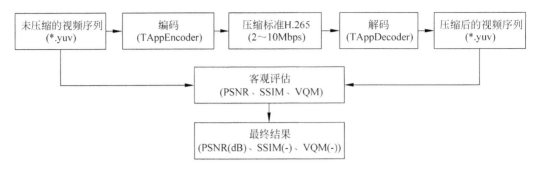

图 1.116　序列编解码测试过程

实验选取了 4 个具有不同动态情况的视频序列："HoneyBee"背景是静态的,前面的蜜蜂有飞行的变动,而且幅度较小;"Jockey"背景是静态的,物体快速移动,即马与摄像机均向左快速移动;"ReadySetGo"背景是静态的,同一时刻有多个物体突然快速移动,即多匹马一同向左奔跑;"YachtRide"背景是动态的,而且移动物体较多,包括海水波动、船身移动、旗帜飘动、人有动作。

1. 不同比特率下测试

为了研究比特率对视频质量的影响,选取 3 个不同的 GOP 参数("Only I"、"GOP 4-BF 3"和"GOP 4-BF 0"),比特率的范围为 2～30Mbps,步进为 2Mbps。利用 MSU 软件测试反映编解码前后视频质量的客观参数。根据测试得到的客观参数值绘制的在 3 种不同 GOP 参数下视频质量参数与比特率的关系,分别如图 1.117～图 1.122 所示。[①]

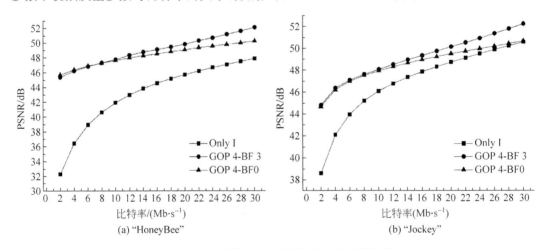

图 1.117　3 种不同 GOP 下 PSNR 和比特率的关系

对比测试结果可知,在固定 GOP 参数的情况下,随着比特率的增加,视频质量提高,且相较于"GOP 4-BF 3"序列和"GOP 4-BF 0"序列,"Only I"序列质量随比特率增加变化更大。此外,当比特率达到一定值时,3 种不同 GOP 下解码出的视频质量相似。

---

①纵坐标中的 PSNR 全称为 Peak Singlenal to Noise Rato,即峰值信噪比;SSIM 全称为 Structural Similarity Index,即结构相似性;VQM 全称为 Video Quality Metric,即视频质量测量。后同。

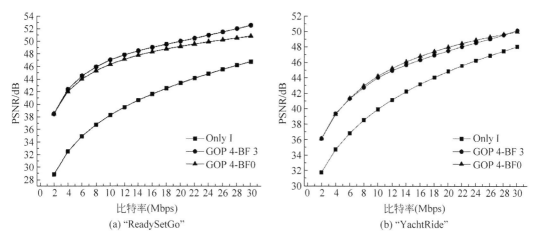

(a) "ReadySetGo"　　　　　　　　(b) "YachtRide"

图 1.118　3 种不同 GOP 下 PSNR 和比特率的关系

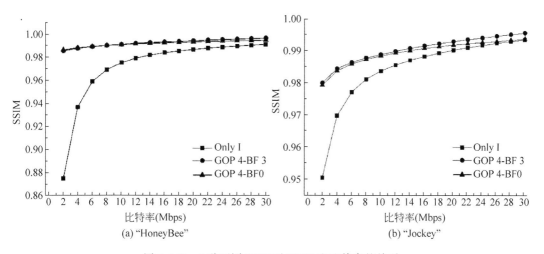

(a) "HoneyBee"　　　　　　　　(b) "Jockey"

图 1.119　3 种不同 GOP 下 SSIM 和比特率的关系

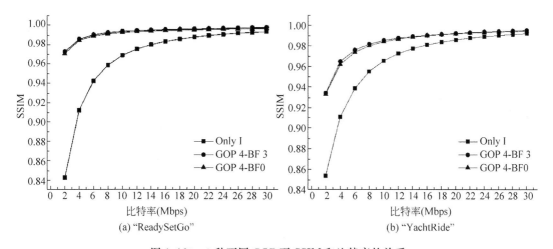

(a) "ReadySetGo"　　　　　　　　(b) "YachtRide"

图 1.120　3 种不同 GOP 下 SSIM 和比特率的关系

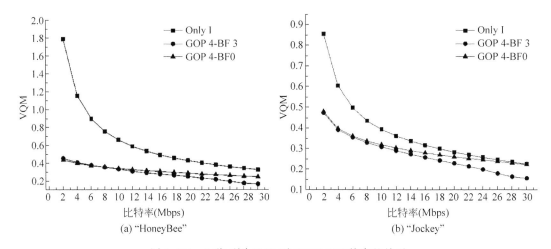

图 1.121　3 种不同 GOP 下 VQM 和比特率的关系

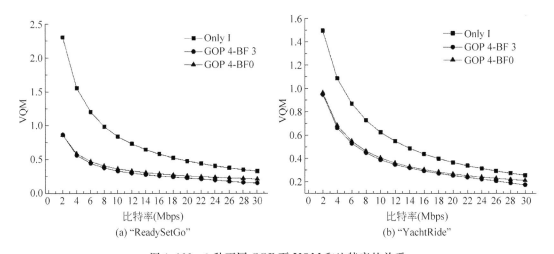

图 1.122　3 种不同 GOP 下 VQM 和比特率的关系

2. 不同动态情况下测试

为了研究动态情况对视频质量的影响,选取 3 个不同的 GOP 参数("Only I"、"GOP 4-BF 3"和"GOP 4-BF 0"),比特率的范围为 2~30Mbps,步进为 2Mbps。利用 MSU 软件测试反映编解码前后视频质量的客观参数(PSNR、SSIM 和 VQM)。根据测试得到的客观参数值绘制的在不同动态情况下视频质量参数与比特率的关系,分别如图 1.123~ 图 1.128所示[①]。

由测试结果可以得到以下结论:

(1) 对于序列"HoneyBee",背景是静态的,前面的蜜蜂有飞行的变动,而且幅度较小,可以看出其解码后的序列质量最好。

---

① 纵坐标与前文(图 1.117~图 1.122)相同。4 条线分别指代不同情况下的关系曲线:HoneyBee 即蜜蜂,YachtRide即帆船骑行;Jockey 即赛马;Ready Set Go 即某种比赛。后同。

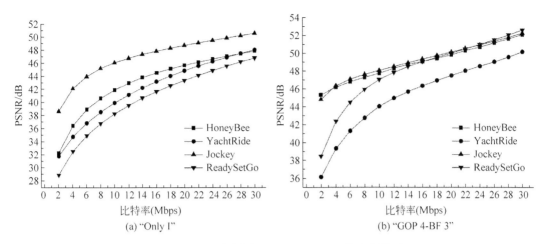

图 1.123　不同动态情况下 PSNR 和比特率的关系

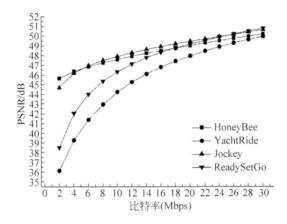

图 1.124　不同动态情况下 PSNR 和比特率的关系（"GOP4-BF0"）

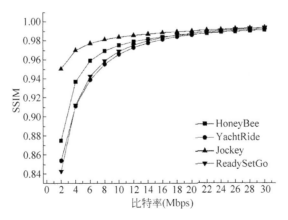

图 1.125　不同动态情况下 SSIM 和比特率的关系（"Only I"）

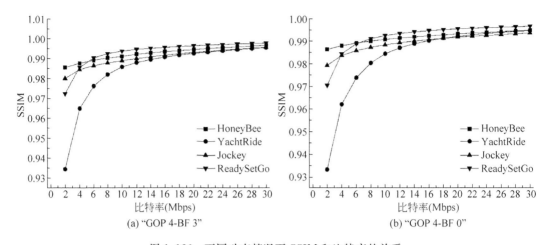

图 1.126　不同动态情况下 SSIM 和比特率的关系

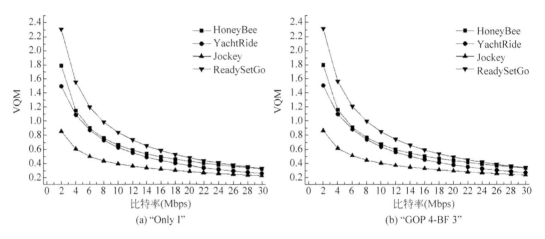

图 1.127　不同动态情况下 VQM 和比特率的关系

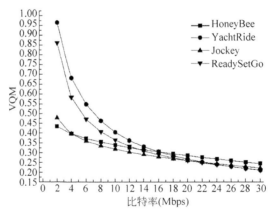

图 1.128　不同动态情况下 VQM 和比特率的关系（"GOP 4-BF 0"）

（2）对于序列"Jockey"，背景是静态的，物体快速移动，即马与摄像机均向左快速移动，它的解码序列质量是最好的，而且随着比特率的增大，序列质量变化幅度较小。

（3）对于序列"ReadySetGo"，背景也是静态的，但是同一时刻有多个物体突然快速移动，包括赛马开始，骑手做好准备出发，门打开多匹马一同向左奔跑，可以看出它的质量相较"HoneyBee"和"Jockey"移动物体较少的序列质量差，但随着比特率的增加，它的质量有较大的改善。

（4）对于序列"YachtRide"，背景是动态的，而且移动物体较多，包括海水波动，船身移动，旗帜飘动，人有动作，它的质量基本上是最差的，但是随着比特率的增加，视频质量改善较大。

总的来说，对于帧内编码，动态背景视频序列"YachtRide"质量优于静态背景视频序列"ReadySetGo"；而对于有 P 帧和 B 帧的预测编码，"ReadySetGo"质量优于"YachtRide"。

3. 不同编码结构下测试

为了研究编码结构对视频质量的影响，选取 6 个不同的 GOP 参数（"GOP 6-BF 2""GOP 12-BF 2""GOP 12-BF 6""GOP 12-BF 10""GOP 24-BF 2"和"GOP 48-BF 2"），比特率的范围为 2～10Mb/s，步进为 1Mb/s。利用 MSU 软件测试反映编解码前后视频质量的客观参数（PSNR、SSIM 和 VQM）。根据测试得到的客观参数值绘制的在不同编码结构下视频质量参数与比特率的关系，分别如图 1.129～图 1.134 所示。

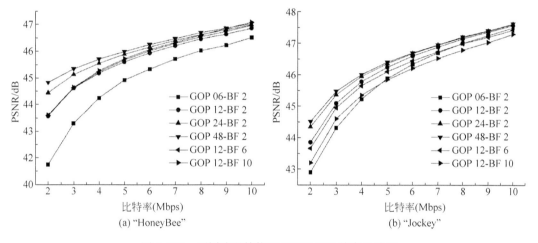

图 1.129　不同编码结构下 PSNR 和比特率的关系

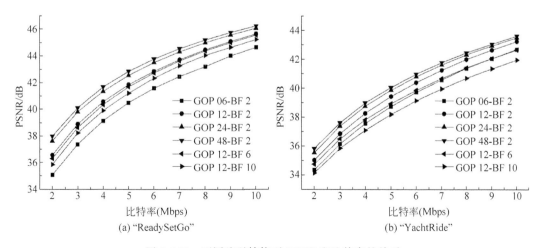

图 1.130　不同编码结构下 PSNR 和比特率的关系

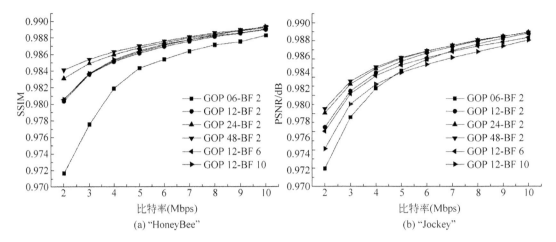

图 1.131　不同编码结构下 SSIM 和比特率的关系

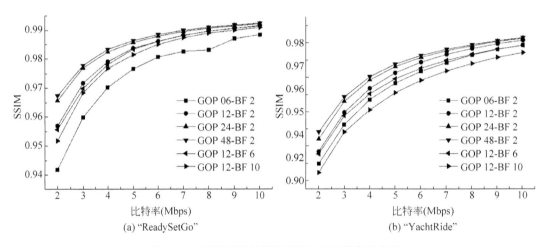

图 1.132　不同编码结构下 SSIM 和比特率的关系

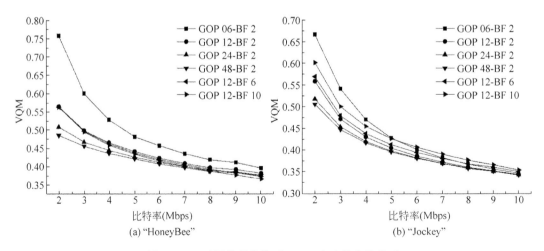

图 1.133　不同编码结构下 VQM 和比特率的关系

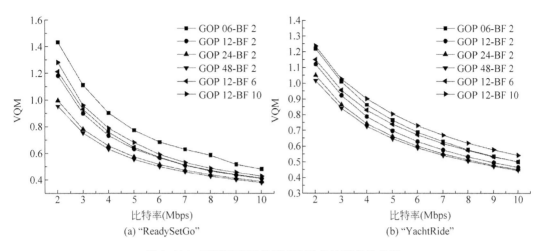

图 1.134　不同编码结构下 VQM 和比特率的关系

从测试结果可知,GOP 参数对视频质量有很大的影响,而且在低比特率的情况下,GOP 参数对于偏静态的视频序列的影响更加明显。在固定 B 帧数量的情况下,随着 GOP 尺寸的增加,解码后的视频质量提高。而在固定 GOP 尺寸的情况下,视频质量与 B 帧数量的关系受被测视频序列的影响。对于序列"HoneyBee",视频质量随 B 帧数量增加而增加,但对于其他 3 个序列,视频质量随 B 帧数量增加而减小。

1.8.4　小结

使用 H.265 编解码器对 4 个具有不同动态情况的视频序列进行编解码,并使用视频质量评价软件 MSU 测试编解码前后视频的客观参数 PSNR、SSIM 和 VQM,再根据测得的参数绘制图像并分析结果。

视频质量随比特率的增加而增加,且增加的幅度对于"Only I"和低动态情况的视频序列更大。至于 GOP 参数的影响,在固定 B 帧数量的情况下,更大的 GOP 尺寸将得到更好的视频质量;然而在固定 GOP 尺寸的情况下,B 帧的数量在不同动态情况下对视频质量的影响不同,且在大多数情况下,视频质量随 B 帧数量的增加而减小。

第 2 章

全国大学生电子设计竞赛

2.1 可控增益射频宽带放大器

本系统以单片机 MSP430F6638 为控制核心,采用可控增益带宽放大器 ADL5330 和宽带放大器 ADL5565 实现可控增益射频宽带放大器。系统主要由单端转双端电路、固定增益放大电路、可控增益放大电路、双端转单端电路、带通滤波电路、功率放大电路、增益控制电路以及显示部分组成。为了驱动全差分放大器,采用传输线变压器实现单端双端转换,固定增益采用全差分放大器 ADL5565 完成 12dB 放大,后接两级可控增益范围为 $-34\sim22$dB 的放大器 ADL5330,无源椭圆带通滤波电路对带宽进行控制,最终实现输出有效值大于 2.00V,-3dB 通频带 $40\sim130$MHz,在 $75\sim108$MHz 内满足增益起伏小于 2dB,4dB 增益步进误差小于 2dB,$f\leqslant20$MHz 或 $f\geqslant270$MHz 时,增益 A_v 不大于 20dB,并且拓展步进输入功能,人机交互界面友好。

2.1.1 系统总体方案

本系统使用全差分放大器提高电路的抗干扰能力。微控制器从键盘获取控制信息,实时控制显示界面,由数字模拟转换器(Digital to Analog Converter,DAC)输出电压来调节压控放大器的放大增益。全差分增益电路包括固定和压控增益电路,在全差分增益电路之前必须加上单端输入转双端输出电路来驱动全差分芯片。固定增益放大器和压控放大器均采用两级放大,确保能满足增益要求。经过增益放大之后,需要通过双端转单端输入电路接上滤波器调节带宽以及功率放大器,最终满足输出电压大小的要求。系统总体结构如图 2.1 所示。

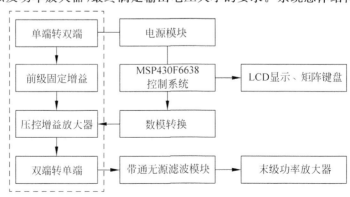

图 2.1 系统总体结构

1. 带通滤波器

由于系统频率较高,受到运算放大器带宽的限制,有源滤波器难以实现,系统采用无源滤波器。

巴特沃斯滤波器通频带内纹波很小,但频带衰减较慢,很难用较低阶数的滤波器实现较高带宽。椭圆滤波器能实现较快的频带衰减,虽然存在着纹波和较大旁瓣的问题,但能通过适当提高阶数来克服。因此,系统选择椭圆滤波器,采用7阶低通与7阶高通椭圆滤波器串联实现带通滤波器。

2. 压控增益放大器

分立元件三极管可以构成简单的放大电路,但是需要级联的级数较多,并且很难实现对射频电路的检波,电路调试难度大,易产生自激。

本系统使用控制电压与增益成线性关系的压控增益放大器,利用单片机的最小系统进行控制。控制电压是缓慢变化的,相对于高频信号相差甚远,不易产生干扰,且压控增益放大芯片的控制电压和增益呈线性关系,实现相对简单,稳定性也更高。此外,由于全差分放大器相较于一般放大器抗干扰性能较好,系统选择全差分可控增益放大器。

3. 压控增益放大器控制

压控增益放大器控制有以下两种方法:

(1) 使用数字电位器进行增益步进调节,ADL5330的控制电压范围为0～1.4V,且电压控制引脚为高阻端口,故可以采用电位器作为输入,电路简单,但是分压较大时分压电压较低、内阻较大、易产生干扰且步进分辨率不高。

(2) 采用单片机和D/A配合调节,虽然实现起来比数字电位器控制方法复杂,但是使用D/A输出电压不仅稳定、准确而且方便预设和调节,配合软件校正可以精确控制压控增益放大器。

因此,系统选择采用单片机和D/A配合调节进行压控增益放大器的控制。

2.1.2　理论分析

1. 增益分配

考虑到放大器放大倍数较大、频带较宽且处于高频部分,为了保证系统的稳定性和满足40～200MHz内12～52dB可控增益要求,本系统采用四级放大。ADL5565可通过改变电阻值选择6dB、12dB、15.5dB,选择各级增益分配如图2.2所示。

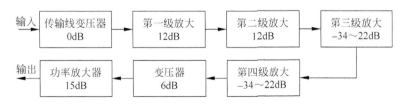

图2.2　放大器各级增益分配

2. 频带起伏

频带起伏主要原因有增益放大器芯片、单双转换电路、双单转换电路、功率放大等芯片的带宽增益积限制、幅频特性不平坦、噪声干扰等,以及滤波器通频带的纹波。根据芯片数据手册可知,ADL5565、ADL5330 芯片理论上在通频带内起伏远小于 2dB,可满足需求。

除此之外,配置各芯片在适当的增益下工作,各级放大器的输入/输出都做了 50π 的阻抗匹配,保证通频带内具有良好的平坦度。

3. 增益调整

TLV5616 是 TI 公司一款高速精密的数模转换器,12 位 DAC 串行输入可编程设置时间和功耗,电路包括两级的前级放大(各 12dB 增益)24dB 增益,压控增益放大器可调的线性增益范围为 $-34\sim22$dB,系统设计了两级的增益控制电路,后级的 ADT2-1,有 6dB 的增益,所以理论总增益范围为 $-38\sim74$dB,完全满足增益 $12\sim52$dB 的要求。

2.1.3 系统电路设计

1. 带通滤波器

我们分别设计了一3dB 截止频率为 40MHz 的 7 阶低通椭圆滤波器和 200MHz 的 7 阶高通椭圆滤波器,来满足整个系统对通带与阻带的要求。用滤波器设计软件 Filter Solution 仿真得到电容电感值和幅频特性曲线,并根据幅频特性曲线对电容电感值做调整。最终设计的滤波器如图 2.3 和图 2.4 所示。

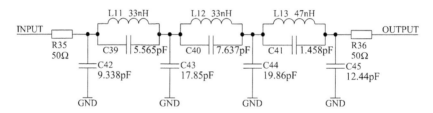

图 2.3 7 阶低通椭圆滤波器

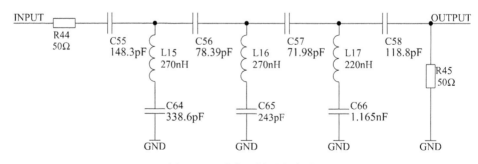

图 2.4 7 阶高通椭圆滤波器

2. 固定增益放大电路

前级固定增益放大电路是系统信号链的重点,要求前置放大器具有低噪声、高带宽、低失真等特性,所以芯片选型十分重要。ADL5565 是一款具有 6GHz 超高动态范围,低失真的差分放大器。其中,一级 12dB 增益放大器电路如图 2.5 所示。

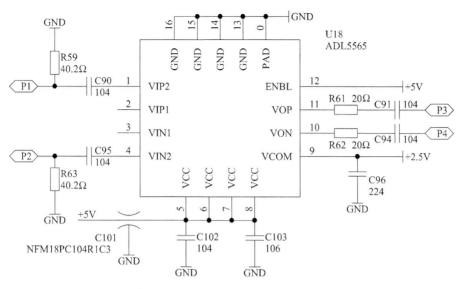

图 2.5 ADL5565 固定增益放大器电路

3. 压控增益放大器

可控增益电路的设计是整个可控增益射频放大器的核心,为了实现 40dB 的可控范围以及较高的线性度,选用可控动态范围较大的 ADL5330。ADL5330 是全差分可控增益运算放大器,可控增益范围是 −34 ~ 22dB,可调范围是 56dB。采用两片级联的方式,再加上前后级的放大,完全可以满足 12 ~ 52dB 增益的要求。其中一级 12dB 增益放大器电路如图 2.6 所示。

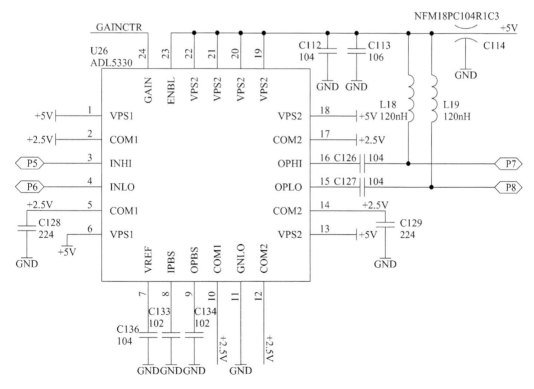

图 2.6 ADL5330 压控增益放大器电路

4. 功率放大电路

功率放大器选用射频放大器件 RF2317，带宽可达 3GHz，输入/输出阻抗均为 75Ω，对小信号有 15dB 的固定放大，输出信号功率最高可达＋24dBm，采用 9V 或 12V 单电源供电。功率放大电路如图 2.7 所示。

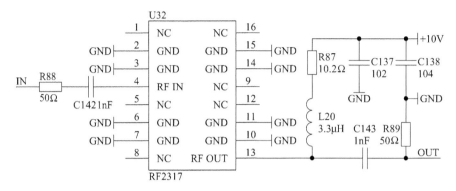

图 2.7 功率放大器电路

2.1.4 系统程序设计

系统的程序控制端选用了 MSP430F6638 单片机平台，通过串行外设接口（Serial Peripheral Interface，SPI）通信驱动数模转换芯片 TLV5616 控制压控增益放大器，通过键盘的键入可以选取总体系统增益的步进和设置，然后通过 LCD 屏显示增益。由于系统对于噪声的响应较大，选用相对输出噪声较小的 MSP430，单片机通过监听按键的响应做出相应的增益步进和增益设置。程序流程如图 2.8 所示。

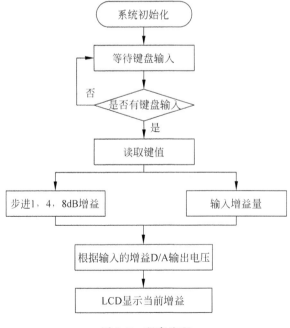

图 2.8 程序流程

2.1.5　系统测试

系统测试需要的仪器和型号如表 2.1 所示。

表 2.1　系统测试仪器

仪　　器	型　　号	参　　数
信号发生器	ROHDE&SCHWARZ AMB 100A	9kHz~6GHz
数字存储示波器	Tektronio TDS3052B	500MHz

1. 输入阻抗测试

由于运放前级使用 AD5565 进行固定放大,为了输入端与信号源阻抗匹配,在系统输入端并接一个 50Ω 的电阻到地,它的值远远小于运放的输入阻抗,因此整个系统的输入阻抗为 50Ω,满足要求。

2. 输出阻抗测试

在空载前提下,测量系统的输出信号幅度 V,然后串联一个大功率滑动变阻器到地,改变滑动变阻器的阻值,使得变阻器两端的电压为 $\frac{V}{2}$,用 4 位半万用表测量滑动变阻器的阻值,即为系统的输出阻抗。

经测试,系统的输出阻抗为 51Ω。

3. 增益测试

首先将输入信号幅度设置为有效值 5mV,增益设置为最大值。在多个频率点对系统的增益可调范围进行测试,通过单片机的矩阵键盘实现增益步进,用示波器观察输出波形,记录信号的输出幅度(有效值),计算实际增益。当需要预置低增益时,适当改变输入信号幅度。输入有效值 $V_{rms}=5mV$ 时,系统测试数据如表 2.2 所示。

表 2.2　增益测试数据

频率/MHz	输出/V	频率/MHz	输出/V
60	3.34	120	3.07
70	3.41	140	2.84
80	2.96	160	2.35
100	3.04	170	2.33
110	3.21	180	2.01

经测试,可知对于 5mV 的输入电压有效值,输出电压有效值明显大于 2V,因此系统增益明显可大于 52dB。

4. 增益步进测试

输入有效值为 20mV,频率为 80MHz 以及 90MHz 的正弦信号,调节输入信号的幅度,通过键盘输入预置增益,步进为 4dB,用示波器同时测量系统输入、输出信号的有效值,计算系统的实际增益。当输入有效值 $V_{rms}=20mV$,$f=90MHz$ 时,主要测试数据如表 2.3 所示。当输入有效值 $V_{rms}=20mV$,$f=75MHz$ 时,主要测试数据如表 2.4 所示。

表 2.3　增益步进测试数据($V_{rms}=20\text{mV}$, $f=90\text{MHz}$)

预置增益/dB	输出/mV	实际增益/dB	误差/dB
12	58.9	11.898	0.102
16	133.0	16.456	0.456
20	213.0	20.566	0.566
32	913.0	31.19	0.81
36	1383.7	36.80	0.8
40	1930.0	39.69	0.31

表 2.4　增益步进测试数据($V_{rms}=20\text{mV}$, $f=75\text{MHz}$)

预置增益/dB	输出/mV	实际增益/dB	误差/dB
12	89.9	13.05	1.05
16	142.0	17.025	1.025
20	233.0	21.32	1.32
24	365.6	25.24	1.24
28	594.0	29.45	1.45
32	946.30	33.50	1.50

分析上表数据可知,本系统在增益调节范围为 $12\sim52\text{dB}$ 时,实际增益与预置增益之间的误差均小于 1.5dB。

5. 通频带及 1dB 平坦度通带测试

输入有效值为 5mV 的正弦信号,设置系统为最大增益输出,用示波器测量系统输出信号的幅度,逐渐增大信号频率,记录输出信号幅度,找出 -3dB 通频带和 2dB 增益平坦带宽。测试数据如表 2.5 所示。

表 2.5　-3dB 通频带及 2dB 平坦度通带测试

频率/MHz	输出/V	增益/dB	频率/MHz	输出/V	增益/dB
20	0.017	10.63	140	2.32	53.33
40	2.43	53.73	160	2.35	53.44
50	2.63	54.42	170	2.33	53.37
60	3.34	56.50	180	2.01	52.08
80	2.96	55.45	190	1.64	50.32
100	3.04	55.68	200	1.40	48.94
120	3.40	56.65	270	0.027	14.65

由测试数据可知,本系统的 -3dB 通频带为 $40\sim130\text{MHz}$,在 $75\sim108\text{MHz}$ 频带内增益起伏小于 2dB。且当输入信号频率 $f\leqslant20\text{MHz}$ 或 $f\geqslant270\text{MHz}$ 时,实测电压增益 A_V 均不大于 20dB。

2.1.6　总结

系统输出有效值不小于 2.00V,-3dB 通频带 $40\sim130\text{MHz}$,在 $75\sim108\text{MHz}$ 内满足增益起伏小于 2dB,4dB 增益步进,$f\leqslant20\text{MHz}$ 或 $f\geqslant270\text{MHz}$ 时增益 A_V 不大于 20dB。由于

采用了抗干扰能力良好的全差分放大器和屏蔽线,对于小于5mV的小信号放大有着良好的信噪比。

系统还扩展了增益步进微调以及输入设置增益等扩展功能,人机交互良好。同时,系统引入差分设计思想,极大地提高了信噪比。

2.2　多旋翼自主飞行器系统

本系统采用ST公司的32位MCU(STM32F407VGT)为主控制器,通过姿态传感器MPU6050集成模块检测飞行器的加速度和角速度,并用卡尔曼滤波对传感器数据进行分析融合,得到飞行器的飞行姿态和空间位置,通过摄像头循迹模块检测地面的引导黑线。系统采用瑞萨单片机R5F100LE计算处理数据输出并把引导量输出到主控,再由主控使用PID算法完成稳定的寻线前进。采用超声测距模块US-100获取飞行器的飞行高度,综合采用串级PID算法对飞行器进行控制,从而达到定向飞行和定高的要求。飞行器飞行高度非常稳定,在不负重的情况下,高度波动在2cm范围内。系统分别使用继电器、电磁铁和永磁体完成拾取和投放铁片的任务。

2.2.1　系统总体方案

系统采用四旋翼飞行器,结构如图2.9所示。

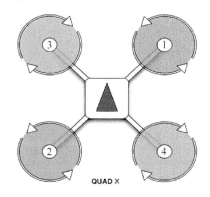

图2.9　四旋翼飞行器结构

整个系统分为姿态调整模块、超声测高模块、摄像头寻线模块和电机驱动模块,如图2.10所示。

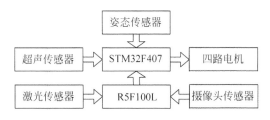

图2.10　系统总体结构

1. 姿态调整模块

目前,姿态调整模块的设计有以下三种方法:

(1) 使用三轴加速度计 MMA7361 获得三轴加速度数值,再经过反三角函数得到飞行器的姿态角。但是,由于加速度计受运动加速度影响较大,得到的数据并不可靠。

(2) 使用三轴陀螺仪 ENC03 和三轴加速度计 MMA7361 集成模块,通过 A/D 采样得到三轴的旋转角速度和三轴加速度,再对这六路数据进行数据融合,能够得到比较可靠的姿态角数据。

(3) 使用 MPU6050 集成三轴加速度计和三轴陀螺仪,使用卡尔曼滤波处理数据后输出比较稳定的姿态角,同时也能输出加速度和陀螺仪的值。

由于 MPU6050 模块的解算方法较为成熟,采集速度相对较快,以数字输出 6 轴或 9 轴融合演算数据并可程式控制,移除加速器与陀螺仪轴间敏感度,降低设定给予的影响与感测器的飘移,数字运动处理(Digital Motion Processing,DMP)引擎可减少复杂的融合演算数据、感测器同步化、姿势感应等的负荷,因此姿态校正选用 MPU6050 模块。

2. 高度测量模块

高度测量模块主要有以下两种方法:

(1) 超声测距方法。直接使用超声测距模块 US100 测量飞行器飞行高度,在训练过程中使用过这个模块,它使用简单、测量准确,使用串口指令读取数据,噪声通过一定的滤波方法消除,非常适合本系统。超声波与陀螺仪模块结合校正高度数据可用来定高控制。

(2) 激光测距方法。以激光器作为光源进行测距。根据激光工作的方式分为连续激光器和脉冲激光器。激光测距仪由于激光的单色性好、方向性强等特点,加上电子线路半导体化集成化,能提高测距精度,减少功耗。

由于超声波模块数据回传速度快,精度比较高,可达 2mm,因而,高度测量模块使用超声测距方法。

3. 寻线模块

寻线模块可采用激光寻线和摄像头寻线。

激光寻线的地面引导线不仅可以引导飞行器在指定位置降落,还可以起到辅助飞行器定向飞行的作用,在整个系统中非常重要。但是该方法不易测量远距离黑线,类似光电管这一类的传感器无法满足要求。

此外,由于该模块负责寻找轨迹线的功能,摄像头能采集图像给 MCU 进行图像分析,通过将图像进行二值化以及特征提取可以得出黑线在视场中的方向,通过导航处理芯片将图像信息传回给主控从而使飞行器能够正确沿着路径前进,因此本系统采用摄像头寻线方法。

4. 电子视高装置

电子视高装置的设计有以下三种方法:

(1) 超声波加采集器的方法,超声波发射信号对着接收方的采集器,接收方监测到脉冲信号后判断是否被障碍挡住,从而完成飞行器视高。

(2) 采用红外对管,红外线发射与接收装置,一般用于循迹,距离较近,但解算速度也相对较快。

(3) 采用激光对管传感器,激光有良好的平行性和相干性,能监测较远的距离,解算速度较慢。

其中,激光传感器不传回距离,减少了传感器的反应时间,当飞行器挡住激光线时,接收端输出低电平,加光耦后用单片机判断低电平即可知道飞机是否触碰定高线,继而决定是否进行声光报警,十分方便,因此电子视高装置使用激光对管传感器。

5. 寻找待拾取铁片

可以利用永磁铁完成铁片的寻找拾取功能,让飞行器载着几个永磁体从 A 地飞行到 B 地,在 B 地盘旋增加拾取到铁片的概率,一段时间后飞回 A 地,相当于使用了开环控制。

为了提高成功率,本系统使用视觉定位配合电磁铁完成视觉定位,用图像识别的方法找出铁片的坐标,结合 PID 控制将飞行器定点到铁片的坐标处再通电拾取。该方法采用闭环控制,可信度高。

2.2.2　理论分析

1. 姿态测量方法

获取当前姿态是控制飞行器平稳飞行的基础,而飞行器的姿态角不能靠传感器直接获取,需要对传感器传来的数据进行校正。计算姿态主要用到 2 个传感器:陀螺仪、加速度计。加速度计测量对象为比力,受运动加速度影响大,特别是飞行器机架振动的影响,振动幅度高达 $2g$。陀螺仪受外部影响弱,稳定性好,但输出量为角速度,需要积分才能得到姿态,无法避免误差的累积。为了得到稳定的、近实时的姿态,对各传感器的数据取长补短,需要对数据进行融合。

卡尔曼滤波算法是使用比较普遍的数据融合算法,它可以估计过程的状态,并使估计均方差最小。即使并不知道模型的确切性质,卡尔曼滤波也可以估计信号的过去和当前状态,甚至能估计将来的状态。卡尔曼滤波实现流程如图 2.11 所示。

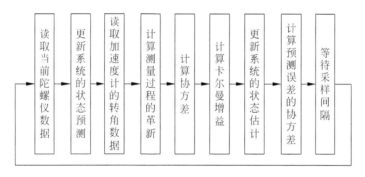

图 2.11　卡尔曼滤波实现流程

2. 姿态控制原理

1) 四旋翼飞行器模型

图 2.9 为 X 型的四旋翼飞行器,飞行器的姿态是通过调整 4 个旋翼的转速来实现的。俯仰运动可以通过增大 M1 和 M3 旋翼的转速、减小 M2 和 M4 转速来实现,或者减小 M1 和 M3 旋翼的转速、增大 M2 和 M4 转速;滚转运动可以通过增大 M2 和 M3 旋翼的转速、减小 M1 和 M4 的转速来实现,或者减小 M2 和 M3 旋翼的转速、增大 M1 和 M4 的转速;偏航运动则可以通过增大 M2 和 M3 旋翼的转速、减小 M1 和 M4 旋翼的转速来实现,或者减小 M2 和 M3 旋翼的转速、增大 M1 和 M4 旋翼的转速。

2）四旋翼飞行器动力学建模

为了方便地阐述四旋翼飞行器的数学模型，首先建立两个基本坐标系：惯性坐标系 E（$OXYZ$）和飞行器坐标系 B（$Oxyz$）。分别定义欧拉角如下：

（1）偏航角 ψ：Ox 在 OXY 平面的投影与 X 轴的夹角；

（2）俯仰角 θ：Oz 在 OXZ 平面的投影与 Z 轴的夹角；

（3）翻滚角 φ：Oy 在 OYZ 平面的投影与 Y 轴的夹角。

飞行器坐标系到惯性坐标系的转换矩阵为：

$$\boldsymbol{R} = \boldsymbol{R}x \times \boldsymbol{R}y \times \boldsymbol{R}z = \begin{bmatrix} \cos\psi\cos\varphi & \cos\psi\sin\theta\sin\varphi & \cos\psi\sin\theta\cos\varphi + \sin\psi\sin\varphi \\ \sin\psi\cos\theta & \sin\psi\sin\sin\varphi & \sin\psi\sin\theta\cos\varphi - \sin\psi\cos\psi \\ -\sin\theta & \cos\theta\sin\varphi & \cos\theta\cos\varphi \end{bmatrix} \quad (2\text{-}1)$$

为建立飞行器的动力学模型，并使其不失一般性，对四旋翼飞行器做出如下假设：

（1）四旋翼飞行器为均匀对称的刚体。

（2）惯性坐标系 E 的原点与飞行器几何中心及质心位于同一位置。

（3）四旋翼飞行器所受阻力和重力不受飞行器高度等因素的影响，总保持不变。

（4）四旋翼飞行器各个方向的拉力与推进器转速的平方成正比例。

定义 F_x、F_y、F_z 为 F 在飞行器三个坐标轴上的分量；p、q、r 为角速度 ω 在飞行器坐标系三个坐标轴上的分量。牛顿第二定律和飞行器动力学方程可分别表示为向量形式：

$$\boldsymbol{F} = m\frac{\mathrm{d}V}{\mathrm{d}t}, \quad \boldsymbol{M} = \frac{\mathrm{d}H}{\mathrm{d}x} \quad (2\text{-}2)$$

其中，F 为作用在四旋翼飞行器上的外力和，m 为四旋翼飞行器的质量，V 是飞行器的速度，M 为四旋翼飞行器所受力矩之和，H 为四旋翼飞行器相对于地面坐标系的绝对动量矩，G 为重力，D_i 为阻力，单个旋翼的升力 T_i 表示如下：

$$\boldsymbol{G} = mg, \quad \boldsymbol{D}_i = \rho C_d\omega_i^2 = k_d\omega_i^2, \quad \boldsymbol{T}_i = \rho C_t\omega_i^2 = k_d\omega_i^2 \quad (2\text{-}3)$$

根据受力分析，牛顿第二定律以及飞行器动力学方程可得到线运动方程，表述如下：

$$\begin{cases} x'' = \dfrac{Fx - k_1x'}{m} = \dfrac{k_t\sum\limits_{i=1}^{4}\omega_i^2(\cos\omega\sin\theta\cos\varphi + \sin\psi\sin\varphi) - k_1x'}{m} \\[4mm] y'' = \dfrac{Fx - k_1x'}{m} = \dfrac{k_t\sum\limits_{i=1}^{4}\omega_i^2(\sin\psi\sin\varphi\cos\varphi - \cos\psi\sin\varphi) - k_2y'}{m} \\[4mm] z'' = \dfrac{Fx - k_1x'}{m} = \dfrac{k_t\sum\limits_{i=1}^{4}\omega_i^2(\cos\varphi\cos\varphi) - k_3z'}{m} - g \end{cases} \quad (2\text{-}4)$$

根据欧拉角与飞行器之间角速度的关系可得：

$$\begin{pmatrix} \varphi' \\ \theta' \\ \psi' \end{pmatrix} = \begin{pmatrix} \dfrac{p\cos\theta + q\sin\varphi\sin\theta + r\cos\varphi\sin\theta}{\cos\theta} \\[3mm] q\cos\varphi + r\sin\varphi \\[3mm] \dfrac{q\sin\varphi + r\cos\varphi}{\cos\theta} \end{pmatrix} \quad (2\text{-}5)$$

定义 U_1,U_2,U_3,U_4 为四旋翼飞行器的四个独立控制通道的控制输入量,则有:

$$\begin{bmatrix} U_1 \\ U_2 \\ U_3 \\ U_4 \end{bmatrix} = \begin{bmatrix} F_1+F_2+F_3+F_4 \\ F_4-F_2 \\ F_3-F_1 \\ F_2+F_4-F_3-F_1 \end{bmatrix} = \begin{bmatrix} k_t\sum_{i=1}^{4}\omega_i^2 \\ k_t(\omega_4^2-\omega_2^2) \\ k_t(\omega_3^2-\omega_1^2) \\ k_d(\omega_1^2-\omega_2^2+\omega_3^2-\omega_4^2) \end{bmatrix} \tag{2-6}$$

其中,U_1 为垂直速度控制量,U_2 为翻滚速度控制量,U_3 为俯仰控制量,U_4 为偏航控制量,ω 为旋翼转速,F_t 为旋翼所受拉力。

将角度和角速度的关系简化为一般的积分关系,即:

$$\dot{\varphi}=p, \quad \dot{\theta}=q, \quad \dot{\psi}=r \tag{2-7}$$

2.2.3 系统电路设计和控制方法

1. MCU 保护电路

系统电路需要注意进行 MCU 与直流电机的隔离,直流电机的工作电流大,若不做隔离措施,容易烧坏 MCU 的端口。主控要连接比较多的外围电路,为了减少反接的意外情况,将所有供电系统都通过熔丝控制,这样能尽量地保护芯片,具体设计如图 2.12 所示。

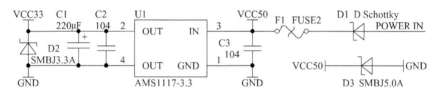

图 2.12 MCU 安全保护模块

2. 稳定姿态的 PID 控制

现有的四旋翼飞行器控制算法有很多,如 PID 控制以及线性二次型(Linear Quadratic, LQ)控制等。其中 PID 控制算法具有原理简单、易于实现、适用面广、控制参数相互独立、参数的选定比较简单等优点。模拟 PID 控制系统原理如图 2.13 所示。

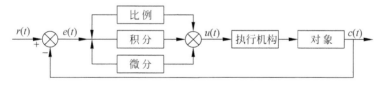

图 2.13 模拟 PID 控制系统原理

其中,比例环节可以即时成比例地反映控制系统的偏差信号 $e(t)$。积分环节主要用于消除静差,提高系统的无差度。微分环节能反映偏差信号的变化趋势,即变化速率,能加快系统的动作速度,减小调节时间。

PID 控制系统的时域、频域方程如下:

$$u(t)=K_P\left[e(t)+\frac{1}{T_I}\int_0^t e(t)\mathrm{d}t+T_D\frac{\mathrm{d}e(t)}{\mathrm{d}t}\right] \tag{2-8}$$

$$D(S) = \frac{U(S)}{E(S)} = K_\mathrm{P}\Big[1 + \frac{1}{T_\mathrm{I}S} + T_\mathrm{D}S\Big] \tag{2-9}$$

其中,$u(t)$ 为控制器的输出值,$e(t)$ 为控制器输入与设定值之间的差值,K_P 为比例系数,T_I 为积分时间常数,T_D 为微分时间常数,t 为调节周期。PID算法的重点和难点就是调节 K_P、T_I、T_D 和 t 这 4 个常数。结合实际试验效果对这 4 个常数进行调节,得到了一组比较可靠的数据,可以让飞行器比较平稳地控制姿态。

3. 定高算法

定高算法利用超声波传回的高度值作为外环,将加速度计及加速度计积分得出的 Z 轴方向速度值作为内环,外环的输出量解算后成为内环的期望值,内环通过 PID 控制器将计算出的量叠加在油门上控制高度,通过调节 PID 参数值,用先整定内环后整定外环的方法确定 PID 参数以完成稳定的定高。

4. 飞行器导航的 PID 控制

寻线使用摄像头,摄像头采集得到灰度图像,进行二值化后,统计每一行和每一列的灰度值,每一行像素点的灰度值累加得出横向的行的灰度总值,同样得出列的灰度,算出灰度直方图。有横线出现的一行灰度总值比其他行的低,同理可判断列的特征,根据行的灰度总值的变化趋势,即灰度分布函数的一阶导取最值、二阶导为零时,即为出现突变的行列,由此可得出黑线坐标,横向的纵坐标,竖线的横坐标,得出的结果可用来做飞机的导航控制。

2.2.4 系统程序设计

系统的程序设计流程如图 2.14 所示。

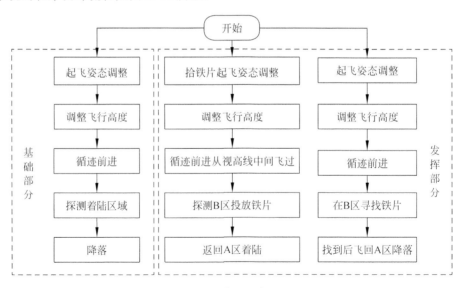

图 2.14　系统的程序流程图

2.2.5　系统测试

1. 基本功能测试

将飞行器放在飞行轨迹的起点，打开航拍摄像头，一键起飞，飞行器自动从 A 地飞往 B 地并同时进行摄像，将影像数据存储在存储卡中，最后测量着地点与 B 地中心的偏差，测试结果如表 2.6 所示。

表 2.6　着地点偏差测试结果

次　　数	飞行时间/s	飞行高度/cm	与 B 中心距离/cm
1	9	70	8
2	12	70	12
3	11	70	18
4	13	70	23
5	12	70	14

将飞行器放在轨迹起点，选择一键起飞模式，测量飞行器在飞行途中飞行器中心与轨迹线的偏差值和飞行高度，测量落地点与 A 区中心的偏差，最后记录完成动作时间，测试结果如表 2.7 所示。

表 2.7　完成动作时间测试结果

次　　数	飞行时间/s	飞行高度/cm	最大偏移轨迹距离/cm
1	35	70	30
2	42	70	40
3	33	70	25
4	40	70	29
5	30	70	38

2. 扩展功能测试

1) 投放铁片功能测试

将飞行器放在 A 区中心，在 A 区中心放置 200g 的铁片，飞行器上电初始化完成后，选择一键起飞功能模式，测量铁片落地点与 B 区中心的距离，飞行器返回 A 地后测量与 A 区中心的距离，记录整个动作的完成时间，测试结果如表 2.8 所示。

表 2.8　投放铁片测试结果

次数	视高线 h_1/cm	视高线 h_2/cm	飞行时间/s	飞行高度/cm	最大偏移期望值/cm	报警 ON/OFF
1	120	30	15	79	30	OFF
2	100	40	18	70	50	OFF
3	110	40	17	75	20	OFF
4	90	60	20	72	40	ON
5	100	70	25	77	20	OFF

2）拾取铁片功能测试

将飞行器放在 A 区中心，在 B 区某地放置铁片，飞行器上电电调初始化完成后，选择一键起飞功能模式，测量飞行器飞回 A 地降落后与 A 地中心的距离，记录整个动作的完成时间。测试结果如表 2.9 所示。

3）测量报警功能

用障碍物挡住定高线，观察是否有光电报警，再调整光电传感器的位置，再次测量，判断模块是否正常。测试结果如表 2.8 和表 2.9 所示。

表 2.9　拾取铁片测试结果

次　　数	飞行时间/s	飞行高度/cm	降落处离 A 的距离/cm	报警 ON/OFF
1	20	70	40	OFF
2	26	71	36	OFF
3	24	71	26	OFF
4	30	73	60	OFF
5	28	70	18	OFF

3. 测试结论

飞行器飞行状态稳定，姿态解算正确；飞行器能落在 B 区中心，偏差不多，寻线模块返回信息正确，飞行器能在起飞时拾取铁片并在不触碰视高线的情况下飞过给定区域，飞行器定高稳定，能较好地完成需要的功能，测试比较成功，与 B 的中心距离最小在 10cm 内，可拾取的铁片重量有 200g，可以从 25cm 的视高线中穿过而不触发警报，40s 内可完成循迹的功能。

2.2.6　总结

系统采用瑞萨单片机 R5F100LE 计算处理数据输出并把引导量输出到主控，再由主控使用 PID 算法完成稳定的寻线前进。采用超声测距模块 US-100 获取飞行器的飞行高度，综合采用串级 PID 算法对飞行器进行控制，从而达到定向飞行和定高的要求。飞行器飞行高度稳定波动在 2cm 范围内。系统分别使用继电器、电磁铁和永磁体完成拾取和投放铁片的任务，投放铁片的位置距离 B 地的中心在 30cm 内，完成循迹过程最短用时 30s，偏离轨迹线最大为 25cm，从找到铁片至带回 A 地最快能达到 20s。①

2.3　80～100MHz 频谱分析仪

本节基于外差扫频原理，以 FPGA 和 NIOSII 为控制核心，设计并实现了一款频谱分析仪。本振源采用 ADF4351 产生，通过程控衰减器实现输出电压幅度可调。将待测信号源和本振源进行混频，后经 16 阶有源低通滤波器处理得到差频信号，再用 A/D 采样检测信号

---

① 本节部分内容已发表于《武汉大学(工学版)》，2017 年，第 50 卷 04 期。

峰值,输入 FPGA 进行分析处理,绘制频谱。本振源频率在 90～110MHz 可预置并显示,频率步进 100kHz,电压幅度 10～400mV 可调,可自动或手动扫描(扫描时间 1～5s 可调),锁定时间约 100μs。频谱分析仪的频率范围为 80～100MHz,分辨率 100kHz,可在频段内扫描显示频谱及对应幅度最大的信号频率,并能准确识别并确定全频段内杂散频率个数。系统总体性能稳定,参数可设置,界面友好,操作方便。

2.3.1　系统总体方案

系统采用 ADF4351 产生本振信号,经过程控衰减器 DAT-31R5-SP＋对信号进行幅度控制。信号源经过信号调理电路与本振源的输出信号一起进入模拟乘法器 AD835 进行混频,再接入截止频率为 37.5kHz 的 16 阶切比雪夫有源低通滤波器,使频率在 37.5kHz 以上的信号迅速衰减,获取较理想的差频信号。信号输出端接入 ADS805 进行 A/D 采样检测信号的峰值,通过 FPGA 分析处理后绘制频谱。系统可以通过触摸屏按键设置具体参数,在 80～100MHz 频段内扫描并显示信号频谱和对应幅度最大的信号频率。系统总体结构如图 2.15 所示。

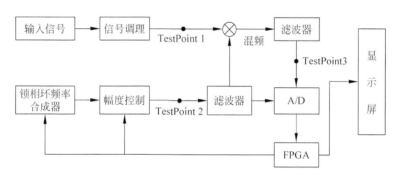

图 2.15　系统总体结构

1. 基于锁相环的本振源

设计本振源有以下两种方法:

(1) 采用分立元件搭建振荡器产生本振信号。用集成压控振荡器结合一些分立元件搭建硬件锁相环。这种方法虽然频率很稳定,但是输出频率受热稳定性、电源的稳定性及芯片精度的影响,精度无法保证,且电路庞大、制作复杂。

(2) 采用集成芯片 ADF4351。锁相环频率合成器 ADF4351 可以在 35～4400MHz 的超宽带内执行连续的小数 N 分频或整数 N 分频操作,可以在宽频带内快速锁定(100μs 以下),且外围电路简单,使用方便。

分析比较两种方法,综合频率范围、锁定时间等要求和信号的稳定度、电路的复杂度等因素,最终采用集成芯片 ADF4351 完成本振源的制作。

2. 混频电路

混频电路的设计主要有以下两种方法。

（1）采用有源混频器件 AD835。模拟乘法器 AD835 参数完全符合要求，且建立时间短，通常为 20ns，乘积噪声为 $50\text{nV}/\sqrt{\text{Hz}}$，噪声系数低。外围电路连接简单，且调试方便。

（2）采用无源混频器件 JMS-1MH。JMS-1MH 工作频率范围 2～500MHz，变频损耗低（5.7dB）、噪声系数低、动态范围大，但缺点是输出信号幅度较低，电路复杂，由于内部是变压器只能耦合较高频率的信号，限制了频谱仪的分辨率。

经分析比较，由于系统需要考虑杂散频率，不需要考虑信号源输入端的幅度，同时为了简化系统，便于测量、调试，本系统采用有源混频器件 AD835 实现混频电路。

3. 检波电路

检波电路可采用数字检波或者采用真有效值检测芯片 AD637。数字检波直接对滤波器的输出信号进行 A/D 采样，在 FPGA 控制下，采用双频检波的方法检测信号峰值。这种方法通过软件处理，简化了硬件电路，且避免了"零频"的出现，减小了频谱仪的误差，准确度很高。由于滤波器输出信号频率不高，在 40kHz 以下，采用采样频率 20MHz 模数转换芯片 ADS805，用不同的采样频率即可实现峰值的检测。

采用真有效值检测芯片 AD637 时，若滤波器输出的信号不仅仅是单频信号，还含有其他频率成分，则有效值不能表示单频信号的幅值，相应地频谱也有误差，且低频时测量精度较低、测量时间较长。

综合考虑电路的复杂度和测量精度，结合现有的器件，本系统选择数字检波方法来实现检波。

2.3.2 理论分析

1. 本振源产生原理

锁相环（Phase Locked Loop，PLL），即锁定相位的环路，利用外部输入的参考信号控制环路内部振荡信号的频率和相位，实现输出信号频率对输入信号频率的自动跟踪，即"锁定"。锁相环主要由鉴相器（Phase Detector，PD）、环路滤波器（Loop Filter，LF）、压控振荡器（Voltage-Controlled Oscillator，VCO）三部分构成，基本原理如图 2.16 所示。由于环路滤波器有一定的时间常数，所以 PLL 的锁定并不是瞬时的，需要一定的时间。

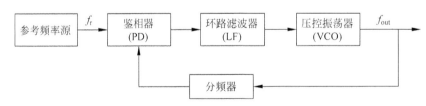

图 2.16　锁相环的基本原理

系统使用的 ADF4351 采用三态鉴频鉴相器，鉴相线性范围 $-2\pi\sim+2\pi$，捕获范围大，电路结构简单，锁定时间极短。其中环路滤波电路的带宽影响锁定时间，带宽越大，锁定时间越短。然而，为了环路的稳定性，环路滤波器的带宽不能太大，一般是鉴相器输入参考信号的十分之一或更小。

2. 双频检波原理

F_s 为信号的抽样频率，F_x 为被抽样信号的频率，N 为采样点数。对于任意周期信号，要采完一个完整的周期才能确定峰值。若在一个频段内没有采完一个周期，就无法判断任意周期信号的峰值，此频段称为"盲区"。显然，每个频段内都存在一部分盲区。根据频谱分析理论，频谱在 $\frac{F_s}{n}$（n 为整数）的附近都会存在盲区，且盲区范围为 $\left(-\frac{1}{n}, \frac{1}{n}\right)$。

因此，双频检波的目的就是补回这些盲区。设 $F_A = 10\text{kHz}$，$F_B = 10.003\text{kHz}$，当用 F_B 进行抽样时，盲点在 10.003kHz 左右，即补回了 10kHz 的盲区。频段内 $\frac{F_s}{n}$ 左右的 $\left(-\frac{1}{n}, \frac{1}{n}\right)$ 都是盲区，双频采样可完全互补 F_A 的盲区，提高了系统的准确度。

3. 低通滤波器

滤波器可以是窄带滤波器或低通滤波器，作用是选取混频之后的某一部分信号——差频信号或和频信号，据此确定频谱，如图 2.17 和图 2.18 所示。

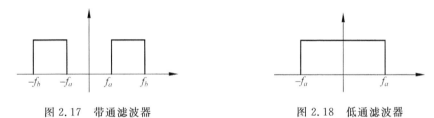

图 2.17 带通滤波器   图 2.18 低通滤波器

选用窄带滤波器输出频率高，可以避免零频。以单频波为例，若中频信号满足 $f_a < |f_c - f_L| < f_b$，就能通过滤波器。显然，信号是以扫频信号为中心，左右两端通带。$-f_a \sim f_a$ 频段就是检测的盲区。而采用低通滤波器不存在盲区，设置步进为 $2f_a$ 就实现全频段无盲区扫描，但是会产生零频，故本系统分 25kHz 和 75kHz 两次小步进，设置低通滤波器带宽为 37.5kHz。滤波器设计需尽可能地平坦，且频率在截止频率以上的信号尽可能快地衰减，以获得较理想的单频信号。本系统采用 16 阶切比雪夫低通滤波器，在 50kHz 处有接近 60dB 衰减，有利于提高频谱分析仪的分辨率并减少频谱误判的可能性。

2.3.3 系统电路设计

1. 基于锁相环的本振源电路

本振源电路采用锁相环频率合成器 ADF4351，外围电路简单，只需制作带宽合适的环路滤波器，使锁定时间低于 1ms。采用高频程控衰减器 DAT-31R5-SP＋对 ADF4351 的输出进行幅度控制，实现幅度 10～400mV 范围内可调，具体电路如图 2.19 所示。

2. 低通滤波器电路

经理论分析与计算，低通滤波器截止频率定为 37.5kHz。为了尽量使截止频率准确、保证带内信号平坦、37.5kHz 以上的信号衰减尽量陡峭，采用 16 阶切比雪夫有源低通滤波器。芯片采用 TI 公司的低噪声、低偏置运放 OPA228。滤波器电路由两个 8 阶低通滤波器级联构成，参考电路如图 2.20 所示。

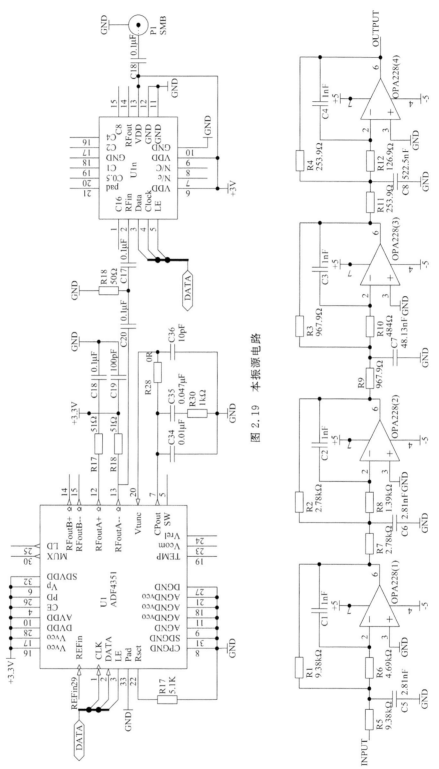

图 2.19 本振源电路

图 2.20 8 阶切比雪夫有源低通滤波器

3. 混频电路

混频电路采用250MHz、4象限电压输出模拟乘法器AD835,在两路输入均为150MHz信号时,输出信号幅度无明显衰减。混频器有两路输入,包括信号源输入和本振源的输入,故将信号分别从X_2、Y_1接入,X_1、Y_2端接地。需要注意的是,信号输入端需作50Ω的阻抗匹配。电路如图2.21所示。

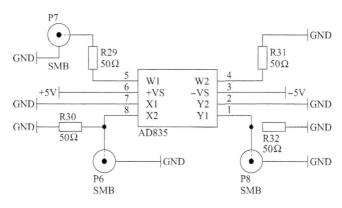

图2.21　混频电路

4. A/D采样电路

采用采样频率为20MHz的12位模数转换器ADS805进行峰值检测。前端采用全差动输入/输出高转换率放大器THS4151对信号进行单端转双端输出,再接入ADS805进行采样。具体电路如图2.22所示。

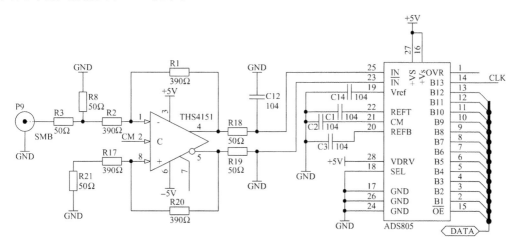

图2.22　ADS805采样电路

2.3.4　系统程序设计

系统软件控制以FPGA为核心,以触摸屏为接口进行人机交互,可设置输出参数,包括起止频率和扫描步进等,也可以进行选择显示,如本振源频率、频谱图。通过触摸屏设置,对本振源和频谱进行扫频测试。软件主要包括本振源控制、频谱控制、触摸屏控制。具体的软件设计流程如图2.23所示。

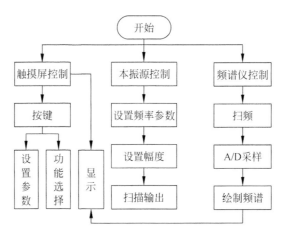

图 2.23 软件设计流程

2.3.5 系统测试

进行系统测试需要的仪器及型号如表 2.10 所示。

表 2.10 测试仪器及型号

仪 器 名 称	型 号
直流稳压稳流电源	SG1733SB3A
500MHz 双通道数字示波器	Tektronix TDS 3052C
60MHz 双通道数字示波器	Tektronix TDS 1002
160MHz 双通道函数发生器	RIGOL DG4162
150MHz 数字合成高频信号发生器	SP1461
225MHz 频率计	53181A

1. 本振源输出测试

通过按键预置本振源频率,用 500MHz 双通道数字示波器测量实际的输出频率,测试并记录 5 组数据。再设置信号幅度,用高频毫伏表测量实际输出信号幅度,测试并记录 5 组数据。测试结果如表 2.11 所示。

表 2.11 本振源输出测试

设置频率/MHz	实际频率/MHz	设置幅度/mV	实际幅度/mV
90	90.01	10	10.01
95	95.02	30	30.03
100	100.03	50	49.95
105	105.03	75	75.04
110	110.02	100	100.08

根据测试数据,可计算出本振源输出信号的频率误差在 3% 以内,幅度误差在 1% 以内。

2. 扫描及显示测试

用 150MHz 数字合成高频信号发生器作为信号源输入,给定一个输入频率,读出频谱仪显示频率,测试并记录6组数据。测试结果如表2.12所示。

表 2.12　扫描及显示测试

输入频率/MHz	80.1	85.3	90.5	95.7	100
测量频率/MHz	80.1	85.3	90.5	95.7	100

根据测试结果可知,频谱分析仪的分辨率可以达到100kHz。80~100MHz频率范围内信号测量结果基本准确。

3. 锁定时间的测试

本系统通过软件测试锁定时间并在触摸屏上显示。通过 FPGA 控制 ADF4351 的 LOCK 脚,当进入锁定状态时,LOCK 脚电平跳变,电平跳变所需时间即为锁定时间。测试结果如表2.13所示。

表 2.13　锁定时间的测试

组　　号	1	2	3	4	5
锁定时间/μs	98	101	99	97	102

经过多次测量,锁定时间均在100μs左右,满足应用需求。

2.3.6　总结

本节[①]完成了基于锁相环的本振源和频谱分析仪的制作。本振源的频率范围是90~110MHz,频率可预置和显示,频率误差约3%;锁定时间约100μs;输出信号无明显失真,幅度在10~400mV可调,误差约为1%;可以在1~5s内完成整个频段的自动或手动扫描,步进100kHz。

频谱分析仪的工作频率范围是80~100MHz,分辨率100kHz,可在频段内扫描显示频谱及对应幅度最大的信号频率,可确定全频段内杂散频率个数。触摸屏可实现参数设置和显示功能。系统性能稳定,人机交互友好。

整个系统锁定时间远远小于1ms,本振源的幅度范围也进行了拓宽。另外,若整个系统用印制电路板(Printed Circuit Board,PCB)制作低通滤波器电路更精准,系统的性能还能进一步提高完善。

2.4　双向 DC-DC 变换器

本节以 TM4C123G 为控制核心,设计并制作了可实现电池充放电功能的双向 DC-DC (直流/直流转换)变换器。系统由双向 DC-DC 变换主回路、电压电流采样电路、D/A(数模转换)反馈电路、PWM 控制及驱动电路等组成。系统采用闭环 PID 控制方法,利用 D/A 硬件的快速反馈,控制双向 Boost/Buck 变换电路,实现电池恒流充电和恒压放电的功能。经测试,在电池充电状态下,充电电流在 1~2A 范围内以 0.1A 步进可调,控制精度误差 0.05%,测量显示精度误差 0.01%,当输入电压变化时,充电电流变化率为 0.1%,变换器的

---

① 本节部分内容已发表于《武汉大学(工学版)》,2010 年,第 43 卷 02 期。

效率可达 98.08%；电池放电时变换器的效率为 97.11%，同时系统具有过充保护及报警指示、自动工作模式转换、电池电量检测等功能。系统稳定性好，精度高、质量轻，具有良好的人机交互设计。

2.4.1　系统总体方案

系统总体结构如图 2.24 所示，系统以 ARM（Advanced RISC Machines）处理器 TM4C123G 为控制核心，电压电流采样电路将采样数据送给处理器，TM4C123G 利用电流环 PID 调节和电压环 PID 调节，输出 D/A 反馈电压，PWM 产生电路生成高精度 PWM 波，经过 PWM 驱动电路作用于双路 DC-DC 变换电路的开关管，从而调节主回路电流的流向，实现电池充放电功能。

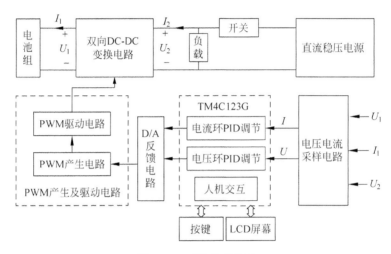

图 2.24　系统总体结构

1. 双向 DC-DC 电路结构

电池组有充电与放电两种状态，5 节串联的 18650 锂电池两端电压为 18.5～21V，直流稳压电源输出电压在 24～36V 范围内。当电池组在恒流充电状态下，直流稳压电源需经过降压电路给电池组充电；当电池组在 30V 恒压放电状态下，需经过升压电路给负载供电。因此，双向 DC-DC 电路应包括升压和降压电路，有以下两种方案：

（1）采用双路单向电路结构，如图 2.25 所示。这种电路结构由一路单向 Boost 升压电路与一路反向的 Buck 降压电路组成，可通过切换电路两端的开关实现电流的双向流动。该方案控制方法简单，效率较高，但是电路所含元器件较多，切换不灵活。

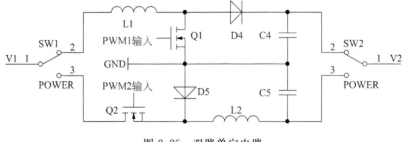

图 2.25　双路单向电路

（2）采用单路双向电路结构，如图 2.26 所示。当 V_1 经过电路变换为 V_2 时，此时电路属于同步 Boost 升压电路。当 V_2 经过电路变换为 V_1 时，此时电路属于同步 Buck 降压电路。通过 PWM 波控制开关管 Q_1 和 Q_2，实现双向 DC-DC 变换。

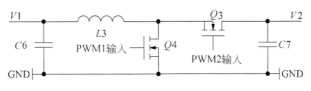

图 2.26　单路双向电路

虽然单路双向电路结构控制方法较为复杂，但极大地简化了电路，有效地减少了电路体积和重量，同时使用开关管代替二极管，减少了能量损耗，提高了系统效率，因此选择单路双向电路结构。

2. PWM 波产生

（1）单片机数字产生 PWM 波。采用 ARM 处理器 TM4C123G 作为控制核心，可直接通过 I/O 口输出 PWM 波。该方案无须多余外围器件，可有效减轻重量。但是单片机输出的 PWM 会有抖动现象，精度不高，会导致充电电流不稳定，难以达到充电电流精度的要求。

（2）D/A 输出参考电压控制 TL494 硬件产生 PWM 波。D/A 芯片输出参考电压，直接反馈至 PWM 控制芯片 TL494 产生高精度的 PWM 波。PWM 波的精度决定了恒流、恒压的精度，该方案控制简单、反馈速度快而且精度高。

在满足重量要求的前提下，选择 D/A 芯片输出参考电压控制 TL494 硬件来产生 PWM 波。

2.4.2　理论分析

1. 双向 DC-DC 主回路器件参数

双向 DC-DC 变换主电路主要由电感、开关管和滤波电容组成，电路如图 2.27 所示。

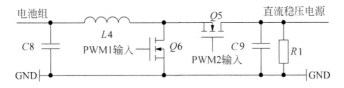

图 2.27　双向 DC-DC 主回路

1）电感值的计算

在电池充电阶段，V_2 为输入端，输入电压范围为 24～36V，输出端电压 V_1 为 18.5～21V，取 20V 为平均输出电压，此时 DC-DC 主回路可以看作单向同步 Buck 降压电路，电流从 V_2 端流向 V_1 端。

Buck 电路的占空比为

$$D = \frac{U_o}{U_{IN}} \tag{2 10}$$

其中，U_o 为输出电压，U_{IN} 为输入电压。计算可得，最小占空比 $D_{min} = 0.55$，最大占空比 $D_{max} = 0.83$。为了避免电感正常工作时饱和，在设计电感时首先要考虑产生峰值电流的最

恶劣输入电压,即需要考虑 U_{INMAX},此时 $D=0.55$。Buck 电路电感计算公式为

$$L = \frac{(U_{IN} - U_o) \times D}{r \times I_o \times f} \tag{2-11}$$

其中,r 为电流纹波率,通常取 0.4;开关频率 f 取 22kHz;输出电流 I_o 为 2A。将相关参数代入可得电感取值为 $L=505\mu H$。

在电池放电阶段,V_1 要升压,以达到题目要求的 $V_2=30V$,输出电流为 1A。此时 DC-DC 主回路可以看作单向同步 Boost 升压电路,电流从 V_1 端流向到 V_2 端。在 Boost 升压电路中,占空比 $D=1-\dfrac{U_{IN}}{U_o}$,即 $D_{min}=0.3$,$D_{max}=0.39$。考虑最恶劣输入电压时,即最小输入电压为 18.5V,可得 $D=0.39$。

Boost 电路中电感的计算公式为

$$L = \frac{U_{IN} \times D \times (1-D)}{r \times I_o \times f} \tag{2-12}$$

已知的参数:$U_{IN}=18.5V$,$D=0.39$,$r=0.4$,$f=22kHz$,$I_o=1A$,将参数代入可得,Boost 电路中 L 可取 $447\mu H$。

综上所述,两种情况下计算得出的电感值近似相等,故最终选择电感值约为 $500\mu H$ 的电感,可满足实际要求。

2)开关管选择

为了避免开关管在导通过程中因导通内阻较大出现过热现象而降低系统效率,故要选择具有低导通内阻的开关管。选取 CSD19536 作为变换回路中的开关管,CSD19536 的 $R_{DS(ON)} \leqslant 2.5m\Omega$,同时它具有较高耐压性能,$V_{DS(ON)}=100V$,完全满足系统要求。

2. 控制方法与参数计算

在电池充电阶段,需要恒流充电控制。TM4C123G 将 A/D 采样得到的电流值与设定的电流值比较,通过电流环 PID 调节,调整 D/A 输出至 TL494 反馈脚直接控制 PWM 波,从而使充电电流逼近设定电流值。在电池放电阶段,需要恒压输出,控制电路将采样得到的电压值与设定的电压值比较,通过电压环 PID 调节,改变 PWM 波,使电池经变换电路输出至负载的电压恒定。

3. 提高效率的方法

(1)选取导通电阻小的开关管,可以减少开关管的损耗。

(2)选择合适的 PWM 波频率。开关管的导通损耗会随着系统的工作频率的增高而增大,而纹波又随工作频率的增高而减小,兼顾纹波与开关损耗,选取 PWM 波频率 22kHz。

(3)在地线布局的时候,信号地和辅助电源地作为弱地应以最小回路回流到强地,可减少系统回路耦合噪声,尤其要做好 PWM 调制芯片 TL494 和驱动芯片 IR2184 的共地,可使开关管的波形纯净、毛刺少,极大减小开关损耗。

2.4.3 系统电路设计

1. 双向 DC-DC 主回路与器件选择

DC 芯片反馈的电压输入到 PWM 调制 TL494 的 FEEDBACK 脚,产生高精度的 PWM

波输出,送入到 IR2184 中。IR2184 是高速开关管驱动芯片,可以驱动主回路中的开关管正常工作。双向 DC-DC 主回路电路如图 2.28 所示。

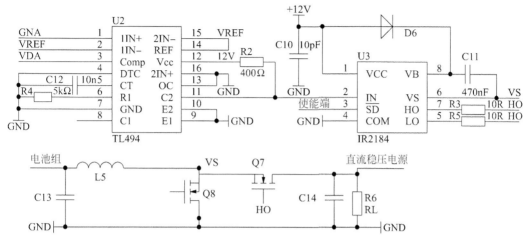

图 2.28 双向 DC-DC 主回路电路

2. 电流采样放大电路

利用具有低电阻温度系数、使用温度范围大、焊接性能良好的康铜丝作为电流检测电阻。进行电流采样时,由于采样电压很小,需要经过放大器放大后送入 A/D 内,选用精密低功耗仪器放大器 INA118 对电压进行采样,由增益计算公式 $G=1+\dfrac{50\mathrm{k}\Omega}{RG}$ 可设定增益大小,采样电路以 51 倍的放大增益进行放大,如图 2.29 所示。

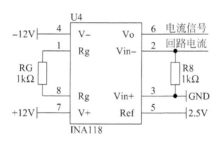

图 2.29 采样放大电路

3. ADS1256 采样电路

为了提高采样电压电流数据的精确度,采样电路采用美国 TI 公司生产的 24 位高速 A/D转换器 ADS1256 进行数据采样。采样芯片内置四阶 ΔΣ 转换模块,有 8 个采样通道,具有采样精度高、噪声小且反馈速度快的特点。进行输出电压采样时,对输出端电压采用分压网络,并将分压后的电压通过放大器送入采样芯片输入口。ADS1256 对输入端的信号进行循环采样,并将采样数据送给控制器进行处理。电路如图 2.30 所示。

4. DA 反馈电路

为了得到高精度的 PWM 波,采用具有 20 位的 DAC1220 作为 D/A 反馈芯片。电路如图 2.31 所示。

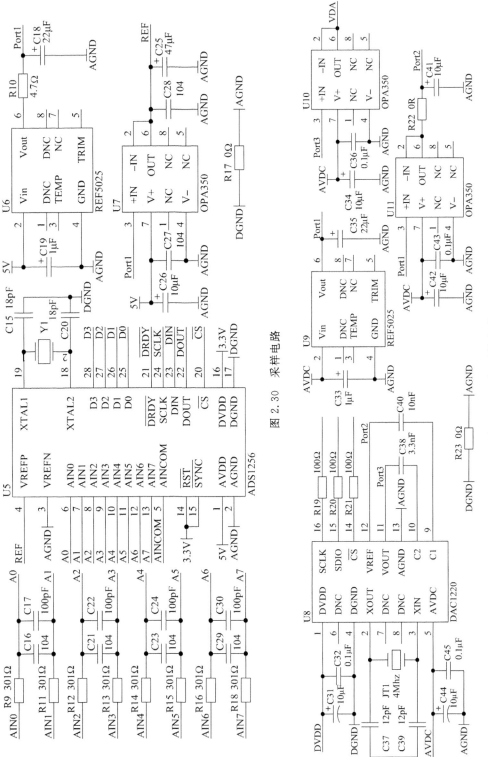

图 2.30 采样电路

图 2.31 D/A 反馈电路

5．辅助电源

系统使用 TPS54340 产生＋12V 电压。使用 UA7805 产生＋5V 供电电压。使用 REF5025 提供 2.5V 供电电压。使用 DCP010505 产生－5V 电压,向 INA118 提供负供电电源。辅助电源保证芯片正常工作。

2.4.4　系统程序设计

系统程序流程如图 2.32 所示。程序经过初始化后,采样电路开始工作,并显示在 LCD 屏幕上,按键输入电池的状态。当处于电池充电状态时,对采样得到的电流值进行电流环 PID 调节,通过 D/A 反馈输出 PWM 控制开关管,实现充电功能。当检测到电池电压过充时,关断开关管,停止充电;当处于电池放电状态时,通过电压环 PID 调节,使电池恒压输出。

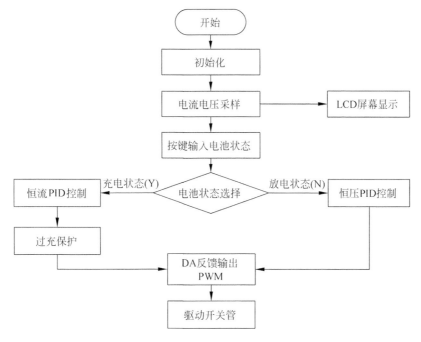

图 2.32　系统程序流程

2.4.5　系统测试

系统测试仪器及型号如表 2.14 所示。

表 2.14　系统测试仪器

仪　　　器	型　　　号
直流稳压源	SG1733SB3A
万用表	FLUKE-17B

1．测试过程

测试电路如图 2.33 所示。

接通 S_1、S_3,断开 S_2,将装置设置为充电模式。

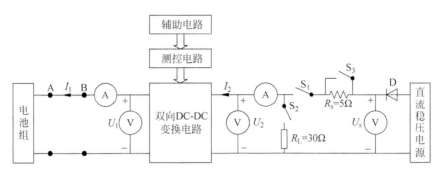

图 2.33　测试电路

1）充电电流

在 $U_2=30\text{V}$ 的条件下，用电流表测量电池充电电流 I_1，以 0.1A 为步进值调整。电流控制精度测量值按以下公式计算可得：$e_{\text{ic}}=\left|\dfrac{I_1-I_{10}}{I_{10}}\right|\times100\%$，其中，$I_1$ 为实际电流，I_{10} 为设定值。测试数据如表 2.15 所示。

表 2.15　电池恒流充电电流

设定值/A	实际值/A	控制精度/%	设定值/A	实际值/A	控制精度/%
1	0.9995	0.05	1.6	1.6008	0.05
1.1	1.1005	0.04	1.7	1.7007	0.04
1.2	1.2003	0.02	1.8	1.8006	0.03
1.3	1.3005	0.03	1.9	1.9007	0.03
1.4	1.4007	0.05	2.0	2.0008	0.04
1.5	1.5007	0.04			

2）充电电流变化率

在 $I_1=2\text{A}$ 的条件下，使 U_2 在 24～36V 内变化时，测量充电电流的变化率。

当 $U_2=36\text{V}$ 时，用电流表测得充电电流 I_{11}；当 $U_2=30\text{V}$ 时，充电电流为 I_1；当 $U_2=24\text{V}$ 时，充电电流为 I_{12}，电流变化率则为

$$S_{I1}=\left|\frac{I_{11}-I_{12}}{I_1}\right|\times100\%=\left|\frac{2.0021-1.9998}{2.0003}\right|\times100\%=0.1\% \qquad (2\text{-}13)$$

充电电流变化率计算结果如表 2.16 所示。

表 2.16　充电电流变化率

U_2/V	24	30	36
I_1/A	1.9998	2.0003	2.0021

3）充电模式变换效率

在 $I_1=2\text{A}$，$U_2=30\text{V}$ 的条件下，用电表测得输入电压 U_2、输入电流 I_2、输出电压 U_1 和输出电流 I_1，那么变换电路的效率为

$$\eta_1=\left|\frac{U_1\times I_1}{U_2\times I_2}\right|\times100\% \qquad (2\text{-}14)$$

变换效率计算结果如表 2.17 所示。

表 2.17　变换效率 η_1 测试

U_1/V	I_1/A	U_2/V	I_2/A
21.240	1.9996	30.050	1.4410

变换电路效率为

$$\eta_1 = \left| \frac{U_1 \times I_1}{U_2 \times I_2} \right| \times 100\% = \left| \frac{21.240 \times 1.9996}{30.050 \times 1.4410} \right| \times 100\% = 98.08\% \quad (2\text{-}15)$$

4）充电电流测量显示

充电电流 I_1 在 1～2A 内变化时，记录电流的实际值与测量值，并计算出测量精度。如表 2.18 所示。

表 2.18　电流测量精度测试

设定值/A	屏幕显示值/A	实际测量值/A	测量误差/%
2	1.9997	1.9995	0.01
1.7	1.6998	1.6998	0
1.5	1.4998	1.4997	0.01
1.3	1.2999	1.3000	0.01
1.0	1.0001	0.9999	0.01

5）过充保护

在 $I_1=2\mathrm{A}$ 的条件下，滑动测试示意图的 A、B 两点之间的滑动变阻器使 U_1 变大，测得当 $U_1=24.09\mathrm{V}$ 时，系统停止充电。

6）放电模式变换效率

断开 S_1、接通 S_2，装置为放电模式。在 $U_2=30\mathrm{V}$ 的条件下，用电表测量输入电压 U_1、输入电流 I_1、输出电压 U_2 和输出电流 I_2，那么此时

$$\eta_2 = \left| \frac{U_2 \times I_2}{U_1 \times I_1} \right| \times 100\% \quad (2\text{-}16)$$

计算结果如表 2.19 所示。

表 2.19　变换效率测试

U_2/V	I_2/A	U_1/V	I_1/A
29.997	0.9745	17.23	1.747

变换效率为

$$\eta_2 = \left| \frac{U_2 \times I_2}{U_1 \times I_1} \right| \times 100\% = \left| \frac{29.997 \times 0.9745}{17.23 \times 1.747} \right| \times 100\% = 97.11\% \quad (2\text{-}17)$$

7）自动工作模式转换

接通 S_1、S_2，断开 S_3。测试结果如表 2.20 所示。

表 2.20 自动模式转化设置

U_s/V	32	34	36	38
U_2/V	29.998	29.997	29.998	29.997

由此可知,电路可实现自动工作模式转换,使负载两端电压稳定在30V。

8) 系统板重量

用电子秤(最大秤重5kg)测量双向DC-DC变换器、测控电路和辅助电源三部分总质量为400g。

9) 扩展功能

本系统还有其他三个扩展功能:

(1) 系统可以分别以10mA和1mA步进调节充电电流。当以10mA步进时,初始值为2A,设定值为1.99A,实际测量值为1.9901A,控制精度为0.01%;当以1mA步进时,初始值为1.990A,设定值为1.989A,实际测量值为1.9895A,控制精度为0.02%。

(2) 系统具有过充保护报警指示,当电池两端电压超过阈值电压时,LED立即点亮,同时显示过充电压值。

(3) 具有电池管理功能,能够实时显示电池两端电压、充电电流、放电电流以及电池的剩余电量。

2. 测试结果

经测试可知,本系统达到了以下性能指标:

(1) 以0.1A为步进值进行充电电流调整时,电流控制精度误差不大于0.05%;

(2) 充电电流变化率为0.1%;

(3) 充电模式变化效率 η_1 为98.08%;

(4) 充电电流 I_1 在1~2A内变化时,测量精度误差小于0.01%;

(5) 本装置在 U_s =24.09V时停止充电;

(6) 放电模式变换效率 η_2 为97.11%;

(7) 可实现自动模式转换;

(8) 双向DC-DC变换器、测控电路和辅助电源三部分的总重量为400g;同时装置还具有过充报警、电池管理等发挥功能。

2.4.6 总结

本系统以TM4C123G为控制核心,采用闭环PID控制方法,利用D/A硬件的快速反馈,控制双向Boost/Buck变换电路,实现电池恒流充电和恒压放电的功能。本系统稳定性好、精度高、质量轻,具有一定的实用价值。

2.5 数字频率计

本节以放大整形电路、自动增益控制电路、宽带放大电路等模拟电路为核心,辅以FPGA作为数据处理和控制核心,设计实现了具有测量信号频率、两路信号时间差和脉冲占空比测量功能的高精度数字频率计。系统通过低频放大整形电路,高频自动增益

（Automatic Gain Control，AGC）电路分频段实现宽频带的频率测量，用过零比较器实现了两路信号的时间差的测量，使用宽带增益放大器放大后，用比较器整形送到 FPGA 的 I/O 口实现占空比的测量。测频相对误差的绝对值小于 10^{-5}，脉冲占空比的相对误差小于 10^{-2}，时间间隔的测量精度达到了 10^{-4}。系统界面清晰简洁，易于操作。

2.5.1　系统总体方案

本系统分为三个独立的功能模块：频率测量模块、时间间隔测量模块、脉冲占空比测量模块。在频率测量模块中，将 $1 \sim 10\text{MHz}$ 的低频信号作饱和放大处理后，用比较器整形成方波，然后在 FPGA 上用等精度测量法测频，将 10MHz 以上的信号输入到由 VCA821 为核心的自动增益控制电路中，使得输出信号幅度基本恒定，再经过放大饱和后直接输出给 FPGA 处理。在时间间隔测量模块中，先滤除两路输入信号的直流分量，使用过零比较器整形成脉冲信号，输出给 FPGA 处理。脉冲占空比测量模块进行 5 倍的放大处理后，用比较器整形成方波。系统采用电容触摸屏完成了界面显示和交互操作。系统总体结构如图 2.34 所示。

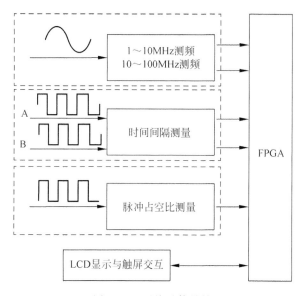

图 2.34　系统总体结构

1. 频率测量

（1）直接测频法。在确定的闸门时间 T 内，利用计数器对待测信号进行计数，根据所得计数值 N，由公式 $f = \dfrac{N}{T}$ 计算出被测脉冲的频率。但是该方法对于低频测量精度较低。

（2）测周法。以待测信号为门限，已知频率 M 的高频脉冲为标频，用计数器记录在此门限内标频的脉冲数 N，由公式 $f = \dfrac{M}{N}$ 得到待测信号频率。当被测信号频率过高时，由于测量时间不够，导致精度较低。

（3）等精度测频法。此方案和测周法类似，但测量时间并不是被测信号的一个周期，可以是人为设定的一段时间。通过对待测信号与频标信号在设定的精确门内进行计数，由频率比得出待测信号频率。测频精度不随信号频率的变化而变化，具有很高的频率测量精度，所以选择等精度测频法。

2. 时间间隔测量

时间间隔的测量即为两路信号的相位差的测量，主要有以下 3 种方法。

（1）脉冲计数法。鉴相器出来的异或脉冲的宽度反映了相位差的大小，采用填脉冲的方法，测量异或脉冲的宽度 t_1 和输入信号的周期 T，则相位差 $\Delta\varphi = \left(\dfrac{t_1}{t}\right) \times 360°$。

这种方法简单，且速度快。但当输入信号频率高，且相位差 $\Delta\varphi$ 很小时，精度不是很高，而且这种方法无法检测两路信号的超前滞后关系，有一定限制。

（2）直接计数。当信号 f_1 上升沿来到时，开始两个计数 N_1，N_2；当 f_2 信号上升沿来到时，停止 N_1 的计数；当 f_1 信号的上升沿来到时，停止 N_2 的计数，则 $\Delta\varphi = \left(\dfrac{N_1}{N_2}\right) \times 360$。这种方法的测相范围为 $0 \sim 360°$，但在高频时测量精度不够高。

（3）DFT（Discrete Fourier Transformation）相位测量法。用两片 A/D 转换芯片分别对两路信号进行采样，对采集的数据进行 DFT 运算，得到其相位信息，从而计算出两路信号的相位差。这种方法对程序较为复杂，对运算核心的运算速度和精度有较高的要求。

综合比较以上方案，且系统要求精度较高，速度较快，最终采用了基于脉冲计数法的改进方案。

3. 脉冲占空比测量

（1）滤波法。对于占空比不同的方波，直流分量不同，因此可以通过滤除交流分量根据直流分量的大小来计算占空比。对于高电平为 a，占空比为 b 的方波，直流分量 $DC = ab$，则占空比为

$$b = \frac{DC}{a} \tag{2-18}$$

为了求得占空比，需要测得信号的峰峰值，并且用 A/D 转换器采集直流电压。且在信号为 50mV 时，要达到 10^{-2} 的精度，直流电压的精度要达到 $50\mu V$，显然这对模拟电路要求太高。

（2）延时法。现在的高精度数字延时芯片可以实现 ps 级别的延时，理论精度可以达到 ps 级别。脉冲信号输入延时芯片后的输出与直接输入的脉冲信号做逻辑"与"运算，每次经过一个信号上升沿后延时 Δt，经过 $n\Delta t$ 后，逻辑"与"无高电平输出，此时停止延时，得到脉宽时间：

$$t_w = n\Delta t \tag{2-19}$$

根据脉宽的时间和 FPGA 测出的信号的频率 f，可以计算出占空比：

$$b = \frac{t_w}{f} \tag{2-20}$$

（3）均值法。用模拟电路将信号整形成可以用数字系统处理的方波，通过 FPGA 的高速时钟计数测脉宽，由于模拟电路本身引入的噪声，单次测量的精度降低，但是由于噪声的随机性，通过快速多次测量求平均可以较为准确地测量信号频率。

滤波法硬件负担大，且精度不够，而延时法用到的 ps 级别的延时芯片，因为信号速度很快，对布局布线的要求很高，需要做好阻抗控制，因此需要制作 PCB，而 PCB 制作周期较长。综上所述，选用均值法测量脉冲占空比。

2.5.2 理论分析

1. 宽带通道放大器

宽带通道放大器的设计一般需要考虑运算放大器的增益带宽积、压摆率、通带波纹与增益控制，高速电路的布局布线等问题。

1）增益带宽积

增益带宽积一般是指放大电路电压增益与通频带的乘积。对于小信号放大电路主要考虑放大器的增益带宽积。对电压反馈型运放，增益带宽积是一个常数。单级的电压反馈型运放很难完成宽带宽、大动态范围的信号。

对于电流反馈型运放，它的增益与带宽基本没有关系，带宽不受闭环增益的影响，它的带宽仅受反馈电阻的微小影响，不过，反馈电阻取值比较苛刻，只能在较小的范围内取值，反馈电阻的阻值会影响到运放的稳定性。

综上所述，系统带宽要求高，系统增益大时，单片芯片很难达到较高的增益带宽积。因此，可以采用多级放大和选用电流反馈型运放的方法，来减小系统增益带宽积对器件的要求。

2）压摆率

压摆率（Slew Rate，SR）是指输入为阶跃信号时闭环放大器的输出电压时间变化率的平均值。它表示了输出电压能够跟踪输出电压的能力。当放大器输出信号的峰峰值比较大时，压摆率是要考虑的主要因素。压摆率的计算公式如下：

$$SR = 2\pi \times f \times V_{pp} \tag{2-21}$$

3）通带波纹与增益控制

一般情况下，通带内的波动主要是放大器本身的通带起伏、滤波器的带内波纹造成的。本系统需要放大的信号动态范围很大，一路多级固定增益放大会使大信号饱和，饱和的信号很容易引起后级高速运放的自激，而对于小信号还没有放大到足够的幅值。可以根据幅值分挡位放大，或者采用 AGC 自动增益控制电路来均衡大小信号的幅值后，再做统一的放大整形。

4）高速电路布局布线

当信号的频率达到 100MHz 的时候，电路的分布参数，由于阻抗不匹配引起的信号反射、电磁干扰、回流路径不合理带来的噪声耦合等问题已经比较严重。因此一定要注意电路的布局布线。

通常分布参数主要注意运放反向输入引脚、输出引脚的分布参数,电压放大器不稳定时,可以在运放的反馈电阻上并联皮法(pF)级的电容以增加系统的零点,提高相位裕度。

当信号的走线长度达到信号波长的十分之一时,信号反射引起的正弦波过冲、方波边沿变差等情况会影响系统的精度,因此可以通过源端匹配、终端匹配等方法消除信号反射引起的问题。

电路上有较大的环路时,电路对电磁波干扰会很敏感,电流的回流路径不合理也会将噪声耦合到其他部分。为此,在电路的布局布线时一定要尽量减小大的环路。

2. 被测参数测量方法

1) 频率测量方法

被测信号频率范围 $1\sim100\text{MHz}$,有效值范围 $50\text{mV}\sim1\text{V}$,频带宽,动态范围大,因此信号放大对系统的增益带宽积、压摆率有很高的要求,并且高频电路放大时容易自激,仅仅通过一路放大整形处理信号是很困难的。

因此,将信号按照频段做两路处理,在 $1\sim10\text{MHz}$ 的低频段内采用高速电压反馈型运放做饱和放大后整形。$10\sim100\text{MHz}$ 的高频信号本身放大就比较困难,又因为动态范围很大,很难做到单通道放大全动态范围的信号,因此考虑采用 AGC 自动增益控制电路来对大动态范围的信号做幅度均衡后再统一放大整形,之后用等精度测量法测量频率。测量过程如图 2.35 所示。

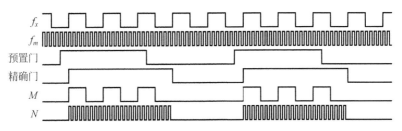

图 2.35　等精度测量

闸门(精确门)的开启和闭合由被测信号的上升沿来控制,使用两个计数器分别对待测信号频率 f_x 和频标信号频率 f_m 在设定的精确门内进行计数,f_x 的上升沿触发精确门。若两个计数器在精确门内对 f_x 和 f_m 的计数值分别为 M 和 N,则待测信号的频率为:$f_x=\frac{M}{N}f_m$。

在等精度测量中,脉冲计数法的误差主要来源于基准时钟在每个异或脉冲内的计数会产生 ±1 的计数误差,而高频测相时计数减小,导致高频时的相对误差加大。但由于该 ±1 计数误差相对随机,故测量时可采用随机平均法,由 FPGA 产生 1s 的预置脉冲,并由待测信号产生精确脉冲,在该精确脉冲范围内对异或脉冲进行计数累加,从而大大减小了随机计数误差的影响,同时对异或脉冲的个数进行计数,二者相除即可得出时间间隔。

为避免待测信号与时钟信号相位固定导致的计数脉冲偏置(计数长期产生 $+1$ 或 -1 的误差),测量时采用两个基准时钟 100MHz 和 99MHz 分别计数,最终通过软件判断选择无计数偏置的正确输出。

在信号二的每个上升沿判断信号一的电平,即可解决两路信号超前滞后无法判断的问题,而对于两路信号超前滞后的临界状态(相差360°或180°),可通过对电平高低的长期计量消除判断结果的抖动问题。

2) 脉冲占空比测量方法

处理信号为1~5MHz的方波,动态范围为50mV~1V。方波有丰富的谐波分量,且为大动态的信号。如果简单地通过放大来将信号调理成方波,很容易损失信号的谐波分量,这会对信号的占空比测量造成误差。因此不经过放大等其他处理,直接用比较器将信号调理为可处理的方波。在比较器的选型上应该关注比较器的速度。根据输入信号的最高频率 f_m 为5MHz,由公式

$$t_{上升} \leqslant \frac{1}{2f_m} \tag{2-22}$$

求得 $t_{上升} \leqslant 100\text{ns}$。

3) 时间间隔测量方法

基于FPGA高速时钟的等精度测频精度极高,因此提高测量精度的关键是在模拟电路调理的过程中保持较高的精度,尽量减小模拟电路在波形整形中引入的误差。

由于方波并不是数学上的理想的方波,而是边沿很陡峭、上升时间很快的信号,当两路输入的方波峰峰值不相等的时候,它们的陡峭程度是不同的,当采用比较器整形时,幅值不同的方波的上升时间会有偏差,即引入了附加相移,这是影响精度的主要因素。因此,将信号隔直通交后采用过零比较器来比较,相当于用信号的起始电压做比较,有效地解决了上述问题。

3. 提高仪器灵敏度

仪器灵敏度包括系统测试的反应时间和系统的测试分辨力,即系统所能检测到的待测量的最小的差值变化。

系统测试的反应时间主要取决于系统的软件设计。为尽量减小测量时间,在3种模块的测量中,均根据所测当前频率对闸门时间进行反馈,频率越高闸门时间越短,实施中通过实测确定最佳的反馈系数。此外,系统采用了多模块交错进行的方式来减小测量时间,例如,系统频率测量模块共包含了3个相同的测量模块,这3个模块在系统工作中交错进行,并通过一定的判断算法筛选出正确的测量结果进行显示,系统的测量时间原本受限于闸门时间,该措施的实施有效地改善了这种情况。

系统的测试分辨力受到软硬件的共同制约。为了提高系统的测试分辨力,系统在软件算法和硬件电路设计方面还做了以下改进:

(1) 将用于计数的基准时钟进行了最大程度的倍频,倍频受限于FPGA的器件运行速率,最终选择的基准时钟为120MHz,一定程度上提高了测量分辨力。

(2) 为解决FPGA时钟受限问题,实际测量中采用了时钟移相的方式进行等效的测量。例如:将120MHz锁相为0°、90°、180°、270°的4路信号,对4路信号分别进行120MHz的脉冲计数,则计数加和相当于480MHz的时钟计数结果。设计中将120MHz的时钟进行了8路的移相信号,从而有效地提高了测试的分辨力。

（3）注意电源去耦,信号走线统一走屏蔽线,选用低噪声器件,简化电路以避免多级误差积累,如系统时间间隔的测量仅使用两个比较器。

2.5.3 系统电路与程序设计

1. 电路设计

1) 1～10MHz 放大整形电路

在低频段,输入信号采用 AD811 放大 500 倍,之后使用比较器 TL3016 构成的滞回比较器整形。AD811 的压摆率为 $2500V/\mu s$,电压噪声密度仅为 $1.9nV/\sqrt{Hz}$,适合做饱和放大,而且引入的噪声比较小,有利于提高测频精度。具体电路如图 2.36 所示。

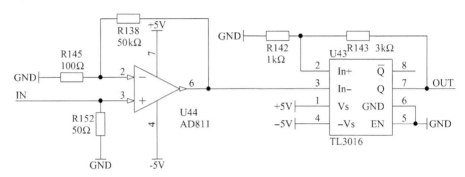

图 2.36 放大整形电路

2) 10M～100M 高频频率测量电路

由于输入信号的动态范围较大,为避免固定增益电路对不同幅度信号放大后输出幅度不同,给后级电路处理造成困难,在最前级采用 AGC 电路,AGC 电路由 VCA821、THS3201,OPA277 组成闭环系统。AGC 的输出是幅值均衡的正弦波,经过 THS3201 放大 20 倍后直接输出给 FPGA 测频。具体电路如图 2.37 所示。

3) 时间间隔测量电路

为了避免两路输入信号的峰峰值不同时不同的边沿陡峭程度引入的相差,输入的 A、B 两路信号经过无源高通滤波后,通过过零比较器直接将两路信号整形成 TTL 电平的方波信号。具体电路如图 2.38 所示。

4) 脉冲占空比测量电路

由于 5MHz 的方波谐波分量丰富,放大过多不可避免地会损失谐波分量,造成测量误差,因此选用宽带放大器 OPA657 放大 8 倍后,直接使用比较器整形。OPA657 的增益带宽积为 1.6GHz,放大 8 倍基本可以保证最高频率的脉冲的 10 次以上谐波分量的放大,谐波分量的损失很小,可以忽略。具体电路如图 2.39 所示。

2. 程序设计

系统软件流程如图 2.40 所示。

在系统上电之后,程序首先对各个功能模块进行开机初始化,初始化后系统信息通过电容触摸液晶屏显示。测量模块可根据触摸操作设置具体的测量功能。设置任务之后,测量模块将开始测量工作,测量结果将通过电容触摸液晶屏进行实时显示。

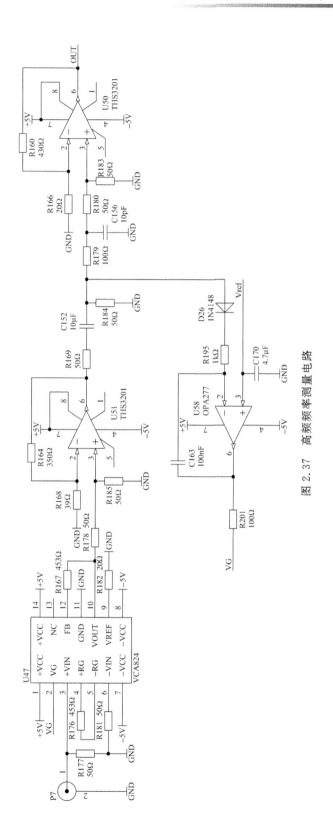

图 2.37　高频频率测量电路

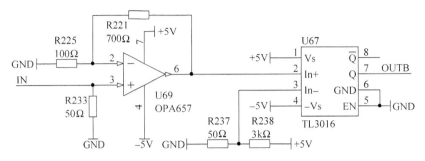

图 2.38　时间间隔测量

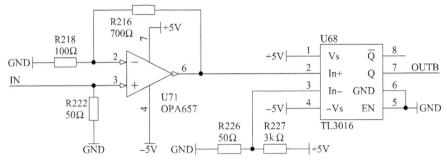

图 2.39　占空比测量电路

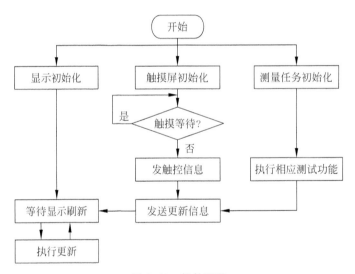

图 2.40　软件流程

2.5.4　系统测试

系统测试采用的仪器及型号如表 2.21 所示。

表 2.21　系统测试仪器

仪　　器	型　　号	参　　数
数字存储示波器	Tektronix TDS 3052C	500MHz
数字存储示波器	Tektronix TDS 1002	60MHz

续表

仪　　器	型　　号	参　　数
函数发生器	RIGOL DG4162	双通道 160MHz
数字万用表	FLUKE 45DUAL DISPLAY MULTIMETER	四位半

1. 频率和周期测量功能测试

采用函数发生器产生有效值 10mV～1V,频率 1Hz～100MHz 的正弦波作为待测信号,测试系统的频率测量精度,测量数据如表 2.22 所示,其中相对误差由公式 $\Delta = \dfrac{|F_{测} - F_{真}|}{F_{真}} \times 100\%$ 求得,当绝对误差小于 0.001% 的时候,认为误差为零。

表 2.22　正弦波频率测试

频率/Hz 误差	1Hz	100Hz	100kHz	1MHz	10MHz	50MHz	80MHz	100MHz
10mV	1.00002	99.9999	100001	1000001	10000021	50000031	79999982	100000064
Δ	0.002%	0.001%	0.001%	0.000%	0.000%	0.000%	0.000%	0.000%
50mV	0.99999	100.001	100001	1000002	10000011	50000023	80000091	100000045
Δ	0.001%	0.000%	0.001%	0.000%	0.000%	0.000%	0.000%	0.000%
100mV	1.00001	100.000	100000	9999999	99999987	50000012	80000072	99999980
Δ	0.001%	0.000%	0.000%	0.000%	0.000%	0.000%	0.000%	0.000%
200mV	1.00000	100.000	100000	9999999	99999992	49999989	79999987	99999991
Δ	0.000%	0.000%	0.000%	0.000%	0.000%	0.000%	0.000%	0.000%
800mV	1.00000	100.000	100000	1000000	10000002	49999993	79999989	100000011
Δ	0.000%	0.000%	0.000%	0.000%	0.000%	0.000%	0.000%	0.000%
1V	1.00000	100.000	100000	1000000	10000001	50000001	80000002	100000003
Δ	0.000%	0.000%	0.000%	0.000%	0.000%	0.000%	0.000%	0.000%

从测试数据可知,频率越高,信号的峰峰值越大,测量精度越高,系统只有在低频小信号的时候精度为 0.002%,整体精度基本达到了 10^{-6}。

2. 时间间隔测量功能测试

采用函数发生器产生两路有相位差的峰峰值 50mV～1V、频率 100Hz～1MHz 的方波信号,并使用数字存储示波器实测两路信号的时间间隔 $T_{真}$,与系统测试结果 $T_{测}$ 进行对比,相对误差由公式 $\Delta = \dfrac{|T_{测} - T_{真}|}{T_{真}} \times 100\%$ 计算。测量结果如表 2.23 所示。

表 2.23　方波信号的时间间隔测量

频率/Hz 误差	100Hz	500Hz	1kHz	50kHz	100kHz	500kHz	1MHz
50mV	2.00007ms	0.10003ms	199.87μs	1.99985μs	2.00016μs	0.10009μs	200.19ns
$T_{真}$	2ms	0.1ms	200μs	2μs	2μs	0.1μs	200ns
Δ	0.035‰	0.03‰	0.065‰	0.075‰	0.080‰	0.09‰	0.095‰
100mV	3.0008ms	700.020μs	300.016μs	3997.4ns	2999.78ns	700.22ns	299.81ns

续表

频率/Hz 误差	100Hz	500Hz	1kHz	50kHz	100kHz	500kHz	1MHz
$T_{真}$	3ms	0.7ms	300μs	4μs	3μs	0.7μs	300ns
△	0.026‰	0.028‰	0.052‰	0.066‰	0.074‰	0.087‰	0.090‰
500mV	4.9989ms	1100.02μs	499.98μs	11000.59ns	5000.32ns	1099.91ns	500.043ns
$T_{真}$	5ms	1.1ms	500μs	11μs	5μs	1.1μs	500ns
△	0.022‰	0.018‰	0.041‰	0.054‰	0.065‰	0.083‰	0.085‰
1V	8.0008ms	1599.976μs	800.019μs	16999.22ns	8000.45ns	1600.12ns	800.066ns
$T_{真}$	8ms	1.6ms	800μs	17μs	8μs	1.6μs	800ns
△	0.010‰	0.015‰	0.023‰	0.046‰	0.056‰	0.076‰	0.082‰

从测试数据可知,时间间隔的测量精度达到了 10^{-4},远超出指标要求。

3. 脉冲占空比测量功能测试

测试中采用函数发生器产生占空比为 $10\%\sim90\%$,频率为 1Hz~5MHz,峰峰值电压为 50mV~1V 的脉冲信号,对系统的脉冲占空比测量性能进行检测,测量数据如表 2.24 所示,其中相对误差由公式 $\Delta=\dfrac{|F_{测}-F_{真}|}{F_{真}}\times100\%$ 求得。

表 2.24 占空比功能测试

频率/Hz 误差	1Hz	100Hz	1kHz	10kHz	100kHz	1MHz	5MHz
50mV	10.01%	10.01%	10.03%	10.03%	10.04%	10.06%	10.08%
△	1‰	1‰	3‰	3‰	4‰	6‰	8‰
100mV	20.02%	20.03%	30.08%	30.09%	30.10%	30.13%	30.24%
△	1‰	1.5‰	2.6‰	3‰	3.3‰	4.3‰	8.0‰
500mV	50.01%	60.08%	50.12%	50.13%	50.14%	50.17%	50.41%
△	0.2‰	1.3‰	2.4‰	2.6‰	2.8‰	3.4‰	8.2‰
1V	90.10%	90.13%	90.18%	90.18%	90.19%	90.32%	90.79%
△	1.1‰	1.4‰	2‰	2‰	2.1‰	3.6‰	8.7‰

由测试表格可知,小信号精度比大信号低一点,1MHz 以上的误差增加较快,根据数据与频率的相关性,用 MATLAB 做了拟合,全频带的测量精度达到了 10^{-2}。

4. 刷新时间测试

用函数发生器输入扫频信号,用秒表定时,在 10s 内观测测得频率值的跳变次数,多次计数在 10s 内,跳变次数为 12,即刷新时间为 1.2s,同样可以输入扫描信号,通过计数法得到时间间隔测量的刷新时间。结果显示,系统的刷新时间大约为 1.2s。

5. 系统精度

系统在两路方波信号的时间差测量上达到了 10^{-4} 的精度,远高于 10^{-2} 的精度。全频段的频率测量精度基本达到了 10^{-6},在低频小信号的时候,系统的测频精度也达到了 2×10^{-5}。

2.5.5 总结

本节在分析了宽带通道放大器、软件测频算法、AGC 电路、放大整形电路等的基础上完成了高精度数字频率计的设计。经测试,本系统测频精度可以达到 10^{-4},其中,20MHz 的高频信号的频率精确度可以达到 10^{-6},时间间隔的测量精度可以达到 10^{-4}。脉冲占空比的测量精度达到了 10^{-2},且系统功能全面,性能稳定。

第 3 章

本科生毕业设计优秀作品

3.1　VHF 航空波段接收机的研究

甚高频(Very High Frequency,VHF)是指电波频率在 $30\sim300\text{MHz}$ 范围内的无线电波,在电台和电视台广播等领域有广泛的应用。VHF 波段也用于航空和航海的沟通频道,并在国内外机场都有着广泛应用。民航客机进出场过程中和塔台的联系、塔台对场内飞机的调度、机场地勤人员与飞行员以及塔台的联系都通过这个频段的无线电波完成。因此,VHF 航空波段接收机在协调机场各部门正常运行中发挥着不可或缺的作用,开发出灵敏度更高、选择性更好、噪声更小、性能更优异的航空波段接收机有着重要的意义和实用价值。

3.1.1　系统总体方案及硬件设计

由于超外差接收机有着优异的选择性、较好的灵敏度、较大的动态范围以及对镜像频率干扰的抑制,次航空波段接收机设计采用超外差结构,系统总体结构如图 3.1 所示。系统由天线、前端射频滤波器、混频器、检波模块、音频放大器和输出模块等基本模块构成。在实际的接收机设计过程中,通常还要加入低噪声放大器、中频滤波器、中频放大器以及自动增益控制(Automatic Gain Control,AGC)等模块,以提升无线接收机的性能以及可靠性。

图 3.1　系统总体结构

1. 射频前端滤波器

滤波器主要分为有源滤波器和无源滤波器两大类。由于有源滤波器中运算放大器带宽的限制,在频率较高的甚高频波段,滤波器系统的 Q 值较低,达不到无线接收机系统所需要的滤波效果。而且,射频滤波器处于系统的第一级,对系统噪声影响很大,如果滤波器本身的噪声比较大,经过后续电路的一系列放大之后,噪声将变得更大,甚至掩盖实际需要接收的语音信号。因此,本航空波段接收机采用由 L、C 等无源器件构成的无源滤波器。

包括武汉天河机场在内的国内机场无线通信频率基本集中在 $118\sim138\text{MHz}$,因此,接收机的前端滤波器必须完整覆盖这个波段。带通滤波器能够让指定范围内的频率信号通过并阻止其他频率的信号通过,多应用于音响装置以及无线收发装置中,以获得指定频段音频信号并滤除其他频段的杂波干扰。因此,接收机前端滤波器采用带通滤波器。

1) 滤波器参数

带通滤波器存在上限频率 f_H,下限频率 f_L 以及通带带宽 BW。位于下限频率 f_L 和上限频率 f_H 之间的频率的信号可以通过,其他频率信号会因受到极大衰减而不能通过电路。无源带通滤波器只由无源器件 L、C 等器件构成。带阻滤波器的中心频率 f_0、上限频率 f_H、下限频率 f_L 以及阻带带宽 BW 的关系如式(3-1)和式(3-2)所示,其中 Q 为滤波器的品质因数,阻带带宽越窄的滤波器,品质因数越高。

$$Q = \frac{f_0}{BW} = \frac{f_0}{f_H - f_L} \tag{3-1}$$

$$f_0 = \sqrt{f_H \times f_L} \tag{3-2}$$

一个理想的带通滤波器通带边缘是垂直的,通带顶端是一条平坦的直线,而且在通带内信号没有衰减,在通带外信号增益为 0,上限频率为 f_H,下限频率为 f_L。但是实际应用中不存在理想的带通滤波器,通带边缘并不是垂直下降的,而是有一个缓慢下降的过程,这个现象通常被称为滤波器的滚降现象,一般用 10 倍频的衰减幅度 dB 数来表示。一般情况下取 3dB 衰减点对应的两个频率 F_L 与 F_H 为带通滤波器实际的上限频率和下限频率。通常在设计带通滤波器时,应尽量保证通带边缘下降得越快越好。此外,实际滤波器的通带顶部并不平坦,通带顶部会有波纹出线,这种现象被称为吉布斯现象。为降低该现象的影响,应保证带通滤波器通带顶部的平稳度,通带顶部越平整,整个滤波器的效果就越好。理想带通滤波器(实线)与实际带通滤波器(虚线)的参数对比如图 3.2 所示。

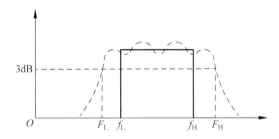

图 3.2 理想带通滤波器与实际带通滤波器参数

考虑到带通滤波器的滚降效应,接收机前端滤波器的带宽要略大于 118MHz 和 138MHz 这两个频率的差值。对比国内机场无线通信采用的频率,同时为了方便最终的系统测试和调试,频率应包含部分调频广播频段,或者下限频率尽量接近调频广播频段,最终无线接收机系统的前端滤波器下限频率 $f_L = 110MHz$,上限频率 $f_H = 150MHz$,通带带宽 BW $= 40MHz$,由式(3-2)可得,系统前端滤波器中心频率 $f_0 = 128.5MHz$。经过实验验证,这一组上下限频率以及带宽选取适当,可以很好地覆盖 VHF 航空接收机所需要接收的信号频段,基本上保证了系统的可行性与可靠性,为最终完成一个性能优良的航空波段接收机提供了最基础的保障。

2）滤波器电路

滤波器电路如图 3.3 所示，是一个五阶巴特沃斯带通滤波器，中心频率 f_0 为 128MHz，通频带带宽为 40MHz。

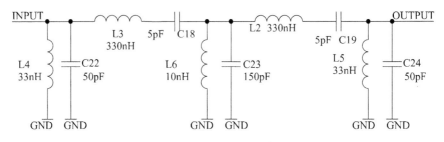

图 3.3　滤波器电路

在 PCB 制作时，预留了两个滤波器通道。其中一个是由贴片电感电容构成的滤波器，另一个是由空心绕线电感构成的滤波器，以便在实际应用中比较两者的差别。

绕线电感制作过程中，通过精密 LCR 测量仪（安捷伦 E4980A）测试多个绕制的空心电感，并与理论值进行比较，计算误差。空心绕线电感测试结果如表 3.1 所示。本电感绕制方式产生的误差在合理范围内，尤其是在电感值较小的情况下，也得到了比较精确的所需电感值的绕线电感。因此，通过此方式绕制的电感可以应用于本接收机设计的前端滤波器中。

表 3.1　空心绕线电感测试结果　　　　　　　　　　　　　　　nH

编　　号	理　论　值	实　测　值	误　　差
1	100	106	6
2	300	291	9
3	1	1.01	0.01
4	10	10.1	0.1

2. 混频器

混频器是整个系统的第一个有源模块，完成了将信号由甚高频波段搬移到中频波段的工作。混频器必须拥有良好的线性度才能保证信号搬移过程中不会产生失真，是保证系统具有优良性能的关键。混频器采用混频芯片 NE602，在混频过程中有较好的线性度以及动态范围。

NE602 内部电路如图 3.4 所示。NE602 内部包含双平衡混频器、振荡器和稳压器。其中，双平衡混频器的工作频率可以达到 500MHz，振荡器的振荡频率可以达到 200MHz，是非常适用于甚高频接收机的芯片。考虑到航空波段接收机信号频率覆盖 118～138MHz，同时中频采用 10.7MHz，所以混频模块的自身振荡频率必须覆盖 128～150MHz 才能保证所有的信号都能经过混频器搬移到指定中频，NE602 混频器能够完成这个功能。此外，NE602 采用了双平衡混频模式，能有效地抑制奇次谐波分量，同时输入信号、本振信号等信号分量在输出端口均得到不同程度的抑制，保证了输出信号主要为输入信号和本振信号的和频分量以及差频分量。因此 NE602 的输出信号比一般单平衡混频器更加单一，这大大提高了无线接收机的性能。

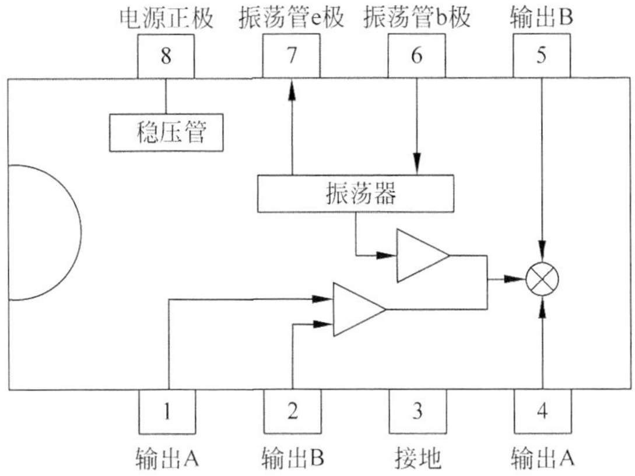

电源正极 振荡管e极 振荡管b极 输出B

| 8 | 7 | 6 | 5 |

稳压管

振荡器

| 1 | 2 | 3 | 4 |

输出A 输出B 接地 输出A

图 3.4　NE602 内部电路

　　混频模块电路如图 3.5 所示。前端射频滤波器输出的信号从混频器 1 端口输入。混频器通过外接电产生本振信号,与输入信号进行混频,在端口 4 输出一个 10.7MHz 的中频信号。本振端通过调节电位器 W8 改变加在变容二极管 D2 两端的反向电压,从而改变变容二极管的电容值。二极管电容与 C42 串联后与电感 L15 并联构成振荡电路。所以在混频模块可以通过调节 W8 的阻值,改变本振信号的频率,以达到接收不同频率信号的功能。其中,电容 C41 起到隔离直流作用。R43 和 C48 将端口 7 耦合到地。电阻 R34 可以防止流经二极管的电流过高。电感 L11 可以更换为一个可调的电感线圈,从而可以得到更广的接收范围。

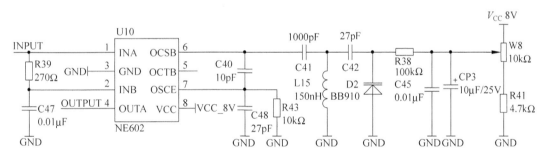

图 3.5　混频模块电路

3. 中频放大器

　　混频器输出的 10.7MHz 差频信号经过陶瓷滤波器进行滤波之后,先经过中频放大模块进行放大,以便后续电路对信号进行检波处理。中频放大模块是先将陶瓷滤波器的输出信号经过低噪声放大三极管 2SC3355 进行一次放大,再将放大之后的信号输送给中频放大芯片。在本次无线接收机的设计中,中频放大器选择 MC1350,它是一款中频放大芯片,可以对 4 种中频信号进行放大,包含本次设计采用的 10.7MHz 中频信号。

　　MC1350 芯片对 10.7MHz 的中频信号放大的平均值可以达到 58dB。MC1350 芯片还自带自动增益控制功能,将后续检波电路输出的音频信号进行直流电平提取之后反馈到 MC1350,可以完成电路系统的自动增益控制功能。

　　中频放大模块电路如图 3.6 所示。陶瓷滤波器输出的信号经过低噪声放大器 2SC3355 进行放大之后再由中频放大器 MC1350 进行进一步放大。

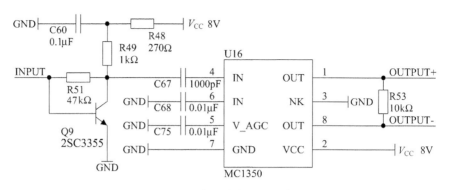

图 3.6　中频放大模块电路

4. 检波模块

检波模块是接收机系统中另一重要模块,检波效果的好坏直接影响了输出音频信号的波形,从而影响整个接收机的性能。为简化电路,检波模块采用最常规的二极管包络检波方式。

综合考虑检波效率、检波损耗以及接收机的电源系统和检波频率,最终采用检波二极管 2AP10。2AP10 是锗二极管,相较于硅二极管,正向压降较低,结电容较小而且功率不大,常用作检波电路。在这个模块中,检波二极管也可以用同系列产品 2AP9 代替。

由于航空波段接收机接收的是调频信号,且频率较高,为了保证良好的检波效果,考虑在检波之前进行一次中周鉴频。由中频放大器 MC1350 输出的中频信号先经过谐振频率在 10.7MHz 的中周。中周的作用是进一步选频,以过滤出更纯净的 10.7MHz 中频信号,减小其他信号的干扰。此外,中周还完成斜率鉴频工作,将调频波转换为调幅调频波。混频器输出的中频信号经过中周进一步选频,保证了更好的检波效果,减少了失真现象。检波模块电路如图 3.7 所示。

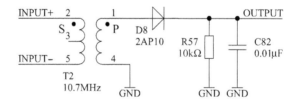

图 3.7　检波模块电路

在检波模块中,中频放大器输出的调频波经过中周 T2 的斜率鉴频之后,得到一个调频调幅波,经过检波二极管 2AP10 进行包络检波,输出一个音频信号。该音频信号输送给下一级音频放大器做进一步处理。图 3.7 中,R57 为 $10\mathrm{k}\Omega$,C82 为 $0.01\mu\mathrm{F}$,如果这两者取值不当,可能会造成检波模块的负峰切割失真和对角线失真。

5. 音频放大模块

音频放大模块是将检波之后的音频信号进行进一步放大,以达到耳机输出端的电平要求。不仅要将语音信号进行放大还要尽量消除噪声信号,才能在耳机输出端得到更好的语音输出。

LM358 芯片内部包含两个相互独立的运算放大器,具有较高的增益。而 LM386 芯片是美国国家半导体公司生产的一款高性能音频功率放大器,自身功耗比较低,这款集成芯片适用于电源电压范围大而且不需要太多的外接元件,电路结构简单,被广泛地应用于收音机和录音机等各种无线接收机中。音频放大模块通过两片 LM358 芯片完成音频信号的初步放大功能,并完成一定的噪声控制功能。此外,配合前级的中频放大芯片 MC1350 完成一定的自动增益控制功能。音频信号初步放大之后再输入到音频功放 LM386 芯片中进行功率放大,以达到一定的电平,保证耳机端口能够正常地输出检波之后的音频信号,保障系统的功能顺利完成。音频信号放大电路如图 3.8 所示,功率放大电路如图 3.9 所示。

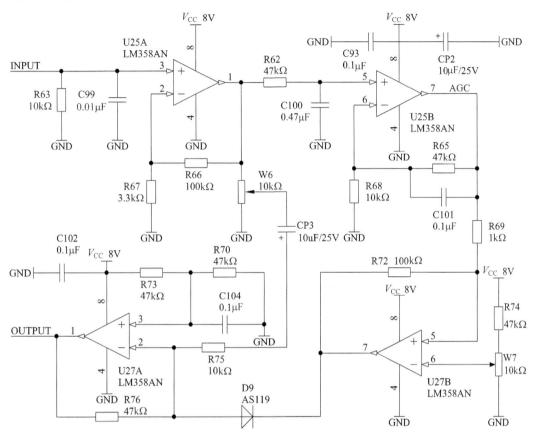

图 3.8　音频信号放大电路

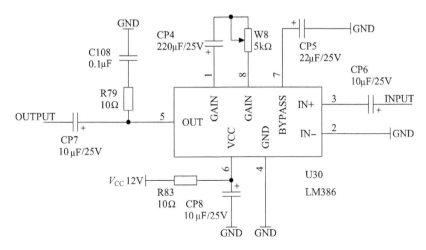

图 3.9　功率放大电路

检波后的音频信号经过第一片 LM358 芯片放大之后传输给第二片 LM358 进行后续放大。噪声控制的原理是,检波模块输出的信号经过 LM358 进行一次放大后,通过 R62 和 C100 组成的低通滤波器提取信号中的直流分量,放大后输入到另一片 LM358 芯片构成的比较器中,比较器输出端口通过二极管接到放大器 LM358 反向输入端。比较器的比较电平可以通过调节电位器 W7 来改变。如果检波之后的音频信号足够大而噪声信号较小,则比较器输出高电平,二极管 AS119 截止,该模块暂不产生效果。当检波之后的音频信号较小而噪声信号较大时,比较器会输出低电平,二极管 AS119 导通,运算放大器 U27A 反向输入端电平为 0.7V,因此同向输入端电平也被抬升到 0.7V 左右,使电平较低的音频信号被抬升到一个较高的电平,然后输入到后续的音频功率放大器进行放大。

经过 LM358 放大并且完成噪声控制的音频信号输入音频功放 LM386,完成输出前的最后一次信号放大。LM386 芯片的引脚 1 和引脚 8 通过一个可变电阻和电解电容连接在一起,通过调节可变电阻 W8 的阻值,可以改变音频功放的放大倍数。R79 和 C108 构成一个低通滤波器,进一步滤除可能存在的高频噪声,从而得到更加清晰的语音信息,该模块的输出端与耳机或者扬声器相连。

3.1.2 系统测试

接收机系统实物如图 3.10 所示。在测试阶段,采用静态测试与动态测试相结合的方式。静态测试是指利用实验室已有的信号发生器与示波器完成对系统的初步测试,动态测试是指通过调试系统各个模块,在实际接收广播信号过程中,完成对系统的测试工作。

图 3.10 接收机系统实物

1. 静态测试

静态测试是在实验室条件下,利用已有器件完成对系统的测试。信号源给系统提供一个甚高频波段的调频信号,示波器测试接收机系统各个关键模块节点的波形,并用耳机输出最终的信号,以此来判断系统性能的好坏,完成优化系统功能的调试工作。系统静态测试所用仪器如表 3.2 所示。

表 3.2 系统静态测试所用仪器

器　件	型　号	厂　家	参　数
电源	DP832A	RIGOL	无
信号源	DG4162	RIGOL	160MHz/双路
示波器	DSA90254A	安捷伦	100MHz/双路

测试过程中,调频波载波频率采用 116MHz,调制频率可调,在音频范围内不断变化,并由滤波器输入端输入接收机系统。在接收机系统的混频器输入端、混频器输出端、中频放大器输入端、中频放大器输出端、中周输出端等关键节点测试信号波形。接收机系统测试各节点波形图如图 3.11 中(a)～(e)所示。

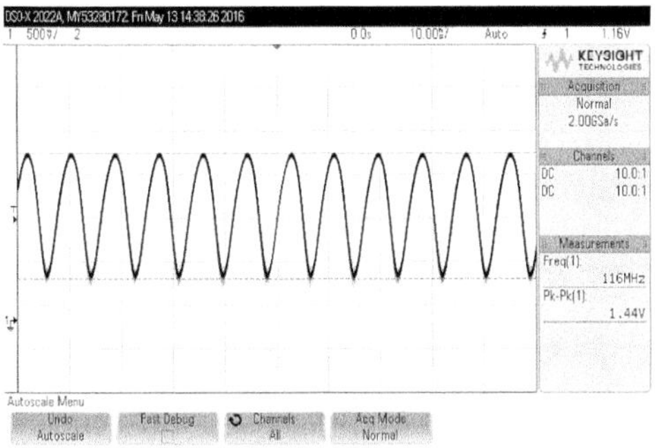

(a) 混频器输入端波形

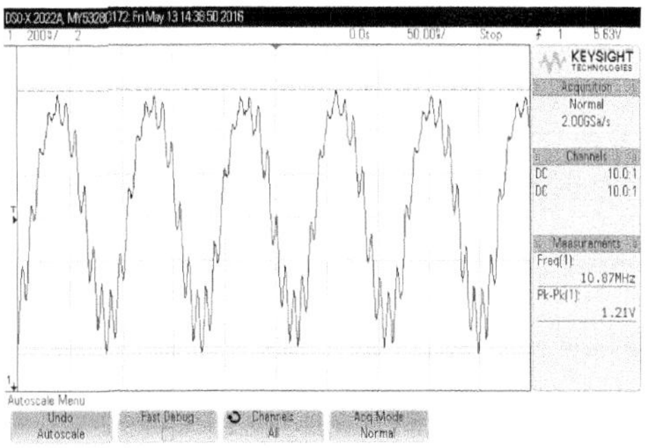

(b) 混频器输出端波形

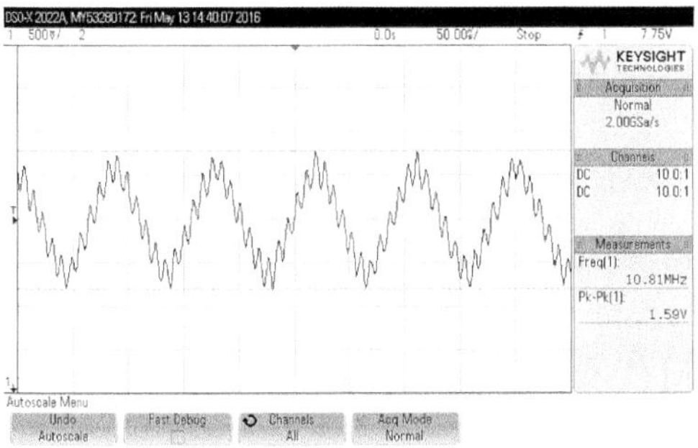

(c) 中频放大器输入端波形

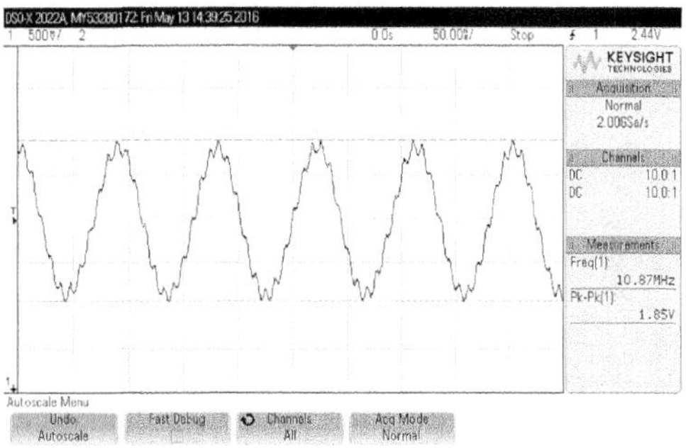

(d) 中频放大器输出端波形

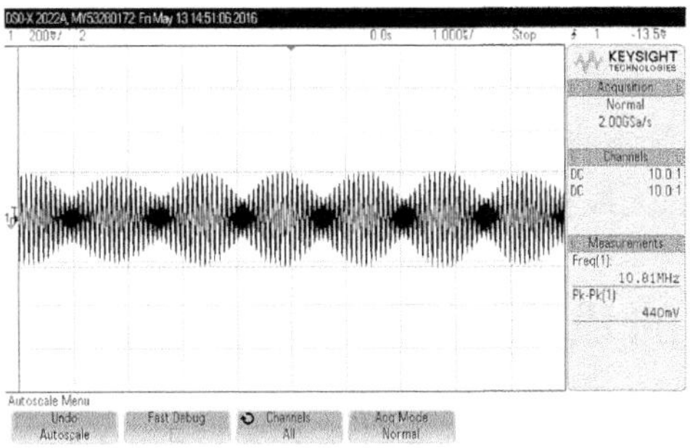

(e) 中周输出端波形

图 3.11 接收机系统测试各节点波形

从波形图可知,116MHz的调频信号经过混频器之后输出了10.8MHz的差频信号,再经过中频放大器的放大之后,在中周模块进行了斜率鉴频,输出了一个调频调幅波。通过不断调节输入信号中调制信号的频率,在系统的输出端口耳机中可以清晰地听到不断变化的音阶,系统静态测试表明,系统具有较好的性能和接收效果。

2. 动态测试

动态测试是在静态测试完成并确认系统正常工作之后进行的进一步测试。本接收机设计中,射频滤波器覆盖了100MHz以上的频率,理论上,通过合适的调节,可以收听到频率在100MHz以上的调频广播信号。选取合适的天线,并调节混频器本振模块的电路和中周,在实验室中收听武汉市的调频广播。在经过多次尝试和电路调节之后,成功接收到了FM103.8MHz湖北广播电台音乐频道、FM105.8MHz湖北广播电台音乐台以及FM107.8MHz湖北广播电台交通频道等调频广播频道。调频广播接收效果如表3.3所示。

表 3.3　调频广播接收效果

电　台	收 听 效 果
FM103.8MHz	语音清晰,有少量噪声
FM105.8MHz	语音清晰,基本无噪声
FM107.8MHz	语音清晰,基本无噪声

在成功接收到调频广播的基础上,开始着手航空波段信号的接收测试。由于实验室周围高楼较多,且距离机场较远,不易收到飞机与塔台间的通话信号。因此,在天气较好的时候在楼顶进行多次测试,并成功在飞机途经时接收到了飞机和武汉天河机场塔台之间的语音通话。接收机的整体测试结果表明,接收机性能良好,完成了预期目标。

3.1.3　小结

VHF航空波段接收机能够很好地完成调频广播以及航空通信信号的接收。该无线接收机前端滤波器性能优异,具有很好的滤波效果,保障了接收机整体良好的性能;接收机系统电路比较简单,容易实现;接收机便于携带,而且采用电源以及电池供电双重选择,适用范围广。

无线接收机也有一些不足。系统的静噪模块功能过于简单,在接收信号很差的情况下,噪声还是比较大。在今后对无线接收机完善的过程中,对噪声抑制的电路设计、阻抗匹配设计以及合适的天线设计将成为重点工作。此外,在信号频率比较高的地方,电路的焊接工作要更加精细,尽量减小系统本身产生的噪声。这几方面都将大大优化无线接收机的性能,是设计出一个性能更优良的无线接收机的关键。[①]

3.2　浊度计的设计

浊度代表水的浑浊程度,是水质的重要指标之一。由于水质浊度的测量在城镇供水、环境保护和卫生防疫等诸多行业和部门中有着极其广泛的用途,故一款适用于水质浊度测量

---

① 本节部分内容已发表于《实验技术与管理》,2017年,第34卷11期。

的浊度计对相关领域的水质监测有着重要意义。

该浊度计基于光学散射的原理,采用白光 LED(Light-Emitting Diode)调制信号作为光源,通过测量散射光的光强,并经过对光信号的差分采样及滤波处理实现对水质浊度的测量。

3.2.1 系统总体方案

本浊度计选取散射法作为测量水样浊度的方法,由光源及其驱动电路、光束整形结构、水样槽、散射光探测电路、信号处理与显示交互电路等部分构成。光源及其驱动电路产生一定功率、一定波长范围的光信号,经光束整形后照射到水样槽中。水样槽中盛有一定体积、一定浊度的水样,由于水样对光的散射,入射光通过水样后会发生各个方向的散射现象。散射光探测电路需探测与入射光成 90°角方向上的散射光光强,光强信号经放大、滤波后进入 A/D 转换器,最终以数字信号的形式传送到微控制单元(Microcontroller Unit,MCU)。信号处理与交互电路实现对数字信号的进一步处理,如平滑滤波等,并通过计算将信号换算成浊度单位,通过屏幕显示,还可通过键盘和显示屏进行人机交互,实现对水样浊度的测量。浊度计总体结构如图 3.12 所示。

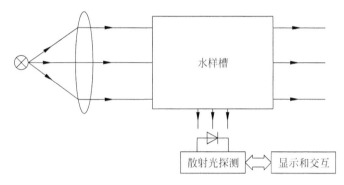

图 3.12 浊度计总体结构

3.2.2 浊度计硬件设计

1. LED 驱动电路设计

1) 光源选型

浊度计需要外部光源提供入射光,可采用白炽灯、溴钨灯、发光二极管、激光等作为光源。其中,发光二极管(LED)可以将电能直接转换为光能,发光效率比白炽灯高得多,在发光功率很高时也不会产生很多热量。发光二极管的响应速度快,便于亮度控制及信号调制。因此,选用白光 LED 作为浊度计的光源。它的驱动电路较为成熟,光束整形光路简单,响应速度快,控制方便,便于信号调制,而且功率适中,效率高,体积小,适合用作浊度计的光源。

白光 LED 可以达到很高的功率,单个面光源式 LED 可达 100W,发光效率一般为 80~100lm/W。考虑 LED 驱动电路的驱动能力、光电探测器的测量范围以及系统的便携性,最终选择 LED 的电功率为 10W,发光光通量为 1000lm 左右。

在 LED 的结构方面,选择点光源式的 LED 而非面光源式 LED。因为面光源式 LED 的发光面大,光源的线度大,光束整形后会聚特性不易控制,而且面光源体积较大。而点光源式 LED 的体积小,光束整形简单,整形后的光束准直性好。

    综上所述,最终选择了 CREE 公司生产的 XLamp XM-L2 型白光 LED。XLamp XM-L2 LED 是高亮度输出和高效率要求照明应用的理想选择,可用于 LED 电灯、户外照明、可插拔照明、室内照明和太阳能照明。它的最大驱动电流为 3000mA,工作电压为 3.3V,发光效率高(318lm@700mA),热阻低至 2.5℃/W。

    XLamp XM-L2 LED 的电气特性曲线如图 3.13 所示。当驱动电压为 3.33V 左右时,正向电流达到 3000mA,此时 LED 的电功率为 10W。

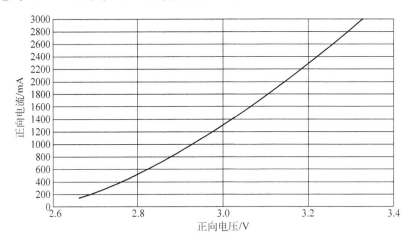

图 3.13　XLamp XM-L2 LED 的电气特性曲线

    XLamp XM-L2 LED 的光电特性曲线如图 3.14 所示,可以看出相对光通量与正向电流关系的线性度较好。在 3A 工作条件下,其相对光通量是电流为 700mA 时的 3.2 倍左右。根据其各色温灯珠的光通量特性表,T6 系列的冷白光灯珠在 25℃ 工作温度下、电流为 700mA 时发光通量 Φ_0 为 318lm,故当它工作在 3A 条件下,光通量 Φ 为

$$\Phi = \Phi_0 \times 3.2 = 1017.6 \text{lm} \tag{3-3}$$

    由式(3-3)可知,XLamp XM-L2 T6 灯珠的最大光通量为 1000lm 左右,符合选型要求。故最终选用 XLamp XM-L2 T6 冷白光灯珠。

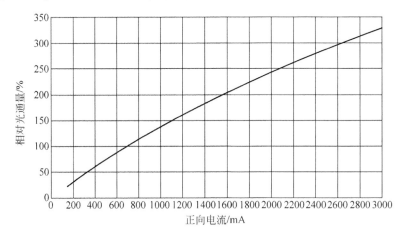

图 3.14　XLamp XM-L2 LED 的光电特性曲线

2) 光束整形

LED 灯珠为点光源式 LED,其发散角很大,XLamp XM-L2 LED 的相对光强与观察角度关系如图 3.15 所示。其发散角约为 125°,在 LED 正对方向的 45°方向上仍有 80% 左右的光强,需要通过光束整形后才能使用,否则 LED 发出的光会直接照射到探测器上,造成探测到的散射光被直射光混杂,难以保证其线性度和测量精度。

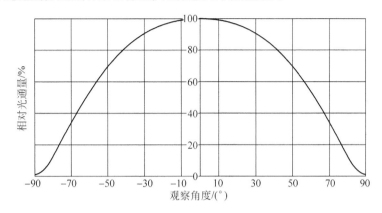

图 3.15 XLamp XM-L2 LED 的相对光强与观察角度关系

光束整形采用凹面镜整形的方案,光束整形示意图如图 3.16 所示,凹面镜为抛物面型,光源(LED)放置在抛物面的焦点处,光源的光线发散后被抛物面反射,出射后为平行光。由于此光路仅需要对 LED 的发散光进行收束,并不需要很高的光线平行度要求,所以这种方案结构简单,可以达到光线的平行度要求。

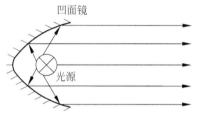

图 3.16 光束整形示意图

3) LED 驱动电路

由图 3.13 和图 3.14 可知,当电压在 2.6V 以下时电流始终较小,而当电压高于 2.8V 时电流持续增加,LED 的电流与电压的线性度较差;且其发光光通量与电流的线性度较好。因此,LED 的驱动电路应为恒流型而非恒压型。

由于在测量过程中探测器不仅会接收到 LED 发出的光,还会受到室内照明光源或阳光等其他杂散光的干扰,所以浊度计光源发出的光应进行调制,以便散射光探测器滤除其他光信号的干扰。由于太阳光可被看作直流信号,室内照明光源一般为工频(50Hz 或 100Hz)信号,所以调制频率应远高于 100Hz。

因此,LED 驱动电路应具有瞬时电流至少为 3A、瞬时功率至少为 10W 的恒流驱动能力,并且能够实现频率远高于 100Hz 的 3A 输出电流调制。综合考虑各因素,最终选用 TPS92512 作为 LED 驱动芯片。

TPS92512 集成有模拟电流调节功能,是一种降压型发光二极管驱动器。它的内部集成有导通电阻仅为 200mΩ 的金属氧化物半导体场效应晶体管(Metal-Oxide-Semiconductor Field-Effect Transistor,MOSFET),它的输入电压范围较宽,可为 0～42V。它还具有 0～300mV 可调的基准电压,具有±5% 的 LED 电流精度,100kHz～2MHz 可外部配置的开关频率范围,专用脉宽调制(Pulse Width Modulation,PWM)调光输入,可调节欠压闭锁,还有过流保护和过热保护功能。

TPS92512 基于 BUCK 降压型开关电源原理,通过流经 LED 的电流大小进行反馈调节,实现恒流驱动。其具有可调的欠压闭锁电压,可调的开关频率,可调的参考电流,以及 PWM 调制控制功能。

RT/CLK 引脚上的电阻 R_{RT} 阻值决定了电路的开关频率。TPS92512 的开关频率的可调范围为 100kHz 至 2MHz,该浊度计开关频率 f_{SW} 确定在 570kHz。根据开关频率的设定公式,可以计算得到 R_{RT} 阻值为

$$R_{RT} = \frac{206033}{f_{SW}^{1.092}} = \frac{206033}{570^{1.092}} = 201.6 \text{k}\Omega \tag{3-4}$$

实际应用中可取电阻为 200kΩ。

电流反馈电阻 R_{ISENSE} 阻值决定了反馈电压与流经 LED 电流的关系,从而决定了 LED 的工作电流。要使 LED 的峰值电流为 3A,而正常工作时 TPS92512 的 ISENSE 引脚电压为 300mV,经计算,R_{ISENSE} 的阻值为

$$R_{\text{ISENSE}} = \frac{300\text{mV}}{3\text{A}} = 100\text{m}\Omega \tag{3-5}$$

此电阻阻值很小,必须采用低温漂、高精度的康钢丝电阻或功率为 1W 以上的水泥电阻才能保证输出电流的精度。

电感是重要的开关电源滤波元件,用于滤除尖峰噪声,防止 LED 和开关二极管击穿。根据开关电源电感计算公式,电感的取值为

$$L = \frac{V_{\text{OUT}} \times (V_{\text{IN}} - V_{\text{OUT}})}{I_R \times V_{\text{IN}} \times f_{SW}} = \frac{3.3\text{V} \times (12\text{V} - 3.3\text{V})}{120\text{mA} \times 12\text{V} \times 570\text{kHz}} = 35\mu\text{H} \tag{3-6}$$

其中,V_{OUT} 为输出电压,对于 LED 正常工作情况下为 3.3V;V_{IN} 为输入电压 12V;I_R 为纹波电流,取 120mA;f_{SW} 为开关频率 570kHz。实际中可取电感为 33μH。

为保证驱动电路的效率,开关电源的续流二极管应选择低正向电压、超短反向恢复时间的功率型肖特基二极管。最终选择的是 B560C 肖特基二极管。LED 驱动电路如图 3.17 所示。

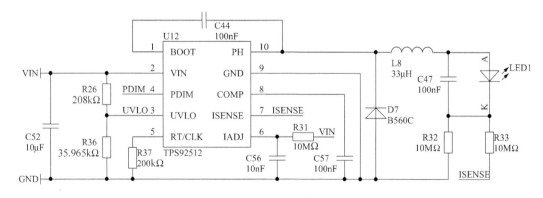

图 3.17　LED 驱动电路

2. 散射光探测电路设计

光电二极管是一种基于光生伏特效应的光电器件。光生伏特效应是当入射光辐射作用在半导体 PN 结上时,本征吸收产生的光生电子和空穴在内建电场的作用下做漂移运动,漂移运动使得 N 区积累电子,P 区积累空穴,产生一个与内建电场相反的光生电场,可以等效成在 PN 结的两端加入了正向电压,使结区的势垒降低。当外加反偏压时,光电二极管的输

出电流与入射辐射强度成线性关系,可以用于光电信号的转换。

光电二极管的测量电路有多种方案。基本的电流—电压转换电路如图 3.18 所示。

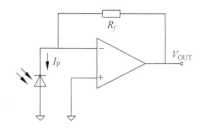

根据运算放大器的"虚短—虚断"原则,其同相输入端和反相输入端电压相同,而无电流流入或流出。由于其同相输入端接地,故光电二极管的阴极(即放大器的反相输入端)也为虚地,即电压为 0;流经反馈电阻 R_f 的电流即为流经光电二极管的电流 I_p,故输出电压 V_{OUT} 为

图 3.18 基本的电流—电压转换电路

$$V_{OUT} = R_f \cdot I_p \tag{3-7}$$

由此可知,此电路可以把照射到光电二极管的光信号线性地转换为电压信号。

对于浊度计的散射光探测电路,可以采用如图 3.18 所示的分离元件电路,即一片光电二极管与一片运算放大器及外围电路组成散射光探测电路。然而分离元件的探测电路需要对光电二极管和运算放大器分别选型,选型过程中需要考虑到两者在精度和速度方面的匹配性;而且分离元件的探测电路体积较大,容易耦合进电路噪声,使得信号的精度不易保证。而光电二极管与运算放大器所构成的单片光传感器封装简洁可靠,电路简单,容易保证信号精度,故浊度计的散射光探测部分最终选择使用单片式的、集成了光电二极管和运算放大器的光传感器 OPT101。

OPT101 是一款单片式光电二极管及片上跨阻抗放大器。这种将光电二极管与跨阻抗放大器集成在单片上的设计消除了分离式设计中的一些常见问题,例如漏电流失调、噪声拾取以及杂散电容引起的增益尖峰等。此传感器的输出电压随入射光强线性增加,并且被设计为单电源或双电源供电方式。其片上光电二极管的感光面积为 2.29mm×2.29mm,工作在光电导模式下,有着出色的线性度和极低的暗电流(2.5pA)。OPT101 可在 2.7~36V 供电电压范围内工作,静态电流仅为 120μA。其封装为 8 引脚 PDIP 直插式封装,工作温度范围为 0℃~70℃。

OPT101 采用的电流-电压转换电路为跨阻抗放大电路。为了保证输出信号的频率特性,其内部增加了补偿电容作为反馈。在实际应用中还可通过外部接反馈网络实现增益的调节和频率特性补偿。OPT101 散射光探测电路如图 3.19 所示。

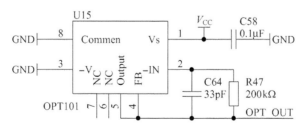

图 3.19 OPT101 散射光探测电路

考虑到浊度计的使用过程中可能会有较强的杂散光,例如日光、照明灯光等,而本设计又不采用暗箱屏蔽的方式来消除环境光,故采用两个 OPT101 分别同时探测散射后的浊度计光源(LED)的调制信号和环境中的杂散光信号,经运放隔离后进入 A/D 转换器的两个差

分输入端,通过 A/D 对信号的差分采样,可以减轻环境杂散光对结果的影响。

差分信号波形如图 3.20 所示。最下方波形为环境光探测器探测到的 50Hz(整流后为 100Hz)环境光的波形;中间波形为散射光信号波形,可以看出其为 1kHz 的方波信号叠加了环境光;最上方的波形为散射光信号与环境光信号相减得到的差分信号的波形。由此可知,经两信号相减后的差分信号较好地滤除了部分环境光干扰,差分信号的波形较为接近方波信号,其峰峰值能较好地反映水样的浊度。

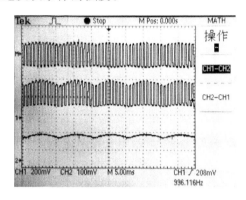

图 3.20　差分信号波形

散射光探测电路如图 3.21 所示。

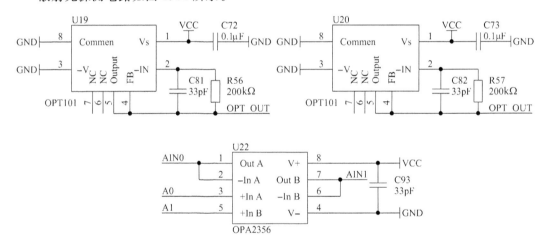

图 3.21　散射光探测电路

3. 数据处理及交互电路设计

1) A/D 转换电路

由于光信号采集方法采用差分式,A/D 转换芯片必须支持双路及以上信号的采样或差分采样。而且光源采用频率为 1kHz 的 LED 光信号调制,所以 A/D 转换器的采样频率须高于光信号频率的 5 倍以上,即高于 5kHz。为保证浊度计的精度,光信号采集的精度也不应过低,所以尽量选择高精度 AD。综上所述,最终选择了 ADS1256 这款 AD 转换器。

A/D 转换电路如图 3.22 所示,AIN0 接杂散光(环境光)探测信号,AIN1 接散射光探测信号,两者实现差分输入采样。为了提高传感器对 A/D 转换器的信号驱动能力,两路信号经过高精度运算放大器 OPA2356 后分别接入 A/D 转换器的 AIN0 和 AIN1 端口。

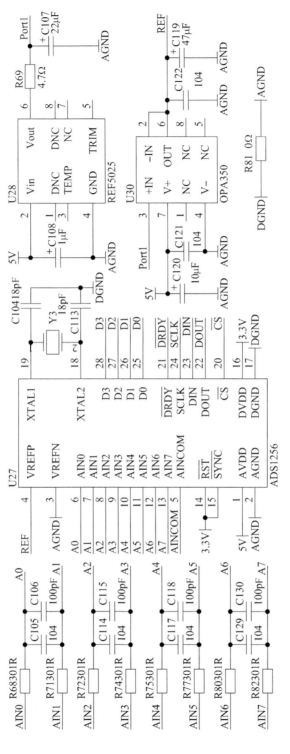

图 3.22　A/D 转换电路

电路中采用 REF5025 这款 2.5V 高精度电压基准芯片以保证 A/D 电压基准的精度；采用 OPA350 这款高精度运放,使基准电压信号的驱动能力增加,使 A/D 的电压基准信号更加稳定；采用差分输入的 RC 滤波使信号噪声更小；在数字接口部分采用 100Ω 的电阻减小数字噪声向 A/D 转换器的耦合；A/D 的采样频率设置为 10kHz,对于 1kHz 的散射光信号,其一个周期内可以采集 10 个点。以上措施保证了 A/D 采样结果的高精度。

2) 主控芯片选型

系统选用的主控芯片是 MSP430G2553 单片机。MSP430G2553 是一个功能强大的单片机。它只有 20 个引脚,15 个双向输入/输出(I/O)端口。

美国 TI 公司的 MSP430 系列超低功耗微控制器包括许多种器件,它们有着面向多种应用的不同外设集。这种架构与 5 种低功耗模式相结合,专用于便携式的应用中,可增加电池的寿命。MSP430G2553 拥有一个强大的 16 位 RISC CPU,有着 16 位的寄存器和高性能常数发生器,有助于获得最大的编码效率。数字控制振荡器可以实现不到 $1\mu s$ 的时间里完成从低功耗模式到正常运行模式的唤醒。MSP430G2553 是一款超低功耗的混合信号微控制器,它有着 16 个支持触摸感测的 I/O 引脚,内置有 16 位的定时器模块,还内置了一个多用途的模拟比较器以及串行通信模块,可以实现通用串行通信接口通信。此外,MSP430G2553 还具有一个 10 位 A/D 转换器。

MSP430G2553 单片机的工作时钟频率可达 20MHz,内置了 SPI 通信、定时器等多个模块,适合本设计中与 A/D 转换器的通信、方波信号的产生、LCD 屏幕与键盘扫描的交互等功能的实现。它使用 16 位的架构,可以进行较复杂数据的软件处理,如平滑滤波。

3) 交互电路设计

要实现一款完整功能的浊度计,仅仅采集到准确的信号是不够的,还要进行后续的数据处理,并且进行数据显示,设计相应的人机交互电路,实现较为清晰的人机交互功能。

基于 MSP430G2553 单片机的数据处理与人机交互电路如图 3.23 所示。图中 TLV70033 是一款低压降电压转换芯片,可以实现把 5V 的系统输入电压转换为 3.3V 电压供单片机、A/D 转换器的数字部分以及 LCD 显示屏使用。显示屏选择的是 LCD128×64 显示屏,它具有 128×64 个点阵的分辨率,还具有 LED 背光功能,采用 SPI 串行通信协议,适合浊度计的交互使用。键盘采用 4×4 矩阵键盘,共 8 条引线分别接到单片机的 P2.0 至 P2.7 共 8 个 I/O 口,采用扫描的方式获取键值。

由于 ADS1256 以及 LCD128×64 都需要使用 SPI 串行通信接口,而 MSP430G2553 虽然有两个 SPI 模块,但是其引脚数有限,所以该浊度计使用单片机的一个 SPI 模块,通过时分复用的方式对 A/D 转换器和显示屏进行分别通信。

3.2.3 浊度计软件设计

1. 软件总体结构

主控芯片为 MSP430G2553 单片机,开发环境采用的是 IAR 公司的 IAR Embedded Workbench 嵌入式工作台,编写语言采用 C 语言。浊度计程序设计流程如图 3.24 所示。

浊度计的程序采用的是时间片轮转调度法,整体程序划分为键盘扫描、A/D 采样、数据处理、显示交互等多个小任务,实现任务在宏观上的并行运行,且高频的多任务节拍扫描能保证 A/D 采样的实时性。

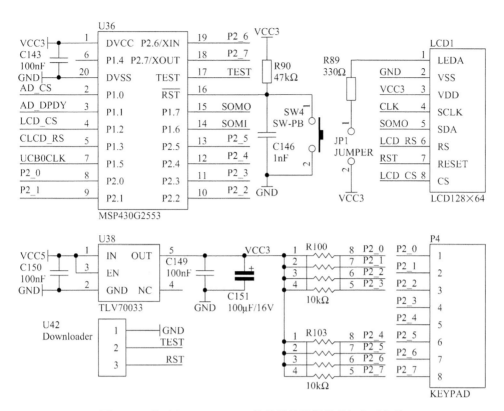

图 3.23 基于 MSP430G2553 单片机的数据处理与交互电路

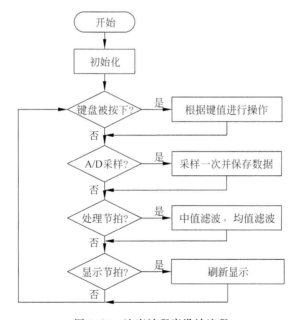

图 3.24 浊度计程序设计流程

时间片轮转调度算法将整个程序分割成多个任务,处理时间较长的任务还可被分解为多个子任务。每个任务被分配给一个时间段,称作它的时间片。主程序中有计时单元,当该任务的节拍到来之后,再进行该任务的处理,可以针对任务的优先级分别对每个任务设置不同的拍频,从而实现多个任务在宏观上的并行运行,提高 CPU 的利用率。时间片轮转调度法的优点是不采用中断程序,整体上更有条理,而且每个任务之间互不影响,程序的稳定性高。使用时间片轮转调度法时应注意的是每个任务应尽量简短,过长的任务应被分解为多个短任务处理,这样才能保证整体程序的高效性。否则,会造成轮转速度太慢,程序的时效性下降。

软件设计任务包括键盘扫描、A/D 采集、数据处理和显示交互,A/D 采集对于时效性要求最高,拍频应设置为最高;其次是数据处理,它涉及对 A/D 数据的中值滤波和均值滤波,任务的处理时间较长,占据 CPU 处理时间的大部分;而键盘扫描和显示交互的实时性要求不高,处理起来也并不复杂,所以它们的拍频应设置得低一些。

2. SPI 模块的时分复用

在交互电路的设计过程中,由于 MSP430G2553 的引脚数有限,它的两个 SPI 模块不能同时应用到浊度计中,而 ADS1256 和 LCD12864 两个器件与 MCU 的通信都需要用到 SPI 时序,故采用一个 SPI 模块分时复用的方法分别进行两个器件的控制。

LCD128×64 显示屏和 ADS1256 都有一个用于片选功能的引脚,当该引脚被拉低时器件受 SPI 时序的控制,而当该引脚接高电平时器件不受 SPI 时序的控制。如图 3.23 所示,单片机的 P1.0 引脚接 ADS1256 的 CS 引脚,P1.2 接 LCD128×64 的 CS 引脚。在工作时单片机产生的 3 条 SPI 时序信号 UCB0SCLK、UCB0SIMO、UCB0SOMI 同时接在 ADS1256 和 LCD128×64 的 SPI 时序引脚,当单片机需要与 ADS1256 通信时先把 LCD128×64 的片选引脚置高、ADS1256 的片选引脚置低,再通过 SPI 模块将命令送达 ADS1256,此时 LCD128×64 不受 SPI 信号控制;而当单片机需要与 LCD128×64 通信时,则将 ADS1256 的片选引脚置高,将 LCD128×64 的片选引脚置低,通过 SPI 模块向 LCD128×64 传输命令和数据。由于程序总体架构采用的是时间片轮转调度法,程序条理清晰,没有中断程序,故不会破坏 SPI 时分复用的时序。

3. 数据处理

1) 中值滤波

在 A/D 对光强信号进行采集后,难免会出现一些数字电路噪声或误采集的现象,容易在信号序列中产生尖峰噪声。这种噪声会对下一步的峰值检波造成重大偏差,使得精度大大降低,甚至造成浊度数据完全不能使用。而滤除尖峰噪声的最佳算法是中值滤波。

中值滤波算法对于脉冲噪声和尖峰噪声有良好的滤除作用,而且在滤除噪声的同时,还能保护信号的上升和下降沿,使其不被模糊。这些优良的特性是线性滤波方法所没有的。

浊度计中散射光的信号频率为 1kHz,而 A/D 的采样频率为 10kHz,每个信号周期可以有 10 个点的采样。考虑到滤波效果和单片机的处理能力,最终选择中值滤波的窗口长度为 5 个数据点。

2) 峰值检波

由于 LED 的光信号是频率为 1kHz 的方波调制信号,经差分采样和中值滤波后信号仍为近似于方波的信号。能够表征散射光强度的是方波的峰峰值,故信号采集后应对其进行峰值检波。

峰值检波即将中值滤波后的数据保存在一定长度数组内,提取出数组内的最大值和最小值,二者的差即为峰峰值。此峰峰值数据即为散射光光强数据,与水样的浊度值有线性关系。

3)均值滤波

光强信号经过中值滤波和峰值检波后已经可以表示水样的浊度值,为了保证数据的稳定度和浊度计的测量精度,还需要进行均值滤波使数据平滑。

均值滤波是一种典型的线性滤波算法,即取一定窗口内数据的平均值来代替窗口内所有数据的值。它可以把数据的波动程度降低,实现数据的平稳输出。

在浊度计的设计中,采用了 20 个数据的均值滤波,最终把输出数据的稳定度提高了一个数量级。

3.2.4　数据标定及测量结果

1. 数据标定

浊度计的测量数据是 A/D 采样进来的电压信号的峰峰值,由于其电压值的大小与水样浊度在一定范围内有着近似线性的关系,所以可以采用线性拟合的方法进行数据标定。进行数据标定时,可以采用的标定方法有两种:使用高精度的浊度仪进行数据标定或直接配制标准浊度液标定。

使用高精度的浊度仪标定可以省去溶液配制、梯度稀释、滴定的过程,仅需对有一定浊度差异的数种溶液分别进行数据测量,最后进行数据拟合即可,操作简便。然而高精度浊度仪价格昂贵,而且标定的精度受到高精度浊度仪的精度限制。本浊度计在标定时最终选择采用标准浊度液进行浊度的标定。

使用浊度标准液进行标定的方法操作较为复杂,首先需要进行标准浊度液的配制,一般只有几种固定的浊度值,再将固定浊度值的标准浊度液按溶液浓度进行梯度稀释,为保证稀释精度,应注意稀释时的操作规范,在进行滴定时注意观察溶液的液面位置,确保液面与刻线齐平。

在进行标定时需要保证多个变量尽可能不变,包括光源与水样槽的距离、光源与探测器的夹角、水样槽的光学特性以及环境光强等,这些变量都有可能影响到散射光强的探测,从而使探测到的数据不仅仅是浊度的函数。

标定时所用的标准浊度液是由浊度为 400NTU 的浊度液稀释而来,不可使用 4000NTU 浊度液进行稀释。原因在于后者在没有稀释时准确度等级低于前者,经百倍甚至近千倍稀释后精度更不易保证。在标定过程中使用了浊度为 2NTU、4NTU、10NTU、15NTU、20NTU、25NTU、50NTU、80NTU 及 100NTU 的试液进行标定,拟合方法为线性拟合。拟合时的标定数据与测量数据如表 3.4 所示,线性拟合曲线如图 3.25 所示。

表 3.4　拟合时的标定数据与测量数据

标定数据/NTU	0	2	4	10	15	20	25	50	80	100
测量电压值/mV	180	261	337	490	590	810	910	1630	2630	3200

由拟合结果可知,数据的线性度较好,使用线性拟合即可获得较高的浊度测量精度。需要注意的是,当浊度为 0 时所测得的电压峰峰值并不为 0,引起这种偏差的主要原因是样品池本身会反射一部分入射光,被探测器所探测,造成一个固定的偏移。这种偏移在浊度较高

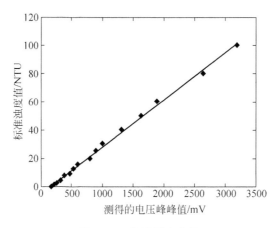

图 3.25　线性拟合曲线

时也存在,而且它的大小与水样浊度无关,所以由它所引起的测量数据偏移经过线性拟合后不会影响测量结果精度。

2. 测量结果

拟合后分别测量不同浊度的标准浊度值试液的浊度,浊度计测量结果如表 3.5 所示。

表 3.5　浊度计测量结果

标准浊度/NTU	0	5	10	20	40	50	100
实测值/NTU	0.4	5.33	11.25	21.5	40.8	51.6	97.8

经过测试,标准浊度值试液浊度为 100NTU 时,浊度计的测量误差最大,达到 2.2NTU,浊度计可以测量浊度为 0NTU 至 100NTU 的水样,测量量程适中。由于一般江水和湖水的浊度在 100NTU 以下,故本浊度计足以用来测量一般水体的水质浊度。总地来说,浊度计的测量精度达到了读数的 2% 或 0.4NTU,在测量 10~50NTU 范围内的水样时精度较高,测量误差在 1.6NTU 以下。

浊度计的测量精度还存在一定的误差,最大为 2.2NTU。造成测量误差的原因可能有以下 3 个方面:

(1) 在低浊度(0~10NTU)测量时,散射光较弱,背景光干扰较为明显,散射光信号经差分采样和软件滤波处理后不足以将背景光的干扰完全消除。

(2) 高浊度时散射光光强与浊度的线性度降低,采用线性拟合的测量结果偏差较大。

(3) 标定时使用的浊度液是由 400NTU 的标准浊度液稀释而来,标准液浊度本身就有 3NTU 以内的误差,再经逐级稀释后又多次引入了滴定误差,使得标定时的标准浊度有一定的偏差。

3.2.5　小结

本浊度计在理论层面和测试中均能达到指标要求。在实际操作与调试中,整个系统达到了实现一般水体水质浊度测量的浊度计功能。

相比于传统的浊度计,本浊度计具有以下特点:

(1) 适用于测量浊度为 0~100NTU 的一般水体水质浊度。

(2) 与其他浊度计使用直流光源不同,本浊度计采用了 LED 调制光源,增加了光信号的抗干扰能力。

(3) 具有环境光探测电路,采用差分采样的方法采集散射光信号,消除了一部分环境光干扰,无须使用暗箱屏蔽环境光也能达到所需的测量精度。

(4) 成本较低,硬件部分的成本合计不超过 300 元,包括芯片、PCB、LED、水样槽等,若再加入完整的外壳封装及电源适配器等总成本也不超过 500 元,若能量产还可再降低成本。

本浊度计也存在着许多不足。测试的时间和调试次数有限,而且没有使用更加高精度的浊度仪进行标定。未进行机械结构设计,系统整体封装较为原始;且浊度计只完成了基本的使用功能,若进行实际的应用需要再加入校准、软件标定等功能;由于标定条件有限、杂散光处理较少、电路调试等,本浊度计的测量精度也不及市场上的成品设备,在今后的工作中只有不断地对本系统进行改进才能使本系统成为一个真正成熟的系统。

3.3　基于 DDS 的高频信号源设计

频率合成器在现有电子设备中占有不可或缺的地位,决定了整个电子设备性能的好坏。频率合成器应用领域广泛,大到航天航空和现代雷达等高新尖端电子系统,小到电视广播、教学实验、遥感测量等日常生活领域。直接数字频率合成技术(Direct Digital Synthesizer, DDS)是第三代频率合成技术,具有高频率稳定度、高频率分辨率、频率切换速度快、相位噪声低和集成度高等特点。因此,DDS 技术正在逐步成为高性能频率合成器的核心技术。

3.3.1　基于 FPGA 的 DDS 设计

FPGA 的设计流程就是利用 FPGA 开发工具和软件对 FPGA 芯片进行开发的过程。完整的 FPGA 开发流程包括功能设计、器件选型、设计输入、功能仿真、综合优化、综合后仿真、实现与布局布线、时序仿真以及芯片编程与调试等主要步骤。

1. NIOSII 处理器系统设计

NIOSII 处理器系统硬件是在 Quartus Ⅱ 13.0 软件中利用 Qsys 系统开发工具进行实现。Qsys 工具具有图形化界面,操作简单。另外,Qsys 工具包含了 Altera 公司提供的 IP库,用户可以根据需求添加 IP 库中的组件。编译环境是 Eclipse,是 Quartus Ⅱ 软件的配套软件。NIOSII 软件流程如图 3.26 所示。

系统主程序由系统初始化、按键处理、BUS Interface 模块、AD9851 驱动模块和 LCD 液晶显示屏 5 大模块组成。系统初始化包括 AD9851 芯片初始化、LCD 液晶屏初始化和按键初始化。主程序一方面通过 BUS Interface 模块对 FPGA 的 DDS 模块进行控制,主要传输频率控制字、调制度和频偏等数据给 DDS 硬件模块;另一方面与 AD9851 进行串行通信,控制 AD9851 输出相应的频率。各项操作结果均通过 LCD 液晶屏显示出来。

根据不同按键按下,程序所对应的端口也不同,进行处理的方式也不同。若按键 A 按下,进入模式选择菜单。可选择的模式包含:SINE 模式、FM 模式(Frequency Modulation)、

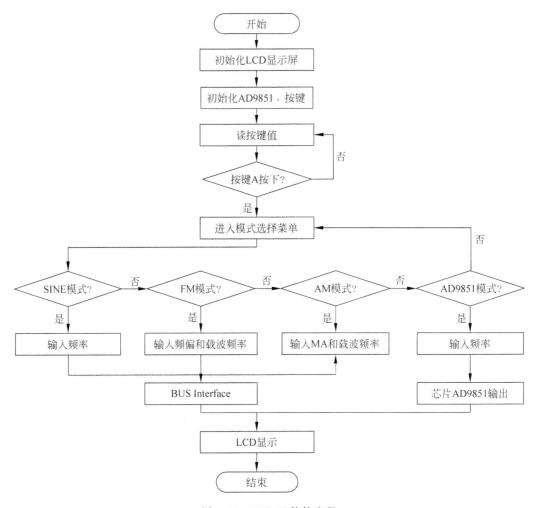

图 3.26　NIOSII 软件流程

AM 模式(Amplitude Modulation)、AD9851 模式。若选择 SINE 模式,即输出普通的正弦波模式,则需要通过 4×4 按键键盘输入所需频率。若选择 FM 模式,即输出调频波模式,则需要输入所需频偏和载波频率。若选择 AM 模式,即输出调幅波模式,则需要输入所需调制度(MA)和载波频率。在选择以上 3 种模式后,输入的数据通过软件处理,将输入的频率、频偏和调制度转换为对应的控制字,然后通过 BUS Interface 向 FPGA 的 DDS 模块传输转换后的数据。若选择 AD9851 模式,则需要输入所需要的频率。在 AD9851 模式下,软件驱动 AD9851 芯片,使其产生相应的频率。同时调用 LCD 函数,不断刷新显示。

2. DDS 模块设计

1) 锁相环

锁相环分为两种,分别是模拟锁相环和数字锁相环。

所谓的模拟锁相环是用环路中误差信号连续地调整位同步信号的相位。数字锁相环是使用高精度的晶振振荡器,通过鉴相器对接受码元和 N 分频器的输出信号进行比较,得到误差信号。然后控制器对误差信号进行扣除脉冲或者添加脉冲处理,达到同步目的,可以完全由数字电路构成。

数字锁相环由信号钟、控制器、分频器和相位比较器组成。数字锁相环结构如图 3.27 所示。

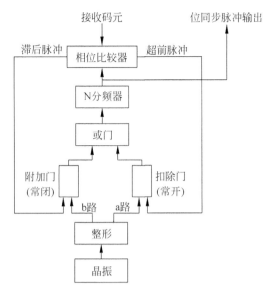

图 3.27　数字锁相环结构

信号钟包含晶体振荡器和整形电路。若接收码元的速率为 $F=1/T$,那么振荡器频率设定在 nF,经整形电路之后,输出周期性脉冲序列,其周期为 $T_0=T/n$。

控制器包括扣除门、附加门和"或门"。若相位比较器输出超前脉冲,则控制器扣除一个脉冲。若相位比较器输出滞后脉冲,则控制器添加一个脉冲。

分频器实际上是计数器。当计数了 n 个脉冲时,它就输出一个位同步脉冲。

相位比较器将接收码元与 N 分频器输出的信号进行对比。相位超前就输出超前脉冲,滞后就输出滞后脉冲。

采用 Altera 的 FPGA 芯片内部集成的锁相环 PLL,可以对时钟进行倍频、分频、相位偏移、占空比改变和外部时钟输入。通过调用 Altera 的 ALTPLL IP 核并且调整 PLL 的参数,本设计生成了 PLL 作为系统采样时钟,PLL 的 RTL 视图如图 3.28 所示。

图 3.28　PLL 的 RTL 视图

系统的外部时钟 clock 为 50MHz,通过 PLL 二倍频,输出 c0 和 c1 两个 100MHz 时钟。其中,c0 作为系统的工作时钟,c1 与 c0 的相位差为 $-75°$,作为 SDRAM 的工作时钟。

2）正弦波

在不包含外围电路的情况下,FPGA 上正弦波模块包含两个基本单元:相位累加器和波形存储器。DDS 模块的 RTL 视图如图 3.29 所示。

相位累加器由 N 位全加器和 N 位相位累加器组成。相位累加器在参考时钟作用下,

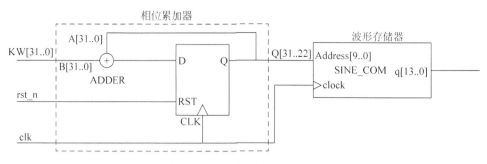

图 3.29　DDS 模块的 RTL 视图

对频率控制字和寄存器的反馈值进行累加。当累加器的值累加到满量程时,就会溢出,寄存器清零重新开始数据累加。这个溢出频率就是 DDS 信号的频率。相位累加器的位数越大,则 DDS 信号的分辨率越高。所以,将全加器和相位累加器的输出都设置为 32 位。相位累加器的 RTL 视图如图 3.30 所示。

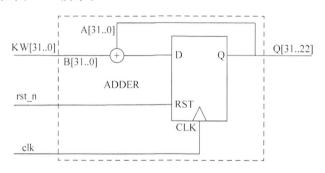

图 3.30　相位累加器的 RTL 视图

其中,寄存器相当于 D 触发器。只有当时钟上升到来时,D 触发器才会改变输出值,具有缓冲作用。因此,当频率控制字突发改变时,不会影响到相位累加器的正常工作。频率切换时,相位连续变化。相位累加器的位数设置为 32 位,考虑到若是 32 位全部作为只读内存(Read Only Memory,ROM)查找表的寻址地址,则需要庞大的 ROM 容量,所以只截取了相位累加的高 10 位作为 ROM 查找表的寻址地址。

波形存储器又称为 ROM 查找表。波形存储器的作用实现离散相位序列到离散幅度序列的映射,即将相位累加器输出的相位码作为 ROM 表的寻址地址。

在设计波形存储器时,先使用 MATLAB 软件生成地址位宽 10 位、数据位宽 14 位的离散正弦波幅度码;然后调用 Altera 的 IP 核,来生成 ROM 查找表。生成主要步骤如下:

(1) 选择 Quartus 中 tools 菜单栏下的 MegaWizard Plug-In Manager。

(2) 在 IP 核管理器中,选择单口 ROM,即 ROM:1-PORT。

(3) 进入 ROM IP 核参数界面中,设置输出为 14 位,ROM 大小为 1024。即设置数据位宽为 14 位,地址位宽为 10 位。

(4) 对 ROM 查找表进行初始化,即导入用 MATLAB 软件生成的正弦波幅度码。

完成对 IP 核的调用后,在顶层文件调用 ROM IP 核。波形存储器的 RTL 视图如图 3.31 所示。

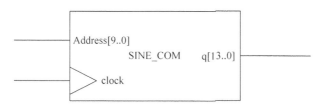

图 3.31　波形存储器的 RTL 视图

3) 调频波(FM)

设计 FM 模块时,首先要推导 DDS 调频控制字和调频公式。设相位累加器的位数为 N。则调制信号为

$$v_\Omega(t) = V_{\Omega m}\cos\left(\frac{2\pi k_\Omega}{2^N}t\right) \quad t = 0,1,2,\cdots,2^N \tag{3-8}$$

其中,k_Ω 为调制信号的频率控制字,$V_{\Omega m}$ 为调制信号幅度。

载波信号为

$$v_c(t) = V_{cm}\cos\left(\frac{2\pi k_c}{2^N}t\right) \quad t = 0,1,2,\cdots,2^N \tag{3-9}$$

其中,k_c 为载波信号的频率控制字,V_{cm} 为载波信号幅度。

DDS 的调频信号公式为

$$v_{FM}(t) = V_{cm}\cos\left(\left(\frac{2\pi k_c}{2^N} + k_f V_{\Omega m}\cos\left(\frac{2\pi k_\Omega}{2^N}\right)\right)t\right) \quad t = 0,1,2,\cdots,2^N \tag{3-10}$$

其中,k_f 为比例常数。则可以得到调频波的频率控制字 k_{FM} 为

$$k_{FM} = k_c + \Delta f\cos\left(\frac{2\pi k_\Omega}{2^N}t\right) \tag{3-11}$$

其中,Δf 为频偏控制字,k_c 为载波信号的频率控制字,k_Ω 为调制信号的频率控制字。

FM 模块的 RTL 视图如图 3.32 所示。

图 3.32 中,Delf[9..0]是频偏控制字,KW[31..0]是调制信号控制字,KC[31..0]是载波信号控制字。系统的工作时钟 clk 使用 PLL 倍频后的时钟 100MHz。调制信号控制字首先经过 DDS 模块生成调制信号,然后调制信号通过乘法器与频偏控制字 Delf[9..0]相乘生成中间量 Reg[22..0],即式(3-11)中的 $\Delta f\cos(2\pi k_\Omega t/2^N)$。中间量 Reg[22..0]再与载波控制字 KC[31..0]相加,得到调频波的频率控制字 KFM[31..0]。最后 KFM[31..0]输入到第二个 DDS 模块生成调频波。

4) 调幅波(AM)

利用调幅波的基本原理,对 FPGA 的 AM 模块进行设计。设相位累加器的位数为 N,调制信号为

$$v_\Omega(t) = V_{\Omega m}\cos\left(\frac{2\pi k_\Omega}{2^N}t\right) \quad t = 0,1,2,\ldots,2^N \tag{3-12}$$

其中,k_Ω 为调制信号的频率控制字,$V_{\Omega m}$ 为调制信号幅度。

载波信号为

$$v_c(t) = V_{cm}\cos\left(\frac{2\pi k_c}{2^N}t\right) \quad t = 0,1,2,\cdots,2^N \tag{3-13}$$

其中,k_c 为载波信号的频率控制字,V_{cm} 为载波信号幅度。

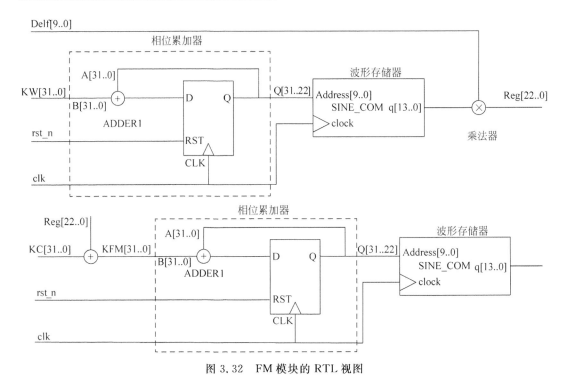

图 3.32　FM 模块的 RTL 视图

则 DDS 调幅信号公式为

$$v_{AM}(t) = \left(V_{cm} + k_a V_{\Omega m} \cos\left(\frac{2\pi k_\Omega}{2^N} t\right)\right) \cos\left(\frac{2\pi k_c}{2^N}\right) \quad t = 0, 1, 2, \cdots, 2^N \tag{3-14}$$

其中，k_a 为比例常数，根据式(3-14)，设计了 FPGA 的 DDS 调幅(AM)模块的方案。AM 模块的 RTL 视图如图 3.33 所示。

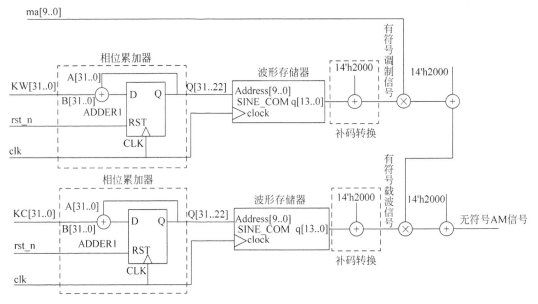

图 3.33　AM 模块的 RTL 视图

图 3.33 中,ma[9..0]是调幅度控制字,KW[31..0]是调制信号控制字,KC[31..0]是载波信号控制字。系统的工作时钟 clk 使用 PLL 倍频后的时钟 100MHz。系统首先用调制信号控制字 KW[31..0]调用 DDS 模块生成调制信号,与此同时,用载波信号控制字 KC[31..0]调用 DDS 模块生成载波信号。然后对调制信号和载波信号进行补码转换,即将无符号数转换为有符号数。具体实现方法是在其数据的最高位取反,图 3.33 中,是将它们分别加上 14'h2000。然后将调制信号与调制度 ma[9..0]相乘,得到式(3-14)中的 $k_a V_{\Omega m} \cos(2\pi k_{\Omega} t/2^N)$。将通过加法器与幅度值 14'h2000 相加。可以得到(3-14)中的 $V_{cm} + k_a V_{\Omega m} \cos(2\pi k_{\Omega} t/2^N)$。紧接着,将其输出通过乘法器与经过补码转换后的有符号载波信号相乘,得到有符号的 AM 信号输出。由于后级外围电路 DAC 只能处理无符号数,所以需要将有符号的 AM 信号进行补码转换,变为无符号的 AM 信号输出。

3.3.2 DDS 系统硬件设计

1. 硬件电路总体方案

本系统可以输出两路频率范围不同的正弦波。通道一可以输出各种调制信号,满足需要调制波形的实际应用,但是输出的正弦波频率范围相对较低。通道二则可以输出较高的正弦波信号范围。DDS 硬件结构如图 3.34 所示。

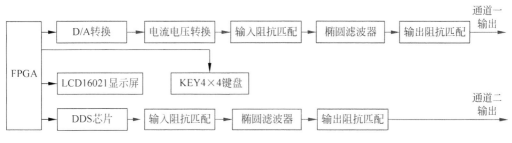

图 3.34 DDS 硬件结构

KEY4×4 键盘和 LCD1602 显示屏分别与 FPGA 的 NIOS Ⅱ 硬件系统中的 KEY4×4 Interface 和 LCD1602 Interface 相连接,具有良好的人机交互。外围硬件系统电路分为独立的两个通道。通道一与 FPGA 的 NIOS Ⅱ 硬件系统中的 DAC904 Interface 相连接,可以生成各类调制信号。通道二与 FPGA 的 NIOS Ⅱ 硬件系统中的 AD9851Interface 相连接。通道二是采用专门的 DDS 芯片生成的正弦波信号,而通道一是将 DDS 算法在 FPGA 上实现,生成的正弦波信号。

2. DDS 芯片选型及外围电路设计

考虑到所需要产生的正弦波频率范围在 15MHz 左右,因此系统时钟不需要太大,选用 AD9851 作为系统的 DDS 芯片。

AD9851 芯片是美国 A/D 公司采用先进 DDS 技术制造的高集成度产品。AD9851 相对于 AD9850 的内部结构,只是多了一个 6 倍参考时钟倍频器。AD9851 是由数据输入寄存器、频率、相位寄存器、具有 6 倍参考时钟的 DDS 芯片、10 位的 D/A 转换器、内部高速比较器组成。

AD9851 有两种驱动方式,串行驱动和并行驱动。虽然并行驱动传输的数据的速率比较快,但是其消耗的 I/O 口数据比较多。所以采用串口驱动,以节省 I/O 数量。

AD9851 的外围电路如图 3.35 所示。采用有源 30MHz 晶振作为 AD9851 的外部时钟输入,通过芯片内部的时钟 6 倍频器,可以将系统时钟倍频到 180MHz。由于采用的是串口驱动方式,根据芯片手册将 D1、D0 接高电平,D2 接低电平,把 D7 作为数据传输线,其余数据位不做处理。IOUT 作为正弦波信号的输出。JP2 作为与 FPGA 交互的接口。

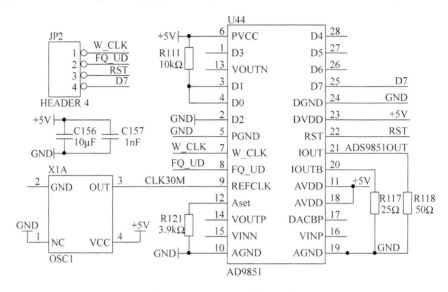

图 3.35 AD9851 的外围电路

3. 输入阻抗匹配电路

阻抗匹配是指信号源或传输线跟负载之间的一种合适的匹配方式。器件的输出阻抗和所连接的负载阻抗之间应满足某种关系,以免接上负载后对器材本身的工作状态产生明显的影响。

本设计需要使用无源滤波器,即椭圆滤波器。由于无源滤波器对于阻抗的匹配比较严格,所以设计了输入阻抗匹配电路,由运放 OPA690 及外围电路构成,输入阻抗匹配电路如图 3.36 所示。

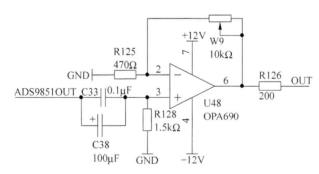

图 3.36 输入阻抗匹配电路

运算放大器连接的电压跟随器,可以很好地解决各类阻抗匹配问题。由于输入阻抗非常大,相当于开路,对前级电路几乎不造成影响。输出阻抗非常小,一般有足够的能力驱动后续电路。OPA690 构成了一个反向电压跟随器。通过电位器 W9 可以调节 OPA690 输出电压的大小。而且,输入阻抗匹配适用于通道一和通道二的输入阻抗匹配电路。

4. 七阶椭圆滤波器

模拟滤波器可以分为有源滤波器和无源滤波器。

有源滤波器一般由集成运放、电阻和电容等器件组成。因为集成运放的开环增益和输入阻抗很高,输出阻抗低,有源滤波器电路还能实现电压放大和缓冲功能。但是因为集成运放的闭环带宽有限,所以有源滤波器的工作频率难以做得很高。

无源滤波器一般由电容电感和电阻构成,可以分为 RC 滤波器和 LC 滤波器。RC 滤波器由电阻和电容构成。LC 滤波器由电感和电容构成。由于电感的体积比较大,因此相对 RC 滤波器,LC 滤波器的集成度较小。但是由于电感对直流无感,对交流有感。所以频率高时,用 LC 滤波器滤波效果更好。LC 滤波器可以分为巴特沃斯滤波器、切比雪夫滤波器和椭圆滤波器。上述三种滤波器的参数比较如表 3.6 所示。

表 3.6 三种滤波器的参数比较

低通滤波器	通带波纹	阻带波纹	优　点	缺　点
巴特沃斯滤波器	无	无	接近零频处最平坦;通带趋向阻带时衰减单调增	通带到阻带的过渡带最宽;对于带外干扰信号的衰减作用最弱;过渡带不够陡峭
切比雪夫滤波器	有	无	过渡带比较陡峭	相频特性差
椭圆滤波器	有	有	过渡带陡峭	相频特性差;设计复杂

DDS 系统含有丰富的高频谐波分量,应该采用过渡带比较陡的滤波器,所以采用截止频率为 20MHz 的 7 阶椭圆滤波器,适用于通道一和通道二。

5. 输出阻抗匹配

输出匹配电路是由 OPA690 构成的反相电压跟随器。输出阻抗匹配电路如图 3.37 所示,其中,OPA690 的输入是七阶椭圆滤波器的输出,SINOUT1 作为通道一的输出。

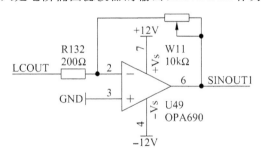

图 3.37 输出阻抗匹配电路

6. D/A 转换电路

数模转换器是将 FPGA 中 DDS 模块产生的正弦幅度码,转换为模拟信号,采用 DAC904 芯片。DAC904 是一款高速数模转换器,14 位分辨率,引脚兼容 DAC908、DAC900、DAC902,分别提供 8、10、12 位分辨率选择。该系列 DAC 支持的所有型号更新率超过 165MS/s,具有优良的动态性能。

参考芯片手册,DAC904 的外围电路如图 3.38 所示。其中,DAC904 的 CLK 由 FPGA 提供 100MHz 时钟。在 FSA 引脚接 3.9kΩ 的电阻。IOUT 和 ~IOUT 是互补电流输出。

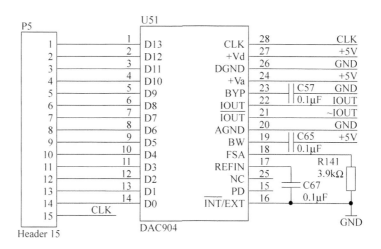

图 3.38　DAC904 的外围电路

7. 电流电压转换电路

由于 DAC904 是以电流的形式输出,需要经过 OPA690 进行电流电压转换。电流电压转换电路如图 3.39 所示。

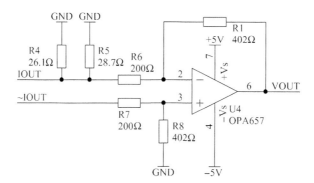

图 3.39　电流电压转换电路

电流电压转换电路构成差动放大器,输出电压为

$$V_{\text{OUT}} \approx (28.7 \times I_{\text{OUT}} - 26.1 \times \sim I_{\text{OUT}}) \times \frac{R_2}{R_1} \approx 20 \times 26.1 \times 2 \approx 1\text{V} \qquad (3\text{-}15)$$

其中,I_{OUT} 为互补输出电流,且 $\dfrac{R_2}{R_1} = \dfrac{R_4}{R_3}$。

3.3.3　系统实现与测试

1. DDS 的实现

直接数字频率合成器有两个信号输出通道。通道一将 DDS 算法实现于 FPGA 芯片,能够产生 1kHz~4MHz 的正弦波信号,并且在 PFGA 内部用数字合成的方式,实现了调频(FM)波和调幅(AM)波,输出信号良好。通道二采用 DDS 专用芯片,能够产生 1kHz~15MHz 的正弦波信号。系统实物如图 3.40 所示。

2. 系统测试

对通道一的正弦波以及各种调制波形,通道二的正弦波进行频率范围的测试,并且对最

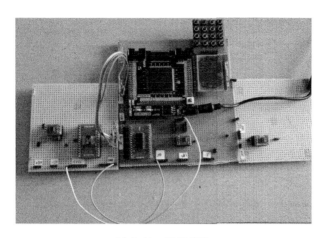

图 3.40 系统实物

大频率进行频谱分析。信号测试仪器如表 3.7 所示。

表 3.7 信号测试仪器

仪 器	特 点	作 用
Agilent 示波器 DSO-X 2022A	带宽 200MHz,2Gp/s	测试信号的频率和频谱
RIGOL 电源 DP832	高精度电源	提供芯片工作电压

1) 正弦波信号测试

(1) 通道一正弦波测试。

首先对通道一的正弦波信号进行测试。通道一的正弦波信号是在 FPGA 上实现 DDS 算法而产生的。通道一正弦波测试数据如表 3.8 所示。

表 3.8 通道一正弦波测试数据

预设频率/kHz	实际测量频率/kHz	频率稳定度	预设频率/MHz	实际测量频率/MHz	频率稳定度
1	0.99999	1×10^{-5}	1	1.0010	1×10^{-3}
10	10.008	8×10^{-7}	2	2.0040	1×10^{-3}
100	99.96	4×10^{-4}	4	4.0	无穷小
500	500.1	2×10^{-4}			

在测试过程中,取变化量最大的值作为实际测量频率的测量值。测量值变化量大,那么与预设值相差越大,频率稳定度越能够反映频率的稳定性。由表 3.9 可知,通道一产生的正弦波的频率稳定度优于 10^{-3}。

频率最大为 4MHz 时的波形图和频谱图如图 3.41(a)和图 3.41(b)所示。

由图 3.41(a)可知,通道一输出波形良好。图 3.41(b)中,定标为 20dB,在频率为 4MHz 时,信噪比高于 40dB。

结合表 3.9 和图 3.42,可知通道一可以产生正弦波的频率范围在 1kHz~4MHz,频率稳定度优于 10^{-3},信噪比高于 40dB。

(2) 通道二正弦波测试。

对通道二正弦波信号测试。通道二的正弦波信号是由 DDS 专用芯片 AD9851 产生的。

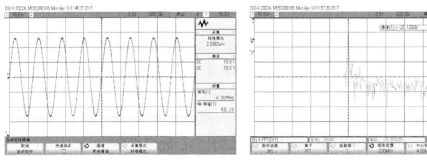

(a) 4MHz波形图　　　　　　　(b) 4MHz频谱图

图 3.41　频率最大为 4MHz 时的波形图和频谱图

通道二正弦波测试数据如表 3.9 所示。

表 3.9　通道二正弦波测试数据

预设频率	实际测量频率	频率稳定度	预设频率/MHz	实际测量频率/MHz	频率稳定度
1kHz	1.0004kHz	4×10^{-7}	5	5.0000	无穷小
100kHz	100.00kHz	无穷小	10	10.00	无穷小
500kHz	499.99kHz	2×10^{-5}	15	15.0	无穷小
1MHz	1.0000MHz	无穷小			

　　由表 3.9 可知,使用专用 DDS 芯片 AD9851 的产生的正弦波信号频率稳定度优于 10^{-5},频率范围在 1kHz~15MHz。

　　输出为 10MHz 时的波形图和频谱图如图 3.42(a)和(b)所示。输出为 15MHz 时的波形图和频谱图如图 3.43(a)和(b)所示。

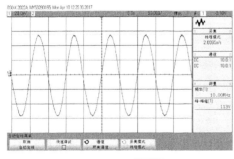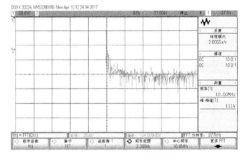

(a) 10MHz波形图　　　　　　　(b) 10MHz频谱图

图 3.42　输出为 10MHz 时的波形图和频谱图

　　由图 3.42 和图 3.43 可知,信号的输出信噪比大于 40dB,并且信号输出波形良好,无失真现象。结合表 3.10,可以得出通道二输出正弦波的频率范围为 1~15kHz,频率稳定度优于 10^{-5},并且信噪比大于 40dB。

　　2) 调频波测试(FM)

　　通道二只能产生高频正弦波形,通道一可以产生调频波和调幅波,对通道一调频波进行调频波测试。为了方便测试,所设计的系统参数为固定 1kHz 调制正弦波信号,固定 100kHz

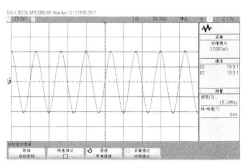 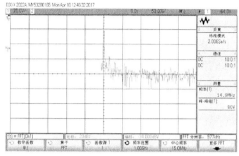

(a) 15MHz波形图　　　　　　　　　　　(b) 15MHz频谱图

图 3.43　输出为 15MHz 时的波形图和频谱图

载波信号,频偏在 5kHz 和 10kHz 之间变化。频偏为 5kHz 的测试结果如图 3.44 所示。

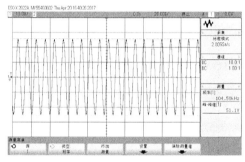 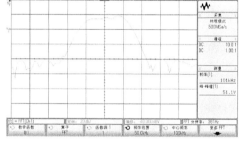

(a) 频偏为5kHz波形图　　　　　　　　(b) 频偏为5kHz频谱图

图 3.44　频偏为 5kHz 的测试结果

图 3.44(b)中,中心频率为 100kHz,频率范围为 50kHz,即示波器上每一格频率为 5kHz。波形以中心频率为中心,向左右偏移一个格数,即偏移 5kHz,与预想值相符。

频偏为 10kHz 的测试结果如图 3.45 所示。

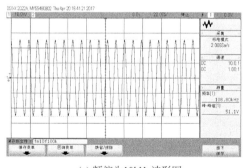 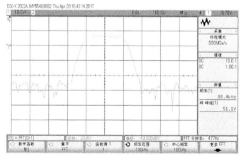

(a) 频偏为10kHz波形图　　　　　　　(b) 频偏为10kHz频谱图

图 3.45　频偏为 10kHz 的测试结果

图 3.45(b)中,中心频率为 100kHz,频率范围为 100kHz,即示波器上每一格频率为 10kHz。波形以中心频率为中心,向左右偏移一个格数,即偏移 10kHz,与预想值相符。

3) 调幅波（AM）测试

对通道一调幅波进行调幅波测试。为了方便测试,所设计的系统参数为固定的 1kHz 调制正弦波信号,固定的 100kHz 载波信号,调制度在 50％ 和 100％ 之间变化。调制度为 50％时的测试结果如图 3.46 所示。

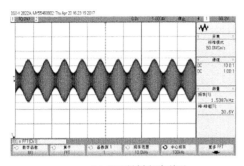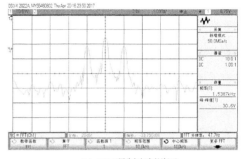

(a) 50%调制度波形图　　　　　　　　(b) 50%调制度频谱图

图 3.46　调制度为 50％时的测试结果

图 3.46(a)中,波形的调制度在 50％。理论上,调幅波的频谱应该是有 3 个频谱分量,分别是 $f_c - f_\Omega$,f_c,$f_c + f_\Omega$,f_Ω 为调制信号频率,f_c 为载波信号频率,测试中设置 $f_\Omega =$ 1kHz,$f_c = 100$kHz。从图 3.47(b)中,可以看到有 3 个频率分量,分别为 99kHz、100kHz、101kHz。这 3 个频率值与理论值相符,说明产生的调幅波形是正确的。

调制图为 100％时的测试结果如图 3.47 所示。

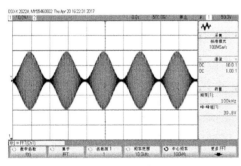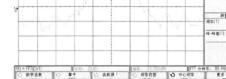

(a) 100%调制度波形图　　　　　　　　(b) 100%调制度频谱图

图 3.47　调制图为 100％时的测试结果

图 3.47(a)中,波形的调制度在 100％。理论上,调幅波的频谱也应该是有 3 个频谱分量,分别是 $f_c - f_\Omega$,f_c,$f_c + f_\Omega$。测试中设置调制信号的频率 $f_\Omega = 1$kHz,载波的频率为 $f_c = 100$kHz。从图 3.48(b)中,可以看到有 3 个频率分量,分别为 99kHz、100kHz、101kHz。而这 3 个频率值与理论值相符。所以产生的调幅波形是正确的。

3.3.4　小结

基于 DDS 的高频信号源的测试结果如表 3.10 所示。

表 3.10　基于 DDS 的高频信号源的测试结果

通　道	正弦波范围	频率稳定度	调　频　波	调　幅　波	信噪比
通道一	1kHz~4MHz	10^{-3}	载波任意,调制波任意,频偏在 5kHz 和 10kHz 之间改变	载波任意,调制波任意,调制度的步进量为 10%,调制在 10%~100%	40dB
通道二	1kHz~15MHz	10^{-5}	无	无	40dB

基于 DDS 的高频信号源系统能够实现基本功能,但是尚有许多不足之处:

(1) 系统所产生的最大频率只能到达 15MHz,频率不够大。在保证系统的指标下,应该尽可能地提高最大频率。

(2) 系统的信噪比只优于 40dB,信噪比指标还不够理想。应该尽量减少系统的噪声,提高系统的信噪比。

(3) 在系统的设计过程中,波形存储器没有采用压缩算法存储正弦波码型数据。导致系统所占有的 ROM 空间比较大。在后续研究中可以考虑采用压缩算法以减少系统所占用的 ROM 空间[①]。

3.4　基于嵌入式双目视觉测距系统的研究

双目立体视觉技术在工业检测、机器人导航、遥感航天和危险场景感知等领域有着广阔的应用前景。本节研究了双目视觉测距系统理论,并基于 FPGA 的嵌入式硬件平台实现了双目视觉测距的功能。

针对摄像机的成像特点,分析了图像坐标系、摄像机坐标系和世界坐标系之间的转换关系,并采用 MATLAB 工具箱完成对摄像机的标定,得到摄像机的参数。系统主要包括图像数据的采集、图像预处理、图像的立体匹配和距离计算 4 个部分。图像数据的采集模块利用 TRDB-D5M 摄像机。图像的预处理包括彩色图像灰度化、中值滤波和 Sobel 算法。根据区域匹配算法的复杂度较低和 FPGA 的并行结构特点,采用基于局部约束的 SAD 匹配算法。距离的计算采用简单的三角测距原理,实现简单,计算量小。

系统在 FPGA 硬件平台上完成图像匹配并得到图像的视差图,最后根据三角测距原理实现了对目标物距离的测量。实验表明,系统测距的误差小,方便实用,但系统的测距范围受到摄像机基线距离的限制。另外,系统验证了 SAD 匹配算法的匹配窗口大小对图像匹配的效果有很大的影响。

3.4.1　系统总体方案

基于嵌入式平台的双目视觉测距系统总体结构如图 3.48 所示,整个测距系统主要包括图像数据采集、摄像机标定、图像预处理、图像立体匹配和图像数据存储及 VGA 图像显示等部分。

嵌入式平台的 FPGA 芯片是整个系统的核心部分,实现图像数据的采集、图像的预处

---

① 本节部分内容已发表于《实验室研究与探索》,2011 年,第 30 卷 08 期。

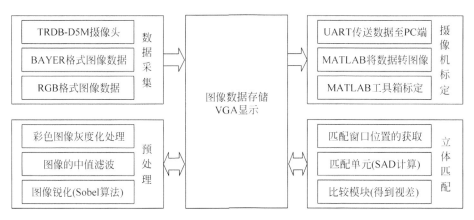

图 3.48　基于嵌入式平台的双目视觉测距系统总体结构

理、图像的立体匹配、图像的 VGA 显示和目标物距离的计算等功能。

图像数据采集由 FPGA 控制 TRDB-D5M 摄像机获取图像数据,将数据存储到嵌入式平台的存储器中并在 VGA 显示屏中显示;摄像机标定是采用 UART 通信方式将图像数据传送到 PC 端,再利用 MATLAB 完成对摄像机的标定;图像预处理是对原始图像数据进行预处理,以突出需要的图像特征,提高后续的图像匹配效果;图像立体匹配是为了得到左右视图图像的视差信息。

3.4.2　双目视觉测距系统硬件设计

双目视觉测距系统的硬件平台主要包括硬件开发平台、双目摄像机和固定摄像机的云台。硬件开发平台选用 Altera Cyclone V SoC 的专用平台(型号:DE1-SOC);双目摄像机是 TERASIC 公司的产品 500 万像素数字相机,采用的图像分辨率是 280×210。

1. 图像采集设备

实验中采用的是像素可达 500 万的数码 TRDB-D5M 摄像机,TRDB-D5M 摄像机可以采集分辨率为 640×480 的图片,帧速率最高可以达到 70 帧/s。摄像机内部的寄存器高达 256 个,可以通过 I²C 总线接口实现对摄像机中的部分寄存器进行配置,完成对摄像机的帧速率、图像分辨率、图片的亮度、曝光时间等参数的控制。

TRDB-D5M 摄像机的输出像素矩阵中含有 2752 列寻址像素和 2044 行寻址像素,像素矩阵中有效的图像像素区域包括 2592 列寻址像素和 1944 行寻址像素。有效的图像像素区域由一个活跃的边界区域包围,周围是暗像素的边界,在进行颜色处理时,可以利用暗像素的边界来避免边缘效应。像素输出格式有 4 种"颜色",包括绿 1、红、绿 2、蓝(G1,R,G2,B),奇数行输出 G1 和 R 像素,偶数行输出 B 和 G2 像素,像素颜色模式如图 3.49 所示。

图像输出需要有帧同步和行同步信号。在默认条件下,摄像机输出是一个 1944 行 2592 列的像素矩阵,采用 FRAME_VALID 信号和 LINE_VALID 信号分别作为帧同步和行同步信号,PIXCLK 作为时钟信号,每个 PIXCLK 周期,当 FRAME_VALID 和 LINE_VALID 信号有效时,一个 12 位的像素数据输出,摄像机像素输出时序如图 3.50 所示。

2. 硬件开发平台

硬件开发平台采用的是 TERASIC 公司的 DE1-SOC 开发板。开发板的内部资源和外

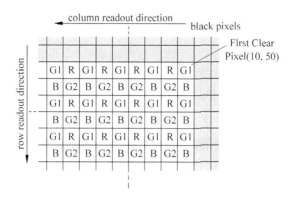

图 3.49　像素颜色模式

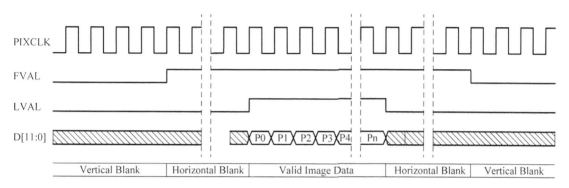

图 3.50　摄像头像素输出时序

设资源非常丰富,完全能够满足嵌入式双目视觉测距系统设计的需要。

　　开发板的核心芯片是 5CSEMA5F31C6N,主要使用开发板的 FPGA 部分和开发板的外部存储器 SDRAM,实现图像处理的所有算法。其中,FPGA 芯片是 ALTERA 公司 CYCLONE V 系列高速的芯片;SDRAM 容量为 64MB,FPGA 和 SDRAM 之间的时钟频率高达 200MHz,数据位宽度 16 位。DE1-SOC 开发板的配置完全能够满足双目视觉测距系统的需要。

3.4.3　基于嵌入式的图像预处理

1. 基于嵌入式的中值滤波

　　基于 FPGA 实现中值滤波分为滤波模板窗口生成模块和中值滤波算法两个部分,中值滤波模块结构如图 3.51 所示。

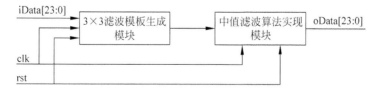

图 3.51　中值滤波模块结构

图 3.51 中,iData[23:0]是输入的图像数据,oData[23:0]是经过中值滤波后的输出数

据,clk 是中值滤波模块中的时钟控制信号,rst 作为模块复位信号。在图像行缓存模块中,采用 Altera 公司的 QuartusⅡ工具 IP Catalog 中的移位寄存器宏模块 altshift_tabs,通过设置 IPCatalog 中的相关参数,将输入的图像数据构造成 3×3 滤波窗口。在系统的每个时钟周期中,可以得到窗口中 9 个 24 位的彩色图像数据,将窗口中的数据传到中值滤波算法模块中完成中值滤波处理。含有椒盐噪声的图像如图 3.52 所示,中值滤波后的图像如图 3.53 所示,可以看出中值滤波较好地滤除了椒盐噪声。

图 3.52　含有噪声的图像

图 3.53　中值滤波后的图像

2. 基于嵌入式的 Sobel 算法

Sobel 边缘检测算法在 FPGA 硬件平台上的实现包括 3 个模块。图像数据行缓冲模块是将输入的图像数据构造成 3×3 像素矩阵,并将 3×3 像素矩阵同时输出;梯度计算模块需要计算图像的水平梯度、垂直梯度,得到水平梯度和垂直梯度后再将两个梯度结合;门限比较模块将梯度计算模块得到的梯度值与设置门限值进行比较,若梯度值大于门限值,则图像输出模块输出 255,否则图像输出模块输出 0。基于 FPGA 的 Sobel 算法如图 3.54 所示。

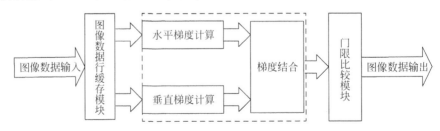

图 3.54　基于 FPGA 的 Sobel 算法

在梯度计算模块中,水平梯度和垂直梯度的计算需要通过卷积运算。基于 FPGA 实现卷积运算的原理如图 3.55 所示。图中的系数 x_9, x_8, x_7;x_6, x_5, x_4;x_3, x_2, x_1 就是 Sobel

算子的模板系数,Line0,Line1,Line2 是图像行缓存的数据,f_{11}、f_{12}、f_{13}、f_{21}、f_{22}、f_{23}、f_{31}、f_{32} 和 f_{33} 即是图像行缓存的数据输出的 3×3 窗口图像数据。Quartus II 软件的 IP Catalog 中提供了乘加器 alt_mult_add 模块和多路并行加法器 parallel_add 模块,这两个模块可以完成 Sobel 算法中的水平梯度和垂直梯度的计算。乘加器可以完成梯度计算中的卷积运算,多路并行加法器实现并行加法,将三路卷积运算的结果相加得到水平梯度值或垂直梯度值。梯度结合是将水平梯度值和垂直梯度值分别进行平方运算,将平方运算得到的两个值相加后,再进行开方运算得到水平梯度和垂直梯度的均方值,即 3×3 窗口中心像素的梯度值 S。

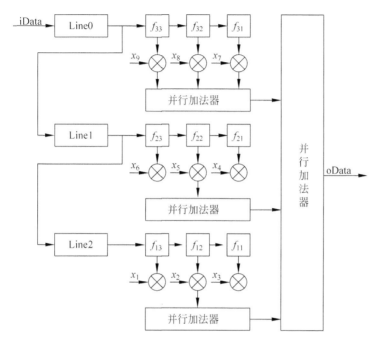

图 3.55　基于 FPGA 实现卷积运算的原理

门限比较模块是将梯度计算模块得到的梯度值 S 与门限值 T 进行大小比较,采用 Verilog 硬件描述语言实现。

最后在 VGA 上显示,Sobel 算法处理效果如图 3.56 所示。Sobel 算法处理较好地提取出了图像的边缘。

3.4.4　基于嵌入式的 SAD 算法

1. SAD 算法流程与模块设计

在 FPGA 的硬件平台上实现基于局部约束的 SAD 匹配算法,总体上,SAD 匹配算法在硬件平台上的实现可以分成图像数据缓存模块、匹配窗口定位模块、匹配模块和控制模块。基于局部约束的 SAD 算法如图 3.57 所示。

图像数据缓存模块是为了实现对左右两幅视图的图像数据的缓存,DE1-SOC 开发板上的 FPGA 片上块 RAM 资源有限,不能缓存左右视图图像的所有数据。而开发板的外部存储器 SDRAM 容量达到 64MB,可以完成两幅图像数据的存储,因此,图像缓存模块是利用 FPGA 片外存储器 SDRAM 实现对两幅图像数据的存储。

(a) 原始图像　　　　　　　　　　　　　(b) Sobel处理图像

图 3.56　Sobel 算法处理效果

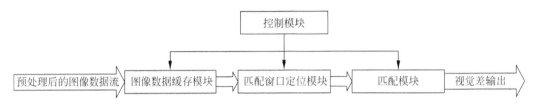

图 3.57　基于局部约束的 SAD 算法

匹配窗口定位模块是为了得到源匹配图像中待匹配像素在二维图像中的行列坐标。由于图像数据在存储器中是以一维数组形式进行存储,因此需要利用行列计数器计算得到源匹配图像中匹配像素的行列坐标,再根据视差计算出相应的待匹配图像中像素的行列坐标。

匹配模块如图 3.58 所示,主要包括 3 个部分,地址计算模块通过匹配窗口定位模块得到的源匹配图像和待匹配图像中像素行列坐标,计算出像素在存储器中的地址,再根据匹配窗口的大小分别计算出窗口内每个像素在存储器的地址。匹配单元即 SAD(Sum of Absolute Differences)值计算,将地址计算模块中得到的两个地址对应的源匹配图像和待匹配图像中的像素

图 3.58　匹配模块

数值读出,再对两个像素进行差值绝对值运算,并将得到的结果进行累加运算,直到匹配窗口中所有的像素完成以上运算,即完成了 SAD 值的计算,而每个匹配窗口进行 SAD 值计算的次数是由视差搜索范围决定的。比较模块是将 SAD 值计算模块中得到的 SAD 值进行比较,获得最小 SAD 值,最小 SAD 值对应的视差值即源匹配图像匹配像素与待匹配图像中匹配像素的视差。

在匹配模块中,SAD 值计算的数据流程如图 3.59 所示。其中,dataA 和 dataB 分别是源匹配图像和待匹配图像的匹配窗口的像素灰度值,对这两个像素灰度值的差进行绝对值运算,将求得的绝对值进行累加,匹配窗口所有数据都完成运算即可得到 SAD 值。

求取两个数差的绝对值可以采用 Quartus Ⅱ 中的 IP Catalog 中的 ALTFP_ABS 模块,通过对两个数据进行比较运算并用较大的数值减较小的数值即可完成绝对值运算。

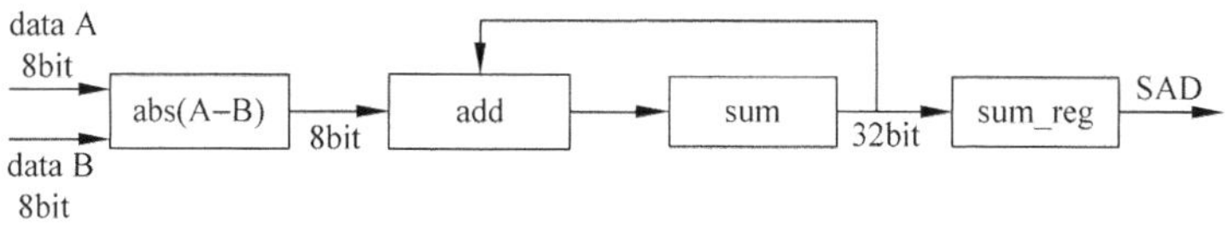

图 3.59　SAD 值计算的数据流程

2. 匹配窗口的选择

由于基于单个像素匹配是不可靠的,区域匹配法是使用相关窗口区域来替代单个像素匹配。为了获得可靠的匹配结果,如果匹配窗口选择得足够大,则图像信息足够多,使其能够提高图像匹配窗口信噪比;但它不能太大,否则,由于选择的窗口区域覆盖了深度不连续区域,将会导致匹配窗口内的像素视差值错误,进而导致视差图过度平滑化,物体轮廓会模糊,无法在场景中区分物体和其背景,视差图细节逐渐丧失,另外,窗口过大还会导致运算复杂度大大增加;匹配窗口选择过小也会导致大量的误匹配,因此对于区域匹配算法,匹配窗口尺寸大小的选择是相当重要的。同一图像在不同窗口尺寸下的匹配结果如图 3.60(a)~(j)所示。

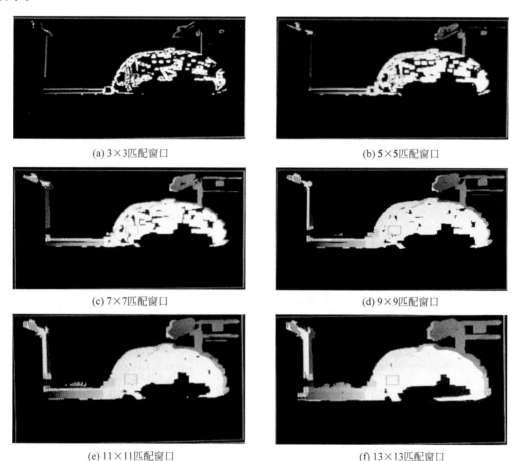

(a) 3×3匹配窗口 　　　　　　　　　　　　　(b) 5×5匹配窗口

(c) 7×7匹配窗口 　　　　　　　　　　　　　(d) 9×9匹配窗口

(e) 11×11匹配窗口 　　　　　　　　　　　(f) 13×13匹配窗口

图 3.60　同一图像在不同窗口尺寸下的匹配结果

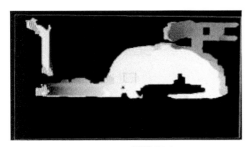 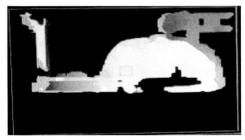

(g) 15×15匹配窗口   (h) 17×17匹配窗口

(i) 19×19匹配窗口   (j) 21×21匹配窗口

图 3.60 （续）

3. 系统测试

基于局部约束的 SAD 区域匹配算法,算法简单可行,效果良好且适合在硬件平台实现,将计算得到的 SAD 值作为相似性度量来计算实际的视差值。在 FPGA 的硬件平台上完成了对图像的匹配,采用 Verilog HDL 硬件编程语言实现匹配算法,利用 Quartus Ⅱ 软件对项目工程进行综合并将生成.sof 文件下载到开发板上。

实验中 FPGA 时钟频率为 50MHz,采集的图像分辨率是 280×210 像素,匹配窗口大小和视差搜索范围可以通过开发板上的开关进行设置。最小的匹配窗口为 3×3,最大的匹配窗口是 31×31。最小的视差搜索范围为 15,最大的视差搜索范围为 255,因此可以根据测距的距离等条件对匹配窗口和视差搜索范围进行调节。在 SAD 算法匹配模块得到的视差值存储到 RAM 中,当整幅图像完成匹配时,将存储在 RAM 中的所有视差值显示在 VGA上。通过预估目标物在源匹配图像中的位置,利用 FPGA 选中视差图中的目标物,通过采集目标物中 32 个点的视差值,对这些视差求取平均值得到相对准确的视差值,再计算出目标物的距离。

考虑到摄像机的光轴不可能实现完全平行,因此每次测量都会存在误差。而每次测量时摄像机位置相对是固定的,因此每次测量的偏差都是线性的。利用 MATLAB 进行线性校正,基线距离为 80mm、160mm、320mm 时的测试结果分别如表 3.11~表 3.13 所示。

在两台摄像机光轴的基线距离为 80mm 和 160mm 时,测量物体的距离范围是 600mm到 3000mm；基线距离为 320mm 时,测距的范围为 900mm 到 3000mm。因为目标物到摄像机的距离小于这个测量范围,物体在两个视图中重叠区域太少,可以匹配的点较少,匹配效果很差,测距误差太大；若物体到摄像机的距离大于这个范围时,物体在视图中太小,匹配点很少,匹配效果不佳,导致测试结果误差太大。另外在测试过程中,物体的距离在不断变化,估算物体在左右视图中的视差不断调整视察搜索范围和匹配窗口大小,提高了测量的效率。

表 3.11　基线距离为 80mm 时的测试结果

序　　号	视差搜索范围	窗 口 大 小	实际距离/mm	测量距离/mm	误差/%
1	95	15×15	600	552	7.9
2	79	15×15	800	786	1.7
3	63	13×13	1000	1031	3.2
4	47	13×13	1200	1306	8.8
5	47	13×13	1400	1518	8.4
6	47	13×13	1600	1716	7.3
7	31	11×11	1800	1870	3.9
8	31	11×11	2400	2382	0.71
9	31	11×11	3000	2820	6.0

表 3.12　基线距离为 160mm 时的测试结果

序　　号	视差搜索范围	窗 口 大 小	实际距离/mm	测量距离/mm	误差/%
1	127	17×17	600	547	8.9
2	111	17×17	800	788	1.5
3	95	15×15	1000	997	0.2
4	79	15×15	1200	1199	0.05
5	63	13×13	1400	1452	3.7
6	63	13×13	1600	1649	3.1
7	63	13×13	1800	1809	0.5
8	47	11×11	2400	2363	1.5
9	31	11×11	3000	2968	1.0

表 3.13　基线距离为 320mm 时的测试结果

序　　号	视差搜索范围	窗 口 大 小	实际距离/mm	测量距离/mm	误差/%
1	175	21×21	900	878	2.4
2	143	19×19	1100	1098	0.18
3	127	19×19	1200	1212	1.0
4	111	19×19	1400	1424	1.7
5	111	17×17	1600	1628	1.7
6	95	17×17	1800	1824	1.3
7	79	17×17	2000	2028	1.4
8	79	15×15	2200	2232	1.4
9	79	15×15	2400	2373	1.1
10	63	13×13	3000	3008	0.3

　　由表 3.11～表 3.13 可知,在一定距离范围内,系统的测距结果在误差允许范围内。摄像机基线距离为 80mm 时,测量的最大误差 8.8%;基线距离为 160mm 时,最大测量误差为 8.9%,其他测量误差均在 4% 以下;基线距离为 320mm 时,最大测量误差为 2.4%。

3.4.5　小结

本节设计了一款嵌入式双目视觉测距系统,并基于 FPGA 的硬件平台分析了系统各个模块的设计过程。结合FPGA的并行结构和流水线运行的特点,系统完成了基于FPGA嵌入式平台的图像数据采集模块、图像预处理模块以及基于SAD区域匹配算法模块,并能测出目标物与摄像机的实际距离。主要完成了以下工作:

(1) 制作标定板,完成标定图像的采集,并基于MATLAB工具箱完成摄像机的标定,得到了摄像机的内外部参数。

(2) 基于FPGA硬件平台,完成了TRDB-D5M摄像机的配置,获取了摄像机的原始图像数据,并将原始图像数据转成RGB颜色格式的图像。

(3) 根据显示需要将VGA显示屏分成3个部分分别显示左视图图像、右视图图像和视差图。

(4) 完成了UART通信设计,将TRDB-D5M摄像机采集的图像数据传送到PC端,并利用MATLAB将接收到的数据转换成图像。

(5) 完成了对RGB颜色格式图像的预处理操作,预处理包括彩色图像灰度化、图像中值滤波和图像的锐化处理,其中图像中值滤波采用改进的快速中值滤波算法。

(6) 根据双目视觉测距系统的设计要求并结合FPGA硬件平台的特点,采用基于局部约束的SAD匹配算法完成了左右视图图像的匹配,最终得到了视差图。

(7) 系统可以通过开发板上的开关灵活地选择匹配窗口大小和匹配视差范围,通过改变匹配窗口大小,验证了匹配窗口大小对区域匹配算法的匹配效率和匹配效果有着重要的影响。

本节完成了基于嵌入式双目视觉测距系统的设计,但是还存在很多不足,主要体现在以下3个方面:

(1) 系统测距是通过捕获摄像机一帧的一组图像进行匹配,即只完成了通过对静态图像的处理实现测距,若要实现实时测距,系统的处理效率有待提高。

(2) 由于系统采用的是基于局部约束的区域匹配算法,对没有纹理的区域和深度不连续区域进行测距得到的结果可能不准确。

(3) 系统假设两台摄像机处于完全平行状态,简化了图像匹配运算,但是实际应用中不可能实现摄像机完全平行对准,这对图像匹配造成一定的误差。

3.5 嵌入式智能小车无线控制与视频传输系统设计

嵌入式智能小车系统是以嵌入式处理器为控制核心,以移动小车为运动载体,通过车载传感,如环境温度、湿度,图像、声音等信号进行采集和预处理,然后通过网络系统将数据传输到远端计算机控制系统或移动终端进行汇聚和综合判定,完成对环境进行监控的复杂分布式系统。多节点分布式智能小车控制系统基于无线Wi-Fi联网控制,设计并实现了集单节点无线控制、多传感器信号采集、图像采集与无线传输为一体的智能车系统。

3.5.1 系统总体方案

为了实现远程控制小车移动、视频信号和其他环境信息的采集和传输,整个嵌入式智能小车系统分为3个部分:智能小车控制系统、无线通信和视频采集系统以及上位计算机控制系统。智能小车控制系统由嵌入式控制核心进行控制,包括小车的轮控和移动系统、温度湿度传感器、超声波测距模块以及电源模块。通过 Wi-Fi 无线网络,由上位计算机控制系统发送控制命令,智能小车进行节点位置的传感数据采集,并将采集结果上传至计算机系统进行融合和再处理。

嵌入式智能小车系统总体结构如图 3.61 所示。

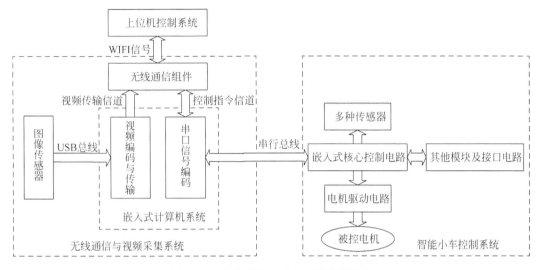

图 3.61　嵌入式智能小车系统总体结构

智能小车控制系统是智能小车的主体部分。通过"串口透传"方式收到上位计算机控制系统发来的移动指令后,根据收到的控制指令,发送 PWM(Pulse Width Modulation)控制信号,以四轮差分控制的方式,控制智能车的 4 个轮子的电机正反转和速度,以此实现小车整体的移动的控制。

智能小车控制系统中的嵌入式核心控制电路以 GPIO 口复用的方式直接与搭载的多种传感器相连,控制并协调不同的传感器,完成对外界信息的采集,包括温度湿度传感器和超声波测距传感器,实现测量智能小车控制系统外界环境温度湿度和前方障碍物距离。当智能小车控制系统收到上位机传来的测量环境信息并回传控制指令后,各传感器依次在嵌入式核心电路的协调下完成一轮对外界环境的测量,测量完成后,将测量的数据通过上述"串口透传"的方式回传给上位计算机控制系统。

智能小车控制系统的其他模块包括电源模块、稳压模块等,这些模块为整个智能小车控制系统提供了工作环境和支持。

无线通信与视频采集系统将与上位机通信的 Wi-Fi 信号直接作为与控制系统通信的串口信号。它包含一个图像传感器,实现采集视频数据并进行编码和传输的功能。将无线通信与视频采集系统设计为一个独立的嵌入式计算机系统,拥有微处理器、RAM、USB 接口、UART 接口、Wi-Fi 模块、图像传感器等硬件,并在其上搭建操作系统,在操作系统的层面调用相应的资源完成功能需求。因而,采用基于 Wi-Fi 技术的路由器,不将它用于连接互联网或者路由选择,而是利用它拥有的硬件,安装基于 Linux 的 OpenWRT 操作系统后,通过编程实现视频编码、传输以及串口透传的功能。

上位计算机控制系统提供了一个控制者与智能小车之间交流的平台。上位机控制系统建立并运行在 Windows 操作系统之上。操作者可以点击不同的按钮发送控制指令,并且播放接收到的视频和显示智能小车控制系统的回传信息。

3.5.2 智能小车硬件设计

小车的硬件系统是小车功能实现的实体和载体,根据需要选择合适的器件,设计相应的硬件系统以完成控制小车的移动、与上位机通信、外界信息的采集、视频的传输等功能。智能小车控制系统硬件结构如图 3.62 所示。

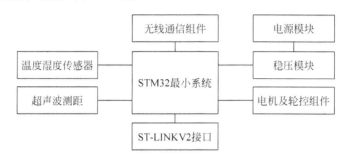

图 3.62　智能小车控制系统硬件结构

智能小车控制系统部分硬件主要功能如下:

(1) STM32 最小系统是整个智能小车控制系统的核心控制部分,编程后通过 GPIO 口的方式控制并协调其他模块的工作。

(2) 电机及轮控组件包括电机驱动电路、直流电机和轮子等。完成驱动轮子转动,控制小车移动的功能,是小车的动力系统,通过在 STM32f103 中为电机编写相应的驱动程序可以根据控制指令控制每个轮子转动,进而控制小车的行进和停止。

(3) 无线通信组件也是无线通信与视频采集系统中的一部分,该组件的作用是实现信息的无线传输,传输的是上位计算机系统下达的控制指令和智能小车控制系统的回传信息。

(4) 超声波测距模块通过超声波测量小车前方障碍物的距离,使小车能够实时传回前方障碍物的距离信息并且在距离过近时自动停车。

(5) 温度湿度传感器通过检测小车周围环境的信息并上传,实现对周围环境的检测。

(6) 电源模块为整个智能小车的所有模块供电,稳压模块将电源模块提供的电源稳压为 5V,满足微控制器和其他模块的静态工作环境要求。

(7) ST-LINKV2 接口用于程序的烧写和调试。

1. 小车主控和轮控系统

1) 四轮小车的转向原理和模型建立

目前可移动机器人的主要运动方式有轮式、履带式和腿式等,其中,轮式机器人即智能小车,具有机械结构简单、控制灵活和稳定可靠等优点,成为了运用最多的结构之一。轮式小车有双轮、三轮、四轮、六轮等结构,其采用的轮子又可分为单一方向驱动轮和 2 自由度的全向轮等。根据实际设计需求,选用了稳定可靠的四轮驱动的设计,在小车的运动过程中,每个轮子都被独立控制并对小车的运动起到约束作用。小车模型示意如图 3.63 所示。

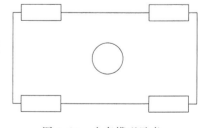

图 3.63　小车模型示意

　　不考虑其他操纵关节附加的自由度,将小车以底盘视为一个刚体,其形心 o 位于其底盘轴线的交点。建立平面直角坐标系 OXY。设小车整体的转动半径为 R,角速度为 ω,速度为 V_o。原则上左前轮的速度与左后轮的速度相同,并设线速度之和为 V_l,同理设右前轮和右后轮的线速度之和为 V_r。设底盘的宽 $l=2d$,车轮半径为 r。小车坐标模型如图 3.64 所示。

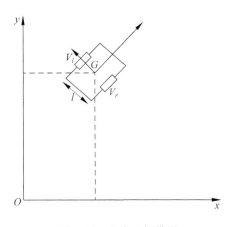

图 3.64　小车坐标模型

由牛顿运动学公式可得:

$$V_l = \omega(R + d) \tag{3-16}$$

$$V_r = \omega(R - d) \tag{3-17}$$

$$\omega = \frac{V_l - V_r}{2d} \tag{3-18}$$

$$V_o = \frac{V_l + V_r}{2} \tag{3-19}$$

$$R = \frac{V_o}{\omega} = d\,\frac{V_l + V_r}{V_l - V_r} \tag{3-20}$$

　　当 R 为无穷大时,小车直线行驶。当 $R=0$ 时,小车原地转动。其他情况下,小车将以某个转动半径左转或右转,这就实现了差速转向。

　　2) 小车主控和轮控系统

　　小车主控采用的是 STM32F103,采用 ARM 的 32 位 Cortex-M3 CPU 作为核心处理器,配备了容量分别为 512kb 的 FLASH 和 64kb 的 SRAM,丰富的增强 I/O 端口和连接到两条 APB 总线的外设,包括定时器、串口、DMA、电源管理等。它突出的特点是低功耗、可用端口多以及端口功能复用等。

　　选择直流电动机作为小车的运动装置,小车的行进由电机带动轮子控制。直流电机有3 种工作状态,在额定电压下正转、反转和停转,由加在电机正负极的电压决定。处理器通过对 4 个轮子电机的工作状态进行控制,进而控制小车的移动。电机由直流稳压电源模块供电,通断电的工作状态由 STM32F103 的 GPIO 口输出进行控制。因而,选用了德州仪器生产的 L293D 的开关芯片作为电机驱动模块。该电机驱动芯片具有高电压、高电流的特点,广泛用于驱动电机的控制电路;能被标准逻辑电平信号进行控制,每个芯片具有 2 个使能端口。

当微控制器发出控制信号使某个轮子的电机正极输出高电压、负极输出低电压时,电机带动轮子正转。当使电机正极输出低电压、负极输出高电压时,电机反转。这就实现了控制小车轮子的前进和后退。直流电机在额定的工作电压下转动速度是确定的,为了在不改变工作电压的情况下控制轮子的速度,采用改变控制信号占空比的方式。

2. 基于 WR703 的无线通信和视频采集系统

无线通信和视频采集系统同时承载着对视频进行编码传输和控制信号的串口透传的功能,故而单一的 Wi-Fi 通信模块无法满足需要,需要一个完整的嵌入式计算机系统来实现。因而,我们在市面上现有的 Wi-Fi 路由器的基础上进行重新安装 OpenWRT 操作系统并重新定义功能。

1) WR703N 系统介绍

采用 TP-LINK 公司生产的 WR703N 微型路由器作为 Wi-Fi 模块,该模块具有低功耗、体积小等特点。

WR703N 模块以 AR9331 芯片作为核心处理器,该处理器的主频为 400MHz 采用 mips 24kc 架构,能支持多线程,8 级流水。在该处理器的基础上,设计了众多接口电路以实现不同的功能。包括 USB 接口电路、UART 接口电路、LAN/WAN 复用接口、Wi-Fi 通信电路和全向天线、复位电路 LED 指示灯电路和电源供电电路等。

WR703N 模块外设功能完善,性能强大,并且配备了 32MB 的 RAM 和 4MB 的 FLASH。因此能在其上搭建 OpenWRT 操作系统,在操作系统的层面对模块的资源加以管理和使用,实现视频信息的采集、编码、传送和 Wi-Fi 信号转化为串口信号与 STM32f103 串口的透明传输。

2) 视频采集功能

视频图像的采集是智能小车的一项重要任务。由于 WR703N 系统中集成了 USB2.0 的接口电路,因此设计采用 USB 接口下的 UVC 标准协议的视频捕获传感器。

在以往图像采集系统中,由于图像捕获装置、传输方式和操作系统的不同等,需要编写相应的驱动程序,使用比较繁琐,系统的可移植性很差。USB video class 标准协议(简称 UVC)是 Microsoft 与另外几家设备厂商联合推出的为 USB 视频捕获设备定义的协议标准,目前已成为 USB org 标准之一。许多主流的操作系统比如 Windows 和 Linux 等都在其内核中集成了 UVC 协议的驱动程序,能够为采用 UVC 标准的图像采集设备提供支持。

该模块通过 USB 接口与 WR703N 的 USB 接口电路相连,在该系统中完成视频的编码。并在 WR703N 内部集成了 Wi-Fi 电路和全向天线能够实现 Wi-Fi 通信,将编码后视频传输到上位机端。

3) 串口功能

串口不仅承载了与上位机控制信息和状态信息的通信,同时在程序调试的过程中也有重要作用。通用同步/异步收发器(USART)提供了一种可靠的方法,能与使用工业标准 NRZ 异步串行数据格式的外部设备之间进行全双工数据交换。

透传就是透明传输的简称,指在传输过程中,对外界完全透明,不需要关心传输过程以及传输协议,最终目的是要把传输的内容原封不动地传递给被接收端,发送和接收的内容完全一致。Wi-Fi 模块接上 MCU 用透传方式将数据发送到接收端,串口模块不会对 MCU 要发送的数据做任何处理。在本系统中,WR703N 提供了一个 UART 串行接口。

STM32F103 提供了 5 个串口,通过 USART 的双向通信至少需要 2 个引脚,分别是接收数据输入(RX)和发送数据(TX)。处理器通过串口通信的方式与 WR703N 模块进行数据交流,上位机通过 TCP 协议发送控制指令,由 WR703N 将收到的指令不加任何处理地转换成串口信号发送给小车主控处理器,同时小车的反馈信号也通过串口发送给 WR703N 模块,再由该模块传回上位机。

3. 传感器设计

1）温度湿度传感器

温度湿度测量模块采用已有校准数字信号输出的 DHT11 温湿度传感器。测量精度为温度 0～50℃时误差±2℃,湿度量程为 20%～90%RH 时,误差在±5%RH。内部的传感器包括一个 NTC 测温元件和一个电阻式感湿元件,这两个元件与内部的一个 8 位单片机相连接。DHT11 采用单线制串行接口,只有一位数据线与 MCU 相连。DHT11 为 4 针单排引脚封装,并且有着超小的体积和极低的功耗,使得接口电路的设计和使用非常方便。

选择 STM32F103 的一个通用 GPIO 口与 DHT11 模块的数据端口相连,作为开始采集的控制信息的输出和 DHT11 数据的读取。

数字式温湿度传感器采用单总线的方式与 MCU 相连,即单个数据引脚端口完成控制指令的输入和温湿度信息的输出。它的数据包由 5B(40bit)组成,一次通信时间最大为 3ms,包括 4B 的数据位和 1B 的校验位。

DHT11 非工作状态下长期保持高电平,当需要采集数据时,用户主机发送一次长度大于 18ms 的低电平,然后重新将总线拉高作为信息采集的开始信号,DHT 从低速模式转换到高速模式,等待主机开始信号结束(拉高)后,DHT 收到主机传来的开始信号后,发送一段 40～50ms 的低电平作为响应信号,然后再将总线拉高 40～50ms 后送出 40bit 的数据,并触发一次信号采集。

2）超声波测距模块

超声波是一种振荡频率超过人耳所能识别的机械波,其直线传播性能较好。超声波测距模块的原理就是通过发射一组高频声波,并利用其反射特性来测量空间中障碍物的距离。在测距过程中,先发射一组 40～45kHz 的超声波,当超声波在空间中传播遇到障碍物时,有一部分就会被反射回来,测距模块通过接收这些反射回来的声波并计算间隔的时间,根据声速和几何关系得出测距模块与前方障碍物的距离。超声波测距原理如图 3.65 所示。

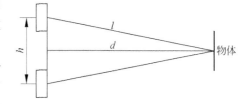

图 3.65　超声波测距原理

从超声波被发射到遇到障碍物被反射回来,并被接收端接收,整个过程共通过 $2l$ 的距离。当 $l \gg h$ 时,$d \approx l$。并且设声波在空气中的传播速度为 340m/s,时间为 t,则 $d \approx$

$$l = \frac{340 \times t}{2}。$$

系统选用了深圳市捷深科技有限公司生产的 HC-SR04 超声波测距模块。该模块具有体积小、电路设计简易、稳定可靠等优点,是目前常用的主流测距模块。该模块由一个发射器、一个接收器和控制电路组成,可提供 2～400cm 的非接触式距离感测功能,测距精度高达 3mm。工作所需的 5V 电压由稳压模块提供。控制其发送超声波的 TRI 引脚和返回接收到的超声波的 ECHO 引脚分别与 STM32F103 的 2 个 GPIO 口相连。

4. 电源及稳压模块

电源模块经过稳压电路为各工作模块提供稳定的+5V 直流工作环境,供电电压质量的高低将直接影响到整个系统的可靠性和稳定性。电源模块由电池座和 2 块 18650 充电锂离子电池组成。每块电池的额定电压为 3.6V,7.2V 的输出电压通过一个稳压模块得到 STM32f103 和其他模块所需的 5V 电压。使用德州仪器(TI)公司生产的 3A 电流输出降压开关型集成稳压芯片 LM2596S 作为电源的稳压芯片,承担着降压稳压的功能。它内部封装了一个 150kHz 频率的振荡器和 1.23V 基准稳压器。由于其内部拥有完善的保护电路,包括电流限制、热关断电路等,所以利用该芯片可以搭建稳定可靠的稳压电路作为系统的电源,并且外围电路简单。

3.5.3 智能小车软件设计

1. 小车行进指令控制程序

编写程序控制小车的运动状态主要分为 3 个步骤:

(1) 向控制 4 个电机的 8 个 GPIO 口写入不同的值,来控制每个轮子的正转或反转。当正极输入高电平、负极输入低电平时,正转;当正极为低电平、负极为高电平时,反转。

(2) 根据小车运动状态确定每个轮子应有的速度。

(3) 在执行程序中,通过改变 PWM 占空比,实现在不改变电压的情况下控制每个轮子正转或反转的速度。最终实现小车运动状态的控制,并封装成功能函数等待控制指令的调用。

小车运动状态控制流程如图 3.66 所示,小车速度控制流程如图 3.67 所示。

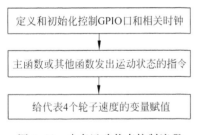

图 3.66　小车运动状态控制流程

2. Wi-Fi 模块

视频数据的编码和传输可以通过基于 v4l2(video for Linux2)接口的 mjpg-streamer 来实现。将摄像头采集到的数据编码成 mjpg 格式并按照设置的分辨率向特定的端口进行传输。mjpg-streamer 是一个采用了 v4l2(video for Linux2)接口并通过 socket 和多线程方式实现的视频服务器开源项目。Wi-Fi 模块程序功能设计如图 3.68 所示。

WR703N 模块串口透传功能的实现采用 OpenWRT 操作系统下的 Ser2net(serial to network)软件。Ser2net 调用 WR703N 模块的软硬件资源,实现串口信号和网络信号的转换。通过 SecureCRT 在 Windows 系统中远程访问 OpenWRT 系统,并调用 OPKG 层命令在线安装适用于该路由器固件的 ser2net 软件。

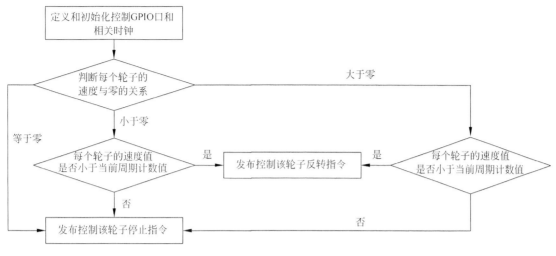

图 3.67 小车速度控制流程

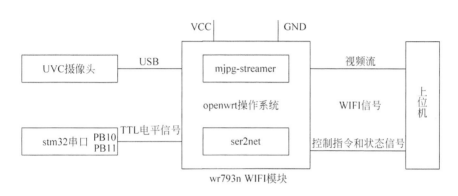

图 3.68 Wi-Fi 模块程序功能设计

3. 传感采集与数据回传功能

USART3 串口的引脚与 GPIO 口和其他功能复用,使用时需要先对该引脚进行定义和初始化。标准库函数提供了相应的接口而不必进行寄存器级别的操作,并且采用中断的方式在不影响其他模块工作的情况下进行读写。

1) HC-SR04 超声波模块

本模块的功能是根据超声波的原理进行障碍物距离的测量,根据超声波测距的原理和 HC-SR04 超声波模块的工作时序,完成对引脚的初始化后,给 TRI 口一个大于 $10\mu s$ 的高电平作为触发信号,然后在 ECHO 端口等待回波信号,对高电平的持续时间进行计时,并以此计算出前方障碍物的距离。HC-SR04 超声波模块流程如图 3.69 所示。

程序实现的关键在于精准计时,采用了 STM32f103 内置的定时器 4 作为计时方式。根

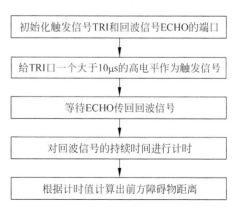

图 3.69 HC-SR04 超声波模块流程

据内部振荡源和分频器的关系进行设置,使该定时器每次计数的间隔为$1\mu s$。

2) DHT11 温度湿度测量模块

DHT11 模块的程序主要由 3 个部分组成:

(1) 模块端口初始化和定义工作模式。该模块只有一条数据线与微控制器相连,写入控制信号和读取测量信息在同一端口完成,因此对该端口输入/输出的定义需要在完成数据测量的不同时间里重复定义。

(2) 通过计时实现每一位“0”和“1”的识别,并读取一个完整的 8 位数据。

(3) 调用第二步中实现的 1B 的读取函数,发送整个控制信息并读取完整的 5B。DHT11 程序流程如图 3.70 所示。

DHT11 传输的 5B 数据按照顺序分别为湿度整数部分、湿度小数部分、温度整数部分、温度小数部分和校验位。程序的关键在于正确读取每一个字节的值,由于数据传输是从高位到低位,所以运用了左移和按位“或”的操作,每位数据读取的流程如图 3.71 所示。

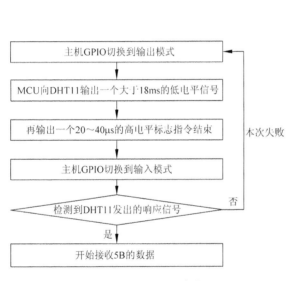

图 3.70　DHT11 程序流程

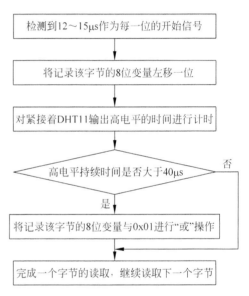

图 3.71　每位数据读取的流程

将每一位的读取流程循环 8 次就完成了一个完整的字节的读取。将数据存放在一个 8 位的变量中,等待主函数的调用和串口的传输。连续读取 5B 共 40 位的数据就完成了一次完整的数据读取。

4. Windows 上位机软件

1) 程序界面设计

Windows 上位机软件界面如图 3.72 所示。

2) 控制信号发送和反馈信号接收

运用 Socket 方式进行控制信号的发送和反馈信号的接收。建立 Socket 连接至少需要一对套接字,其中一个运行于客户端,称为 ClientSocket,另一个运行于服务器端,称为 ServerSocket。在 Wi-Fi 模块的 ser2net 程序移植过程中,已经建立好了服务器端,在上位机软件中以 client 的身份与相应的端口建立 Socket 连接,再进行信息收发。

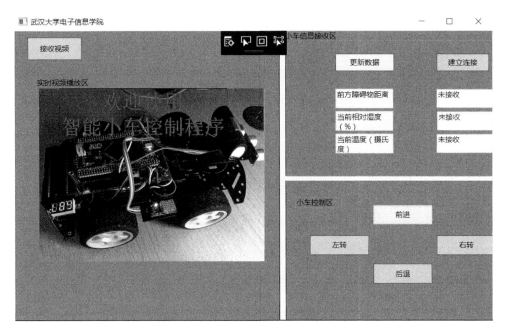

图 3.72 Windows 上位机软件界面

　　建立了连接之后,发送控制指令控制智能小车下位机。行进控制指令的发送流程如图 3.73所示,传感器信息采集和回传流程如图 3.74 所示。

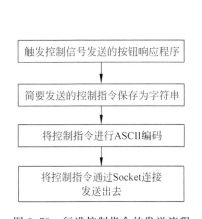

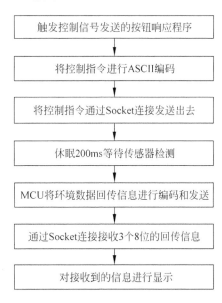

图 3.73 行进控制指令的发送流程　　　图 3.74 传感器信息采集和回传流程

　　具体的控制信号定义在下位机处理器 STM32f103 中,上位机发送的控制指令应该与下位机约定的一致。

　　3) 视频流的接收和播放

　　本系统中的视频是以 mjpg 格式进行传输的,也就是多张 jpg 格式的图片不断地传输形成视频。上位机软件将接收到的视频流解码成多张 jpg 格式图片,然后显示在相应区域。整个过程需要单独创立一个线程进行播放,不与控制指令的发送产生冲突,线程在视频播放的过程中将会一直运行。线程执行过程中视频的接收、解码和播放的程序流程如图 3.75 所示。

线程通过循环不断地从相应的 IP 地址和端口接收数据流并保存,然后将其解码为 bmp 格式的图片,最后将其画在软件的视频播放区中。线程不断地刷新视频播放区的图片就形成了视频。

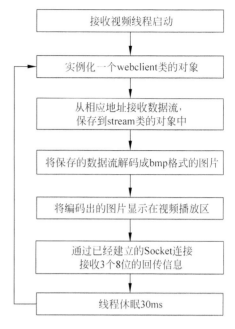

图 3.75　视频接收、解码和播放程序流程

3.5.4　系统测试

1. 系统功能测试

1) 小车控制及测量数据收发

在 Windows 系统下的 PC 端对小车进行测试。PC 端通过串口调试助手以 Socket 方式连接到小车 Wi-Fi 模块建立的接入点,并根据 ser2net 软件内设置的端口号对小车发送控制指令和接收传感器数据。实验结果表明系统能够控制小车实现前进、后退、左转和右转。串口调试助手控制小车界面如图 3.76 所示。

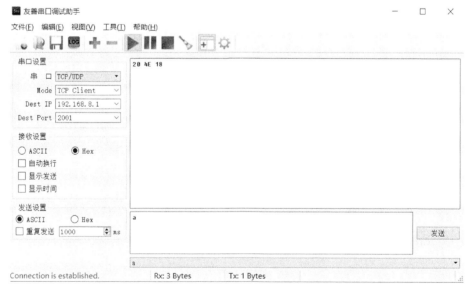

图 3.76　串口调试助手控制小车界面

以发送前进指令为例,a 是定义在智能小车 MCU 程序中的前进指令,当小车接收到 ASCII 发送的 a 或 61(ASCII 码表 a)时前进,并且小车发回 3 个 8 位数据,依次分别是超声波测得的距离(cm)、外界的相对湿度(%)和外界的温度(℃)。

2）小车视频信号的接收

PC 端通过 Wi-Fi 连接到小车 Wi-Fi 模块的接入点后，通过浏览器访问 mjpg-streamer 所推送视频的端口的方式验证小车的图像传输功能。mjpg-streamer 设置的端口为 8080，在浏览器中输入 http://192.168.8.1:8083/? action＝stream 可以看到小车摄像头传回的图像，说明功能正常。小车传回的视频结果如图 3.77 所示。

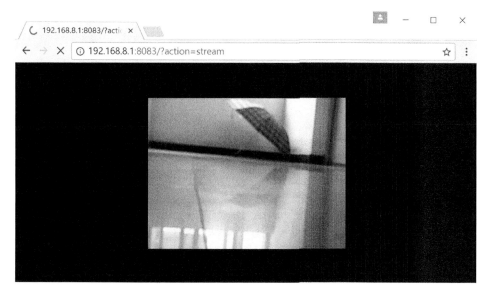

图 3.77　小车传回的视频结果

2. 上位机软件验证

智能小车实测图像如图 3.78 所示。小车采用点动的方式进行控制，以防止损坏。通过点击上位机软件中的控制按钮成功实现对小车的无线控制；小车所搭载的各种传感器能够正常地工作，并对采集到的信息通过 Wi-Fi 回传；当超声波测距装置测出的前方障碍物距离小于 20cm 时，能够实现刹车功能；视频的回传和接收功能也正常，小车整体功能基本成功实现。

3.5.5　小结

本节设计并实现了嵌入式智能小车无线控制与视频传输系统，主要工作如下：

（1）设计了智能小车实现的总体层次架构，选择了 STM32f103 微控制器作为控制核心。

（2）对小车电机的传感器等关键模块的工作原理和工作关系进行了阐述，并完成了小车硬件结构的设计。

（3）完成了智能小车软件部分的设计，包括微控制器主函数的功能、时序以及各个模块的驱动程序。

（4）实现了小车基于 Wi-Fi 方式的串口透传和视频传输。

（5）在 PC 端的上位机中对小车的功能进行了验证。

本系统还存在以下问题和不足：

（1）没有在微控制器 STM32f103 中搭建操作系统，而是直接对其进行编程，导致功能比较单一，不适合完成过于复杂的工程，并且程序的可移植性较差。

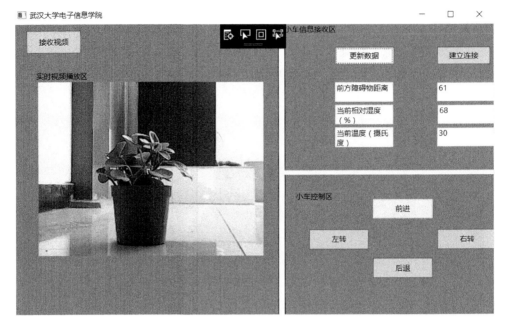

图 3.78　智能小车实测图像

（2）超声波测距具有一些缺陷，比如测量的实时性不够好，测量 2m 左右的距离需要几十毫秒，在避障过程中存在一些隐患。

第 4 章

英特尔杯大学生电子设计竞赛和
Altera 杯大学生电子设计竞赛

4.1 基于 EMG 信号控制的智能探险机器人

在地震等自然灾害发生后,通常需要对灾后区域进行场景探测,包括对未知环境的地形分布情况的探测,以及对环境真实场景的观察。为避免人类直接踏入环境恶劣的灾后区域,通常会借助机器人完成这些工作。本节实现了一种用于灾后区域探测救援的智能探险机器人系统——Genius Arm。本系统通过 EMG 信号识别用户手势控制机器人底盘活动,通过穿戴式传感器组捕捉用户上肢姿态对机器人搭载的机械臂进行体感控制,系统捕捉人体动作的实时性可以满足 Genius Arm 整体功能要求。同时,机器人端搭载激光雷达进行地图场景重构和实时定位,重建后的地图分辨率可以达到厘米级。搭载高清摄像头进行图像采集,通过无线模式传输至用户端进行显示,图像采集分辨率可以达到 720P(即 1280×720),无线传输距离可以达到 50m 以上。本系统可应用于自然灾害灾后区域的场景探测、物体取样、视频采集、信息收集工作。

4.1.1 系统总体方案

Genius Arm 系统以 Intel MinnowBoard 平台为核心,以 Intel Genuino 101 平台为控制核心,拓展了 EMG 传感器、激光雷达、陀螺仪组、万向小车、机械手臂、高清摄像机、蓝牙模块、Wi-Fi 模块等外围设备,充分利用了平台资源,系统总体结构如图 4.1 所示。

机器人端主要完成对激光点云数据、视频流数据的采集,并通过 Intel MinnowBoard 分别处理重建后的场景地图与 H.264 视频流;并执行用户端发出的控制指令,包括底盘移动,机械手臂部分的控制,摄像头开关、焦距调节的控制。

用户端主要提供体感操作环境,通过 EMG 传感器采集 EMG 信号,经过训练、分类后识别相应手势;通过穿戴式传感器组采集手臂的各项运动数据,经过处理,完成对各种手臂姿态的刻画;上述所识别出的手势和手臂姿态将编码为对机器人端的控制指令。另一方面,用户端还需要接收机器人端回传的场景地图、H.264 视频流以及实时位置信息,这些信息经过预处理后,通过 Unity3D 引擎渲染为易于人解读的信息。系统总体方案如图 4.2 所示。

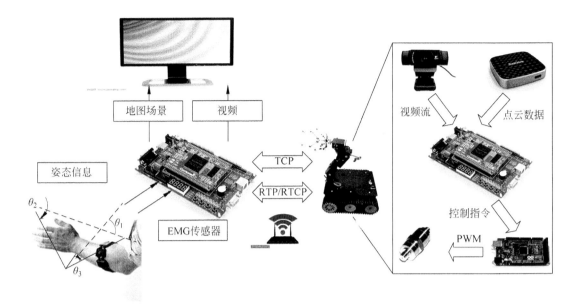

图 4.1　Genius Arm 系统总体结构

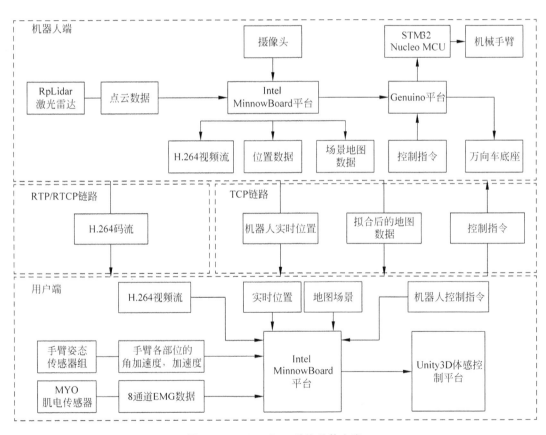

图 4.2　Genius Arm 系统总体方案

4.1.2 Genius Arm 硬件设计

1. 硬件总体结构

本系统按照所在位置分为"用户端"和"机器人端"两个部分。按照功能分为"利用手势EMG信号控制机器人移动""利用手臂姿态同步机械手臂姿态""利用手臂姿态控制视频传输""基于激光雷达的高频率实时定位""基于激光雷达的大型场景构建""实时高清视频流的回传"。本系统的硬件总体结构如图4.3所示。

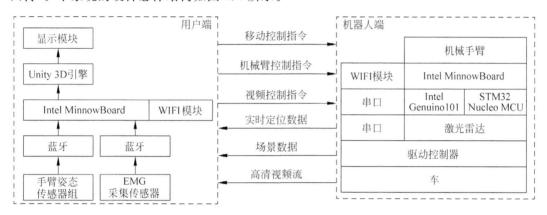

图 4.3 硬件总体结构

2. EMG 肌电信号的获取

肌电信号的数学模型可分为4类:线性系统、集中参数模型、非平稳模型以及双极性模型。由于手臂肌电信号往往由股二头肌向肱三头肌沿手臂方向传输,故系统选用双极型模型。

当两电极距离不远且其连线平行于肌纤维方向时,双极信号可表示为

$$z(t) = y(t) - y(t - \Delta) \tag{4-1}$$

其中,$y(t)$是t时刻对应的肌电信号归一化幅度,Δ是动作电位由第一个电极传导到第二个电极的延迟时间,其功率谱密度为

$$S_z(\omega) = S_y(\omega)(1 - \cos\omega\Delta) = 4S_y(\omega)\sin^2\left(\frac{\omega\Delta}{2}\right) \tag{4-2}$$

进而可以解析出肌电信号幅值。

肌电信号的幅值和能量均非常微弱,幅值只有数量级,为了采集出微弱的肌电信号需要对其进行相应地信号放大处理,才能达到 A/D 采集单元的要求。由于人体本身就是一个导电体,外界的工频干扰和体外的电场、磁场感应都会在人体内形成测量噪声,干扰肌电信息的检测,因此,信号滤波和电路屏蔽是肌电信号采集的重点。典型肌电信号放大电路结构如图4.4所示。

图 4.4 典型肌电信号放大电路结构

3. 激光雷达点云数据的获取

雷达设备选用 RpLidar 激光雷达,主要由激光测距核心以及使其高速旋转的机械部分组成,

并可以通过串口/USB 接口等多种方式读取扫描到测距数据。RpLidar 结构如图 4.5 所示。

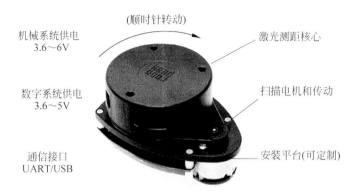

图 4.5　RpLidar 结构

RpLidar 采用了激光三角测距技术,配合高速的视觉采集处理机构,可进行每秒高达 2000 次以上的测距动作。每次测距过程中,RpLidar 将发射经过调制的红外激光信号,该激光信号照射到目标物体后产生的反光将被 RpLidar 的视觉采集系统接收。经过嵌入在 RpLidar 内部的 DSP 处理器实时解算,被照射到的目标物体与 RpLidar 的距离值以及当前的夹角信息将通过通信接口输出。在电机机构的驱动下,RpLidar 的测距

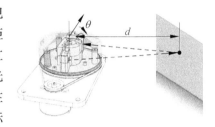

图 4.6　激光雷达扫描原理

核心进行顺时针旋转,从而实现对 360°全方位环境的扫描测距检测,激光雷达扫描原理如图 4.6 所示。

4. 手臂姿态的获取

手臂姿态获取系统属于穿戴式设备,为保证人体安全及长续航性能,要求驱动电流极小,各元件具备低功耗特性。

手臂姿态获取系统由两组 MPU6050 与两组 CC2540 BLE 模块构成。

MPU6050 是全球首例 6 轴运动处理传感器,集成了 3 轴 MEMS 陀螺仪,3 轴 MEMS 加速度计,以及一个可扩展的数字运动处理器 DMP(Digital Motion Processor),可用 I^2C 接口连接一个第三方的数字传感器,比如磁力计。扩展之后就可以通过其 I^2C 或 SPI 接口输出一个 9 轴的信号。而且体积很小,不足 1cm×1cm×2mm,适用于制作穿戴式设备。

CC2540 是一个超低消耗功率的真正系统单晶片,它整合了微控制器、主机端及应用程序在一个元件上,并结合一个优异的无线射频传送接收器及一个工业标准的加强型 8051 微控制器。CC2540 可用较低成本建立起强固的主控或从属式节点,具有睡眠模式功率消耗低及不同工作模式间转换时间短的优点,适用于需要超低消耗功率的系统。6mm×6mm 的 QFN 封装方式以及低功耗特性是穿戴式设备通信模块的最佳选择。

5. 用户端与机器人端的通信

用户端与机器人端会进行大量数据的通信过程,包括场景数据、高频率的机器人控制指令、高频率的机器人实时位置回传数据、高清视频码流。数据通信需要比较大的带宽来承受,故系统选用了 Wi-Fi 作为主要通信方式。Wi-Fi 模块选用了 Tenda W311Ma 系列外置 USB 网卡。

4.1.3　Genius Arm 软件设计

1. 场景重构与定位

场景重构是整个系统的重点,程序流程如图 4.7 所示。

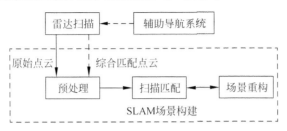

图 4.7　场景重构程序流程

机器人端开机后,自动启动辅助脚本,运行 ROS,之后激光雷达节点进行自动挂载,在 ROS 中上线,场景重构核心控制程序监听到激光雷达上线后,开始准备辅助导航系统,辅助导航系统节点进行自动挂载,开始进行上述场景重构程序。

2. 基于 EMG 的实时手势识别

基于 EMG 的实时手势识别是整个系统的控制核心,程序流程如图 4.8 所示。

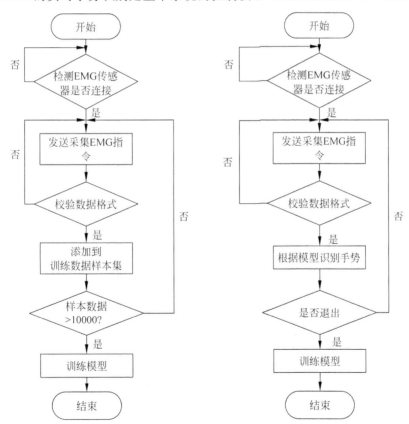

图 4.8　基于 EMG 的实时手势识别程序流程

实时手势识别分为训练阶段和识别阶段。训练阶段主要完成对训练数据集的采集,为了实现系统实时性,将训练样本集数目控制在了 10000 个,经实验测试,可以达到满意的手势识别正确率。识别阶段主要利用训练阶段产生的识别模型进行手势识别,并最终转为控制指令,通过网络发送给机器人。

3. 基于传感器组的手臂姿态获取

基于传感器组的穿戴式设备是系统的辅助控制核心,手臂姿态获取程序流程如图 4.9 所示。

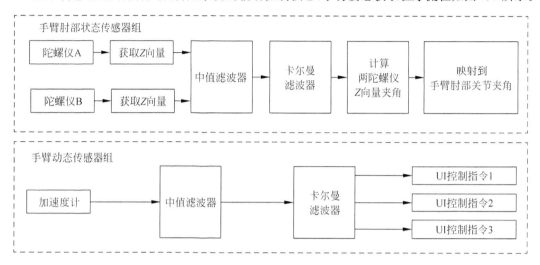

图 4.9 手臂姿态获取程序流程

姿态传感器组对环境温湿度变化和周围电磁波干扰极为敏感,故需要对原始数据进行预处理,预处理主要包括中值滤波和卡尔曼滤波,中值滤波用于过滤尖锐噪声,卡尔曼滤波用于估计最优解。

4. 密集数据传输

由于用户端和机器人端需要进行大量的数据传输,所以系统选用了 Boost. Asio 网络框架,Boost. Asio 可用于如 socket 等 I/O 对象的同步或异步操作,系统核心为 I/O 对象 io_ service。Boost. Asio 编程模型如图 4.10 所示。

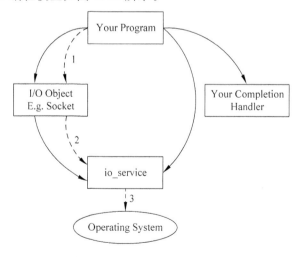

图 4.10 Boost. Asio 编程模型

为了充分利用系统缓存机制,使用了 Proactor(前摄器)设计模式,在该模式中,处理器或者兼任处理器的事件分离器只负责发起异步读写操作。I/O 操作本身由操作系统完成。传递给操作系统的参数包括用户定义的数据缓冲区地址和数据大小,操作系统从中得到写出操作所需数据,或写入从 Socket 读到的数据。事件分离器捕获 I/O 操作完成事件,然后将事件传递给对应处理器。Proactor 设计模式模型如图 4.11 所示。

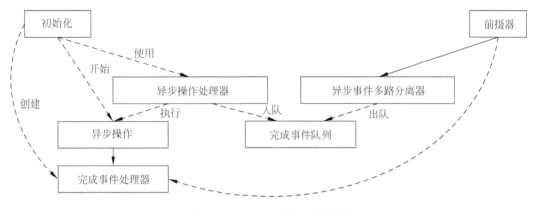

图 4.11　Proactor 设计模式模型

5. 无线高清视频流传输

无线高清视频传输有以下两种实施方案。Intel 的 Integrated Performance Primitives (简称 IPP 库),在 Intel 的各种处理器平台(IA-32,Itanium,xscale and etc)上实现了信号处理常用算法、常用数学运算及音视频编解码算法等。由于该系统采用 Intel 平台,故 IPP 的解码速度最快,但其不支持多视频解码。

libx264 是 H.264 编解码的开源实现,对多种处理器进行了优化,也对多线程编解码有很好的支持,而且,libx264 还对 Intel 系列 CPU 的媒体指令集和 SSE 指令集提供了额外的支持。Jrtplib 是 RTP 协议栈的开源实现,可以与 libx264 协同工作。

在 Intel minnowBoard 平台上,Intel IPP 的编解码速率无疑是最快的,但考虑后期可能要进行基于多摄像头的多路视频流拓展,甚至是不同采集格式的摄像头,Intel IPP 库功能的强大也造成拓展难度的提升,故系统最终选用了 libx264＋Jrtplib 的开源实现。无线高清视频流传输流程如图 4.12 所示。

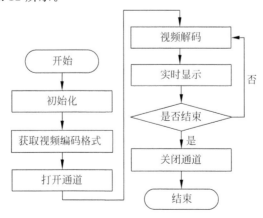

图 4.12　无线高清视频流传输流程

4.1.4 Genius Arm 系统测试

系统测试分 6 步进行：测试手势识别情况，测试机械手臂的体感操作体验，测试场景重构，机器人实时定位精度，视频流的回传测试，最后测试整体效果。

1. 手势识别测试

首先，定义手势识别对应的操作功能：机器人前进、机器人后退、机器人左转、机器人右转、机器人停止，共 5 种手势。

1）实时性

能否快速识别控制手势是整个系统能够正常运行的关键。为测试手势识别框架的实时性，首先定义手势数据库的总样本数为 N。通过更换不同的 N 值，测试手势识别的时间 T。通过记录手势判断的时间来判断手势识别的实时性。

共进行了 10 组测试，手势识别实时性测试结果如表 4.1 所示。

表 4.1 手势识别实时性测试结果

序　　号	N/次	T/ms	序　　号	N/次	T/ms
第一组	1500	8	第六组	5000	17
第二组	1700	8	第七组	10000	35
第三组	1900	10	第八组	20000	100
第四组	2000	10	第九组	40000	300
第五组	2500	10	第十组	80000	750

由测试的结果可知，当样本集数量控制在 10000 时，手势识别都可以在 30ms 左右内完成，可以达到很好的实时性，完全能够满足系统要求。

2）准确性

手势识别的准确性决定了整个系统能否正常工作，也直接决定了整个系统是否稳定。先分别对 5 种手势分别识别 20 次、40 次、100 次，5 种手势分别标记为手势 A、手势 B、手势 C、手势 D、手势 E，每次记录下对应的识别结果，最后计算准确率，共有 15 组数据。手势识别准确性测试结果如表 4.2 所示。

表 4.2 手势识别准确性测试结果

手势标号	测试次数	正确次数	正确率/%	手势标号	测试次数	正确次数	正确率/%
A	20	20	100	C	100	97	97
A	40	40	100	D	20	20	100
A	100	99	99	D	40	39	97.5
B	20	20	100	D	100	100	100
B	40	40	100	E	20	20	100
B	100	100	100	E	40	40	100
C	20	19	95	E	100	100	100
C	40	39	97.5				

从表 4.2 中可得，控制机器人停止的手势 E 在测试中达到了 100% 的正确率，这是由于手势 E 是放松手势，在系统分类算法中的第一级分类器被分类，占用一个大的分类，而其他

4 种手势共同占用一个大的分类。

控制机器人前后行进的手势 A 和手势 B 以及控制右转的手势 D 也达到了 99％以上的正确率,但是控制机器人左转的手势 C 却只有 97％的识别率,这是因为左转手势较放松,有很小的概率被误判为无效手势,但由于手势控制信号的发送频率很高,偶尔的无效手势并不会对操作体验产生影响。

2. 机械手臂姿态控制测试

机械手臂姿态由方向角、天顶角以及半径决定。由于机械手臂的各关节长度确定,故可由天顶角计算出半径,实际仅需要方向角与天顶角两个量来确定机械手臂姿态,而每个量都由穿戴式传感器组的各模块协同确定,要求很强的实时性和准确性。

1）机械手臂实时性

机械手臂方向角根据使用者手臂水平移动情况来同步,使用者手臂从 $-45°$ 水平移动到 $45°$ 的时间为 T_{Human},机械手臂的对应移动时间为 T_{Arm},ΔT 为两者差值,共测试了 10 组数据。机械手臂方向角实时性测试结果如表 4.3 所示。

表 4.3　机械手臂方向角实时性测试结果

序　号	T_{Human}/s	T_{Arm}/s	$\Delta T/s$	序号	T_{Human}/s	T_{Arm}/s	$\Delta T/s$
第一组测试	0.13	0.17	0.04	第六组测试	0.90	0.91	0.01
第二组测试	0.28	0.30	0.02	第七组测试	1.22	1.21	-0.01
第三组测试	0.47	0.50	0.03	第八组测试	1.45	1.43	-0.02
第四组测试	0.53	0.54	0.01	第九组测试	2.30	2.30	0.00
第五组测试	0.87	0.86	-0.01	第十组测试	4.59	4.59	0.00

由实验结果可知,在使用者刻意快速移动时,误差相对较大,但仅仅在 10ms 量级,一方面是由于没有精密的计时仪器,时间测量存在一定误差;另一方面是由于人体手臂进行快速移动时抖动较强,进而导致传感器组中的陀螺仪读数抖动加剧,对控制造成误差。

当使用者手臂进行普通速度的移动时,误差非常小,做到了实时控制。当使用者刻意平缓地进行手臂移动时,时间差 ΔT 甚至出现了负数,这是由于使用了卡尔曼滤波器对采集的传感器原始数据进行了滤波,并使用舵机作为动力部分,是有可能提前到达预定角度的。

2）机械手臂准确性

使用者分别移动 9 个角度,再分别测试机械臂方向角移动对应的 10 个角度。机械手臂方向角准确性测试结果如表 4.4 所示。

表 4.4　机械手臂方向角准确性测试结果

序　号	手臂移动/(°)	机械手臂移动/(°)	差值/(°)	序　号	手臂移动/(°)	机械手臂移动/(°)	差值/(°)
第一组	-30	-27	3	第六组	$+30$	$+28$	2
第二组	-45	-44	1	第七组	$+45$	$+44$	1
第三组	-60	-62	2	第八组	$+60$	$+62$	2
第四组	-75	-73	2	第九组	$+75$	$+76$	1

从表 4.4 可以看出,误差具有随机性大小,这与每个人臂部平移习惯有关,同样的移动角度,可能每一段的移动加速度有差别,这种角度误差在允许范围内。

3. 场景构建和机器人实时定位测试

1）场景构建精度

对实验室外整个走廊进行扫描和场景重构,测量侧边 6 条较明显边界的长度,并计算误差。场景重构精度测试结果如表 4.5 所示。

表 4.5　场景重构精度测试结果(单位: m)

序　号	实际长度	场景重构后长度	差　值	序　号	实际长度	场景重构后长度	差　值
侧边 1	5.4	5.3	−0.1	侧边 4	2.2	2.0	−0.2
侧边 2	10.0	9.8	−0.2	侧边 5	2.2	2.2	0.0
侧边 3	5.4	5.5	0.1	侧边 6	1.8	1.9	0.1

从测试结果可以看出,系统可以达到较好的场景重构效果。

2）机器人实时定位精度

机器人定位频率是10FPS(Frames Per Second,每秒传输帧数),取 10 个位置采样点,与定位后的位置进行比较,机器人实时定位精度测试结果如表 4.6 所示。

表 4.6　机器人实时定位精度测试结果

序　号	实际位置	实时定位结果	误　差	序　号	实际位置	实时定位结果	误　差
1	(1.0,1.0)	(1.0,1.0)	(0.0,0.0)	6	(3.0,5.0)	(2.9,5.1)	(−0.1,0.1)
2	(1.5,1.5)	(1.5,1.5)	(0.0,0.0)	7	(3.0,8.0)	(3.0,8.2)	(0.0,0.2)
3	(1.5,2.0)	(1.5,2.0)	(0.0,0.0)	8	(4.5,8.0)	(4.4,8.2)	(−0.1,0.2)
4	(1.5,4.0)	(1.5,4.1)	(0.0,0.1)	9	(5.0,8.0)	(5.1,8.2)	(0.1,0.2)
5	(3.0,4.0)	(3.1,4.1)	(0.1,0.1)	10	(5.0,10.0)	(4.8,10.2)	(−0.2,0.2)

从测试结果来看,定位误差随着位置的变化逐渐增大,这是由于 Hector_Slam 算法具有少量的累积误差,但从最后几个位置来看,误差尚在接受范围内。

4. 高清视频流无线回传测试

系统并不是每时每刻都需要打开视频流,而是当使用者需要时才打开,这样可以大大降低系统总体功耗。系统的缓冲延时长短是系统的重要考究指标,视频流回传测试结果如表 4.7 所示。

表 4.7　视频流回传测试结果

两端距离/m	视频清晰度/m	缓冲延时/ms	两端距离/m	视频清晰度/P	缓冲延时/ms
5	720	10	5	360	5
10	720	12	0	360	5
20	720	14	20	360	10
25	720	30	25	360	10
30	720	54	30	360	48
5	480	10	5	240	1
10	480	13	10	240	1
20	480	12	20	240	1
25	480	26	25	240	16
30	480	47	30	240	35

　　由表 4.7 可知,即使要传输 720P 高清分辨率的视频流,距离在 30m 以内,都可以保证系统延时在 ms 级,视频传输系统可以满足即开即用的需求。

5. 系统综合测试

　　机器人部分可以正常工作,小车工作状态分别如图 4.13、图 4.14 所示。

图 4.13　小车工作状态 1　　　　　　　　　图 4.14　小车工作状态 2

　　探险 UI 系统主菜单、场景构建、手势训练分别如图 4.15～图 4.17 所示。

图 4.15　探险 UI 系统主菜单　　　　　　　图 4.16　场景构建

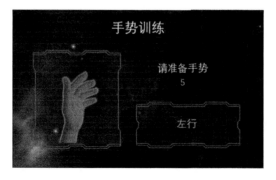

图 4.17　手势训练

4.1.5　小结

本节实现了一种端对端的沉浸式智能探险机器人系统,包括用户端和机器人端。本系统具有以下特点:

(1) 利用 EMG 信号进行手势识别,一方面大大提高了手势识别成功率;另一方面相对于传统的基于图像的识别方式,系统功耗更小,资源占用更低,即使在光照不稳定的条件下也可以进行手势识别,进行体感操作。

(2) 基于激光雷达进行场景重建,实现了低功耗、体积小巧的探测机器人,并且实现了高精度的实时定位。

(3) 基于传感组的穿戴式设备实现了对手臂姿态各个方面进行全方位的刻画,使得使用者在操作机器人的过程中产生"臂外生肢"的操作体验,随心所欲地"掌"控机器人。

(4) 对 H.264 编码器和 RTP 协议进行了定制,实现了近于 0ms 的延时,利用体感机械手臂结合机械臂上的高清摄像头实现了真正的"隔空取物"。

(5) 使用了次世代 3D 游戏开发引擎 Unity3D,就算机器人已经不在肉眼视野,但通过 Unity3D 制作的体感操作平台,能够对机器人周围环境了然于掌,依然可以对机器人进行随心所欲的控制。

(6) 使用了多种数据压缩方式,比如对视频流的 H.264 压缩,对地图数据进行 DEFLATE 压缩,这些措施都大大降低了数据传输所用的带宽,一方面可以使机器人的活动半径更大,另一方面也降低了 I/O 调度对系统的压力,显著提高了系统的稳定性。

(7) 本系统将手势操作、体感操作、场景重建、实时定位、视频采集、3D 体感操作界面等结合,构建出低功耗、长续航、体积小且可正常工作于自然灾害灾后勘察救援的下一代探测机器人。

此外,还可以从以下两个方面进行进一步研究:

(1) 在运算能力允许的情况下,采用更高效的场景重构算法,从而构建出质量更高的场景图。

(2) 采用更灵敏的 EMG 传感器,加强对微弱手势的识别。

4.2　基于 SOPC 的智能辅助饮食系统设计

多自由度机械手臂广泛应用于半导体制造、工业、医疗、军事以及太空探索等领域。机械手臂能够接受指令,精确地定位到三维或二维空间上的某一点进行作业。另外,电子技术的发展也日新月异,已经融入到生活各处,智能化已经成为一种趋势。其中,SOPC(System On Programmable Chip)是一种新的可编程系统,具有灵活的设计方式,可裁减、可扩充、可升级,并具备软硬件在系统可编程的功能。本节完成了一个基于 SOPC 的智能辅助饮食系统,系统能够辅助行动不便的人饮食,由 CCD(Charge-coupled Device)相机得到脸部图像,通过 FPGA 的二值化处理和 Nios Ⅱ 的图像分析,定位出嘴部的位置,再由 FPGA 产生持续 PWM 波控制机械臂的运动,将饮品送到使用者嘴边进行饮用。系统具有语音识别功能,全程通过语音进行人机交互,并具有自动添加饮品功能和水温异常报警功能。

4.2.1 系统总体方案

系统利用 D5M 相机撷取使用者面部影像后进行图像处理,找到嘴部位置,将其坐标存储起来,在 DE2-115 构建的 Nios II 中对各个模块进行控制,实现辅助行动不便的人饮食的功能。系统主要有以下功能:

(1) 语音识别:通过对使用者语音的采集与识别,获取使用者需求,根据使用者意愿完成相应操作。

(2) 图像处理:通过总线连接摄像头获取图像信息,对采集的图像进行一系列算法运算实现人脸识别,得到使用者嘴部的位置坐标。

(3) 机械臂控制:编写 Verilog 语言,通过 FPGA 控制六自由度机械臂上的舵机工作,使机械臂完成指定动作。

(4) SD 卡播放:播放 SD 卡中预先存储好的人声和音乐,实现系统与使用者的交互。

(5) 智能续杯:测量水杯的整体重量,判断是否需要加水,通过继电器控制电磁水阀的通断,实现续杯功能。

1. 硬件设计

系统使用 Altera 公司生产的 DE2-115 开发板,内置 Cyclone ®IV4CE115FPGA 芯片、2MB SRAM、2 片 64MB SDRAM、VGA 输出接口(Video Graphics Array),40 引脚扩展接口、带二极管保护电路,以及 24 位 CD 品质 CODEC 芯片等。利用 Quartus 建立 Nios II 软核处理器,该处理器是 Altera 的第二代 FPGA 嵌入式处理器,其性能超过 200DMIPS。Nios II 软核处理器对摄像头传进来的数据进行算法分析,并对各种 I/O 口进行软件控制。硬件结构主要包括以下 3 个模块:

(1) 输入端:温度传感器输入、压力传感器输入、语音采集输入、相机采集图像输入。

(2) 输出端:步进电机控制信号、电磁阀门、加热装置控制信号、机械臂控制信号。

(3) 信息处理:FPGA 板上的 CPU,用于检测面部图像、PID 算法、机械臂控制算法及其他影像处理;FPGA 板上的 SDRAM,用于存储面部图像,经边缘检测后的嘴部位置。

系统硬件结构如图 4.18 所示。

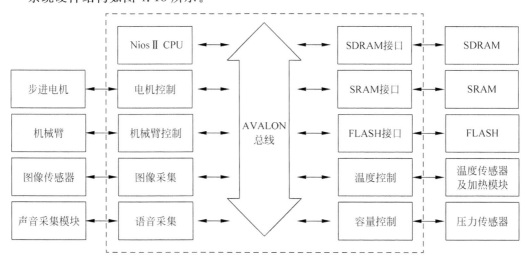

图 4.18　系统硬件结构

2. 软件设计

软件流程主要是对语音、图像、温度与机械臂等的时序控制及条件判断。由 Nios II 软核进行软件编写，系统软件流程如图 4.19 所示。

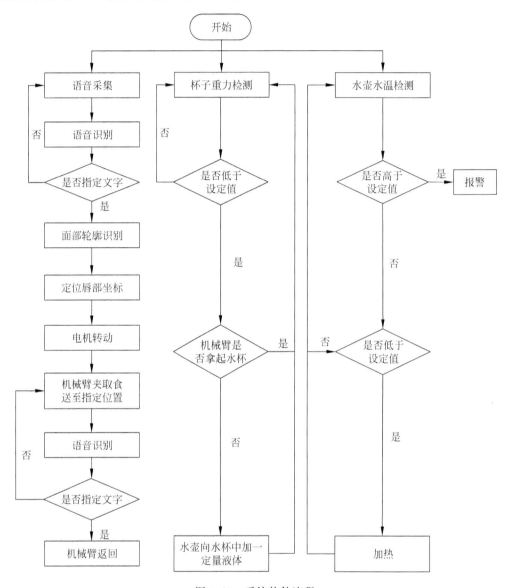

图 4.19　系统软件流程

3. 机械平台设计

机械平台底部一个步进电机，用于控制平台的旋转，第一层放置 4 个杯子，分别装有不同的饮品，根据使用者的意愿，对应饮品的杯子会旋转至机械臂正前方，而且每个杯子底部装有压力传感器；第二层是 4 个水罐，分别位于 4 个杯子的正上方，并且内部装有相应饮品，水罐上装有电磁阀以及温度传感器。系统机械平台 3D 效果如图 4.20 所示。

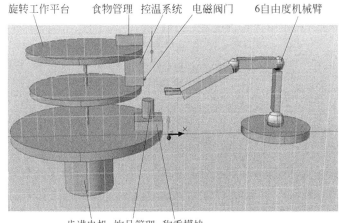

图 4.20 系统机械平台 3D 图

4.2.2 图像撷取处理模块

图像撷取处理模块由图像拍摄存储模块和图像处理模块组成。

1. 图像拍摄存储模块

使用者影像经 D5M 相机拍摄后,进入 CCD_Caputer module 并经过 RAW2RGB module 将图片转为 RGB 格式,然后对其进行灰度处理,进而对灰度图进行二值化处理。图片需要在 VGA 显示并存储在 Nios Ⅱ 中进行嘴部定位算法分析。我们自定义了一个 SRAM control module,该模块通过控制读写时序实现了 vga 和 Nios Ⅱ 的读写操作,省去了 SDRAM 较繁琐的读写操作。

2. 图像处理模块

1) RAW2RGB 算法

D5M CMOS 摄像头加了一个偏振片来消除反光干扰,拍摄得到的是 RAW 格式,奇数行包括 green 和 red 颜色的像素,偶数行包括 blue 和 green 颜色的像素。奇数列包括 green 和 blue 颜色的像素,偶数列包括 red 和 green 颜色的像素。

为了方便图像处理,先进行 RAW2RGB 的操作。首先调用一个 altshift_taps 的 megafunction,altshift_taps 经常在图像处理程序中用到,可以作为数据移动寄存器组。采集一系列像素点数据,若需要同时处理 2 行像素点就可以用 altshift_taps,共 2 个 taps,每个 taps 数据宽度为图像每行像素点的个数即 1280 个。

在格式转换时,用到 4 个量,分别为 mDATA_0,第 M 行第 N 列的像素;mDATAd_0,第 M 行第 $N-1$ 列的像素;mDATA_1,第 $M+1$ 行第 N 列的像素;mDATAd_1,第 $M+1$ 行第 $N-1$ 列的像素。4 个量组成一个以 mDATA_0 为核心的模板。

模板中必定包含一个 R、一个 B、2 个 G 像素点,那么 R 作为当前像素 mDATA_0 的 R 值,B 作为当前像素 mDATA_0 的 B 值,取 2 个 G 的平均值作为当前像素 mDATA_0 的 G 值(通过取 G 的高 10 位,舍去最后一位来实现)。每个 RGB 点相当于 4 个像素点中的交点。因此根据坐标位置有 4 种像素排列情况,根据周围 4 个 R、G_1、G_2、B 像素点的值得到对应点的 RGB 值。

2）RGB 转灰度图

对于彩色转灰度，其通用公式为

$$Gray = R \times 0.299 + G \times 0.587 + B \times 0.114 \tag{4-3}$$

但在 FPGA 中为了避免低速的浮点运算，需要整数算法，整数算法可以进一步转化为移位算法，最终得到公式：

$$Gray = (R \times 38 + G \times 75 + B \times 15) \gg 7 \tag{4-4}$$

该公式运算速度快，精度较高。

3）二值化算法

为了找出嘴部位置的坐标，在进行计算前先将灰度图做二值化处理，即将图像上的像素点的灰度值设置为 0 或 255，也就是将整个图像呈现出明显的黑白效果，将 256 个亮度等级的灰度图像通过适当的阈值选取获得其二值化图像，它仍然可以反映图像整体和局部特征，所有灰度大于或等于阈值的像素被判定为属于特定物体，其灰度值用 255 表示，否则这些像素点被排除在物体区域以外，灰度值为 0，表示背景或者例外的物体区域。本系统中阈值可以调节，因此可以适应各种环境。

4）嘴部定位算法

系统自定义了一种嘴部定位算法，该算法采取逐次减小扫描区域面积的方法，最后得到嘴部中心坐标。人脸嘴部定位算法如图 4.21 所示，嘴部定位算法对二值化得到的 600×800 个像素点进行扫描计算，具体步骤如下：

（1）对得到的像素点从上至下，逐行扫描，当找到某一行像素点灰度值为 0 的个数占本行总个数的 30% 以上，记录下该行行数为 k。

（2）对第 k 行像素点进行扫描，先从左向右扫描，扫描到某一点以及其之后连续 10 点灰度值都为 0，记录下这点坐标为 (k,m)；同理，再从右向左扫描，扫描到某一点以及其之后连续 10 点灰度值都为 0，便记录下这点坐标为 (k,n)。将嘴部扫描区域缩小为这两点形成的矩形内。

（3）对 (k,m) 和 (k,n) 形成的矩形局域进行扫描，从 k 行开始扫描，当扫描到某一行像素点灰度值为 255 的个数占本行总个数的 70% 以上，记录下该行行数为 a。

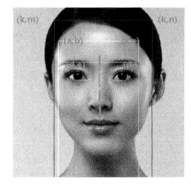

图 4.21　人脸嘴部定位算法

（4）对第 a 行像素点进行扫描，先从左向右扫描，扫描到某一点以及其之后连续 10 点灰度值都为 255，记录下这点坐标为 (a,b)；同理，再从右向左扫描，扫描到某一点以及其之后连续 10 点灰度值都为 255，便记录下这点坐标为 (a,c)。将嘴部扫描区域再缩小为这两点形成的矩形内。

（5）对 (a,c) 和 (a,b) 形成的矩形区域进行扫描，从 a 行开始扫描，当扫描到某一行像素点灰度值为 0 的个数占本行总个数的 60% 以上，记录下该行行数为 d。

（6）对第 d 行像素点进行扫描，先从左向右扫描，扫描到某一点以及其之后连续 10 点灰度值都为 0，记录下这点坐标为 (d,e)；同理，再从右向左扫描，扫描到某一点以及其之后连续 10 点灰度值都为 0，记录下这点坐标为 (d,f)。根据人脸比例可得嘴部坐标 $\left(f-e+d, \dfrac{f+e}{2}\right)$。

4.2.3 语音交互模块

语音交互模组由语音采集识别模块和 audio player 模块组成。

1. 语音采集识别模块

语音采集识别模块由 LD3320 语音识别芯片和 STC 单片机芯片组成。LD3320 芯片是一款"语音识别"专用芯片。芯片集成了语音识别处理器和一些外部电路,包括 A/D、D/A 转换器、麦克风接口、声音输出接口等。在此模块中拾音器采集到音频后,通过语音识别芯片判断是否为 MCU 单片机预先设定的词,如果是,再由 I/O 特定的信号传给 DE2 开发板,Nios II 处理核心通过判断信号来识别用户的请求,从而做出相应的操作。

2. Audio player 模块

在 DE2-115 上实现了一个 SD 卡音乐播放器,它读取存储在 SD 卡里面的音频文件,并通过 CD 品质的音频 DAC 芯片播放出来。使用 Nios II 处理器读取音乐数据并用 Wolfson WM8731 音频 CODEC 芯片完成播放工作。当语音采集识别到用户语音时,通过 Nios II 控制播放相应音频文件,从而实现语音交互的功能。

4.2.4 机械臂控制模块

本系统采用了一个六自由度的机械臂,由 6 个舵机来控制它的运动轨迹。通过 Verilog 语言编写 PWM 模块,输出 6 个占空比可调 PWM 波,将模块与外部电路连接,按照 Avalon 总线协议与 Nios II 核连接,从而实现在 Nios II 中控制输出 PWM 波的占空比,选择用 FPGA 产生 PWM 波可以缓解软件工作压力,提高系统整体运行速度。在图像处理结束后,获得嘴部坐标,但这个坐标是在 VGA 中的坐标,要将它换算到实际空间中,经过调整摄像头和人脸的距离使 VGA 显示和实际图像成 1:1,然后将机械臂放置在头部左侧,将三维问题转化为二维问题,所以只需要对二自由度机械臂的运动做算法分析,就可以控制机械臂将杯子放到使用者嘴部位置。

4.2.5 系统测试

二值化效果如图 4.22 所示,以其左上方为原点建立坐标系。

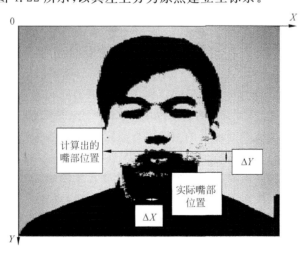

图 4.22 二值化效果

实际效果如图 4.23 所示,实际计算误差如表 4.8 所示,误差范围在 1cm 以内。

图 4.23　实际效果

表 4.8　实际计算误差

实际嘴部位置(x,y)	计算得出的嘴部位置(x,y)	$\Delta x/\mathrm{cm}$	$\Delta y/\mathrm{cm}$
(19.7,16.5)	(19.7,16.8)	0.6	0.3
(15.4,17.5)	(15.3,18.1)	0.1	0.6
(22.3,14.1)	(21.9,14.5)	0.4	0.4
(20.0,16.1)	(19.8,16.5)	0.2	0.4

4.2.6　小结

本智能辅助饮食系统可以帮助无臂残疾人进行自主饮食。系统对二值化图像进行数字图像处理,并提出了嘴部定位的算法,精度较高,全程通过语音进行交互,减少了系统的使用难度,具有自动添水和温度异常警告功能。此外,本系统还具有良好的可拓展性,可以在后续研究中进行功能添加和结构改进。

4.3　"凌动"的飞舞——室内飞行器定位与控制系统

无人驾驶飞行器简称无人机,广泛应用于军事、民用和科学研究等领域中。四旋翼无人机,作为一种常见的旋翼式无人机,由 4 个结构高度对称的旋翼提供升力,可实现偏航、俯仰及翻滚等动作,因其动力学模型简单,与固定翼飞行器相比可实现垂直起飞与降落,且在飞行过程中可保持悬停等优点,成为近年来无人机领域中研究的热点。

本节完成了一个基于凌动处理器的室内飞行器定位与控制系统,系统由飞行器、红外摄像头、RGBD 摄像头、凌动处理器构成。飞行器以 STM32F401 为主控,辅以六轴传感器和超声波传感器实现姿态和高度控制。红外摄像头通过蓝牙传回红外光点的二维坐标,利用双目定位实现飞行器的三维跟踪。RGBD 摄像头可实现对人体关节的检测和对手势姿态的识别。最终实现了室内无 GPS 信号情况下对飞行器的精确定位,以及基于手势姿态识别的四旋翼稳定控制。

4.3.1 系统总体方案

本系统由核心平台、飞行器、手势识别模块和定位模块构成,由四旋翼飞行器、两个红外感光摄像头、RGBD 摄像头、凌动处理器平台等部分组成。系统总体结构如图 4.24 所示,系统组成如图 4.25 所示。

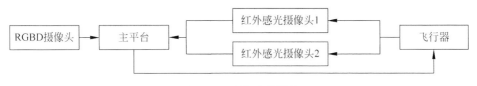

图 4.24 系统总体结构

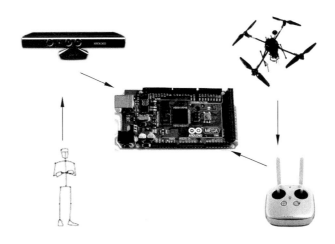

图 4.25 系统组成

RGBD 摄像头选用的是 Kinect,可提取人体骨骼信息。利用人体骨骼点的相对位置,可以判断出人体的特定动作,以此作为控制飞行器人机交互的输入信息。判断人体做出如"上升""下降"等手势后,控制飞行器完成指定动作。

红外感光摄像头选用的是 Wii Remote,内置 CMOS 感光摄像头、蓝牙通信模块等,可捕捉到红外光源的位置,并将二维坐标通过蓝牙传输回主机。但是一个 CMOS 感光摄像头是不能对光源进行三维定位的,于是系统采用双目视觉定位的原理,利用两个 Wii Remote 对飞行器进行定位。

飞行器采用结构对称的四旋翼飞行器,并在飞行器中心搭载独立供电的红外光源用于定位。飞行器的主控板是基于 STM32F401 飞控平台,飞行器为 F330 机型,通过数传模块与主板进行无线通信。

当人站在 kinect 前做出手势时,kinect 将捕获到的骨骼信息传回主平台,主平台识别手势,对飞行器通过无线数据传输模块发出控制指令,同时两个 Wii Remote 将飞行器的二维坐标通过蓝牙传回主平台,主平台计算出飞行器的空间坐标,对飞行姿态做出实时修正,实现人机交互式的实时控制。

4.3.2 系统原理

系统实现了基于手势识别的飞行器的智能控制,其难点在于飞行器在室内的精确定位、飞行器的稳定控制以及人体手势的识别,而室内定位也是本系统的核心和特色所在。

1. 定位原理

双目定位是指用两部相机来定位。现在比较流行的双目定位算法多是基于模式识别、特征检测的图像处理算法,而本系统采用 CMOS 感光摄像头(Complementary Metal Oxide Semiconductor),只对 940nm 波长的红外光成像,由于室内光的主要成分是可见光,即使有红外光,强度也比红外光源弱而且分散,因此不会对飞行器上的红外定位造成干扰。同时也避免了传统双目视觉中要先进行的目标检测,极大地简化了运算,提高了效率和实时性。

一个摄像头只能获取平面位置信息,无法获取深度信息,因此无法实现对物体的三维定位。目前三维定位的方法主要有:GPS(Global Positioning System)或者 RGDB 相机。要用普通相机做三维定位,需要使两个摄像头处于不同的成像平面,这样才可将两个二维信息转化为一个三维信息,然后根据两条直线确定一个交点的基本几何原理,即可推算出交点坐标。在本系统中,由于使用红外摄像头和红外发射器来进行拍摄,不需要对图像进行目标识别和标定等步骤,即可得到目标物体在两个摄像机像平面上的坐标。本系统的双目摄像头架设如图 4.26 所示。

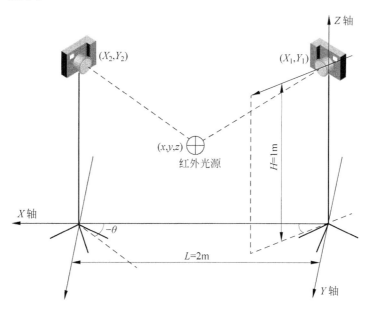

图 4.26 双目摄像头架设

两个摄像头相交部分为可定位范围。摄像头与 X 轴的倾斜角为 θ 和 $-\theta$,摄像头中心间隔为 L,摄像头离地面高度为 H。目标像素点在成像平面上坐标为 (X_1,Y_1)、(X_2,Y_2),成像分辨率为 1024×780 像素。则可以通过几何运算得出以左边摄像头地面投影为原点、摄像头延长线为 X 轴、竖直方向为 Z 轴的三维坐标,计算方法如式(4-5)~式(4-12)所示。

$$\theta_{X_1} = \arctan\left(\frac{X_1 - 1024/2}{1024/2 \times \tan40}\right) \tag{4-5}$$

$$\theta_{Y_1} = \arctan\left(\frac{Y_1 - 1024/2}{1024/2 \times \tan 25}\right) \tag{4-6}$$

$$\theta_{X_2} = \arctan\left(\frac{X_2 - 1024/2}{1024/2 \times \tan 40}\right) \tag{4-7}$$

$$\theta_{Y_2} = \arctan\left(\frac{Y_1 - 1024/2}{1024/2 \times \tan 25}\right) \tag{4-8}$$

$$Length = \frac{\sin(180° - (90 + \theta) + \theta_{X_2}) \times L}{\sin((90° + \theta) - \theta_{X_2} - (90 - \theta) + \theta_{X_1})} \tag{4-9}$$

$$x = Length \times \cos((90 + \theta) - \theta_{X_1}) \tag{4-10}$$

$$y = Length \times \sin((90 + \theta) - \theta_{X_1}) \tag{4-11}$$

$$z = y \times \tan((\theta_{Y_1} + \theta_{Y_2})/2) + H \tag{4-12}$$

由此,可以得出目标位置在设定坐标系当中的三维坐标(x, y, z),实现双目定位。

2. 飞行器控制原理

飞行器方向如图 4.27 所示,粗箭头为机头指向。

四旋翼飞行器由固定在"十"字形机架的 4 个旋翼提供动力,相对的桨叶旋转方向相同,提供垂直的升力;相邻的桨叶旋转方向相反,来抵消旋转力矩。通过控制 4 个螺旋桨的速度来实现俯仰、翻滚和偏航。各种状态下螺旋桨的转向与转速如图 4.28所示,其中箭头代表旋转方向,箭头粗细代表相对速度。

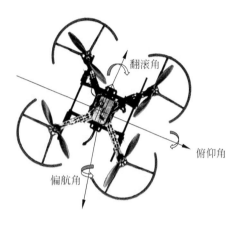

图 4.27　飞行器方向

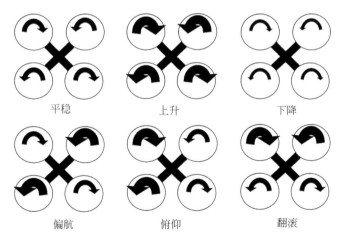

图 4.28　各种状态下螺旋桨的转向与转速

运载体的姿态解算法是实现捷联式惯性导航系统精确导航的核心技术之一,求解姿态矩阵的方法主要有欧拉法、方向余弦法、四元数法。采用四元数法解算运载体姿态,虽然物理意义难以理解,但计算量小,实时性好,不存在"方向死锁"情况,因此本系统采用的是四元数法。

当一个坐标系相对另一个坐标系做一次或多次旋转后可得到一个新的坐标系,前者往往被称为参考坐标系或固定坐标系,后者被称为动坐标系,它们之间的相互关系可用方向余弦来表示。b坐标系下的矢量到E坐标系下的转换为

$$R_E = C_b^E R_b \tag{4-13}$$

为了更简便地描述刚体的角运动,采用了四元数这个数学工具,描述一个坐标系或一个矢量相对某一个坐标系的旋转,四元数的标量部分表示了转角的一半余弦值,而其矢量部分则表示瞬时转轴的方向、瞬时转动轴与参考坐标系轴间的方向余弦值。因此,一个四元数既表示了转轴的方向,又表示了转角的大小,往往称其为转动四元数。

工程上一般运用范数为1的特征四元数,特征四元数的标量部分表示转角的一般余弦值,其矢量部分表示瞬时转轴n的方向。如式(4-14)表示矢量$\textbf{R}$相对参考坐标系旋转一个转角θ,旋转轴的方向由四元数q的虚部确定,$\cos\alpha$、$\cos\beta$、$\cos\gamma$表示旋转轴n与参考坐标系轴间的方向余弦值。

$$\begin{cases} q = \lambda + p_1 i + p_2 j + p_3 k \\ \lambda = \cos\dfrac{\theta}{2} \\ p_1 = \sin\dfrac{\theta}{2}\cos\alpha \\ p_2 = \sin\dfrac{\theta}{2}\cos\beta \\ p_3 = \sin\dfrac{\theta}{2}\cos\gamma \end{cases} \tag{4-14}$$

因此,四元数姿态矩阵微分方程式只要解4个一阶微分方程式组即可,计算量明显少于方向余弦姿态矩阵微分方程式,能满足工程实践中对实时性的要求,四元数的求解用一阶龙格库塔法,即

$$q(t+T) = \left\{ I + \frac{1}{2}\times(\Delta\theta) \right\} \times q(t) \tag{4-15}$$

其中,t为时间,T为四元数更新周期。用四元数表示的姿态矩阵为:

$$C_E^b = \begin{bmatrix} \lambda^2 + p_1^2 - p_2^2 - p_3^2 & 2(p_1 p_2 + \lambda p_3) & 2(p_1 p_3 - \lambda p_2) \\ 2(p_1 p_2 - \lambda p_3) & \lambda^2 + p_2^2 - p_1^2 - p_3^2 & 2(p_2 p_3 + \lambda p_1) \\ 2(p_1 p_3 + \lambda p_2) & 2(p_2 p_3 - \lambda p_1) & \lambda^2 + p_3^2 - p_1^2 - p_2^2 \end{bmatrix} \tag{4-16}$$

将四元数带回姿态矩阵中,求出姿态角如式(4-17)所示,迭代求取过程中$\Delta\theta$用加速度和角加速度互补滤波的方法计算。

$$\begin{cases} \text{roll} = \arctan\dfrac{\lambda p_1 + p_2 p_3}{1 - 2(p_1 p_1 + p_2 p_2)} \\ \text{pitch} = \arcsin(p_1 p_3 - \lambda p_3) \\ \text{yaw} = \arctan\dfrac{p_1 p_2 + \lambda p_3}{1 - 2(\lambda\lambda + p_1 p_1)} \end{cases} \tag{4-17}$$

其中,roll为翻滚角,pitch为俯仰角,yaw为偏航角。

姿态角作为实时结果,是用来对飞行器进行反馈的,本系统采用串级PID控制理论,以俯

仰角、偏航角、翻滚角为输入量,对四轴的转速进行控制,串级 PID 调节结构如图 4.29 所示。

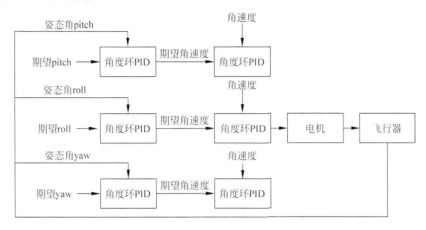

图 4.29 串级 PID 调节结构

3. 手势姿态识别原理

系统使用手势产生简单的指令,对无人机进行飞行控制。Kinect 是 RGBD 相机,Kinect 可以传回在摄像头前的人的骨骼帧信息。Kinect 骨骼提取信息如图 4.30 所示。

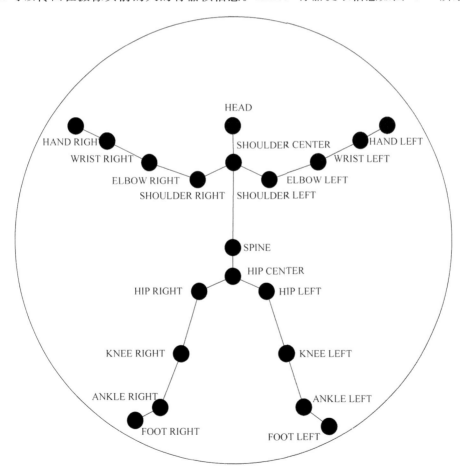

图 4.30 Kinect 骨骼提取信息

由图 4.30 可知,人共有 20 个关节信息,其中重点使用到的为 ELBOW、SHOULDER、WRIST 等关节的坐标信息。通过计算各个关节之间相对位置,来判断当前的手势状态,手势状态的判断如图 4.31 所示。

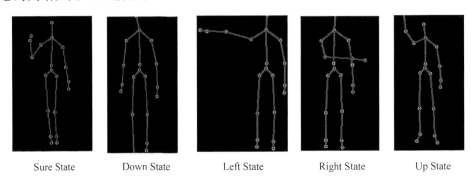

Sure State   Down State   Left State   Right State   Up State

图 4.31 手势状态的判断

固定时间间隔的手势状态变换,可以得到手势信息,由手势信息产生对应的简单控制指令,状态转换及对应指令如表 4.9 所示。

表 4.9 状态转换及对应指令

当 前 状 态	上 一 步 状 态	指 令
Left State	Sure State	向左飞行
Right State	Sure State	向右飞行
Up State	Sure State	向上飞行
Down State	Sure State	向下飞行

除了以上状态转化外,系统还支持手部关节实时跟踪,根据每帧数据中 ELBOW、SHOULDER、WRIST 关节的相对位置,实现连续的状态转换,以达到对飞行器轨迹的连续控制。

4.3.3 系统硬件设计

本系统采用 MinnowBoard Turbot 嵌入式平台。该平台采用 64 位 Intel Ⓡ Atom™ E38xx Series SoC,集成英特尔高清图形与开源硬件加速,2GB DDR3 内存系统内存,8MB 的 SPI FLASH 存储器系统固件,在计算速度上有着很好的性能。在扩展方面,平台具有 USB2.0、USB3.0、以太网 RJ-45 连接器、HDMI 接口等。本系统使用 HDMI 接显示器,SATA 接口接固态硬盘,USB 接口通过集线器扩展,接入蓝牙适配器、Kinect 传感器、鼠标和键盘。

1. 飞行器硬件

飞行器的主控板集成了 STM32F401 MCU 和 MPU6050 六轴加速度及角速度传感器。飞行器地面安装了超声波 HC-05 模块,用于高度测量,飞行器的构成如图 4.32 所示,遥控器为系统之外的设备,用于自主控制失效时的紧急控制。

无线数传采用 NRF 模块,以 STM32F101 为 MCU,模块工作在 2.4GHz,需配对使用,可模拟双工通信;为了节省空间,安装在飞行器上的 NRF 使用的是内置天线,且配置为主接收模式;为了提高发射功率,安装在上位机上的 NRF 使用的是外置天线,且配置为主发送模式。数传工作过程如图 4.33 所示。

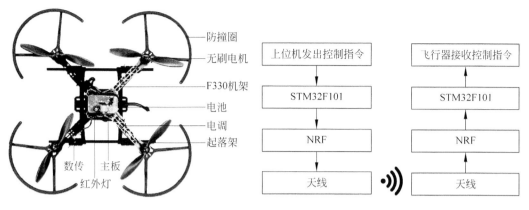

图 4.32　飞行器的构成　　　　　　　　图 4.33　数传工作过程

2. 定位模块

Wii Remote 内置 CMOS 感光摄像头、加速度机模块和蓝牙通信模块等。CMOS 感光摄像头为 CMOS 阵列传感器，摄像头加了一层过滤膜，仅能识别出一定波长范围的红外光。本系统选用的是 940nm 的红外光源，肉眼不可见，但通过手机摄像头可看见紫红色。摄像头水平视角 40°，垂直视角 25°。摄像头内部的处理并不是将图片数据直接上传至上位机，而是在感光成像之后，处理成 1024×768 的分辨率，将获取到的红外光源记录成坐标格式，一次最多可检测 4 个红外源，并将这些坐标封装成帧，传递到蓝牙模块，再通过蓝牙传输到上位机。

红外感应器内置了一个蓝牙芯片，感应器通过该蓝牙模块实现与主机的通信。感应器与计算机完成配对以后，计算机把感应器当作一种 HID 输入设备，通过调用操作系统的 API 函数对其进行操控。然而本系统的主板上并没有蓝牙装置，因此在主板上装了一个蓝牙 4.0 的适配器，该适配器支持一对多的连接。

3. Kinect 传感器

Kinect 是一种 3D 体感摄影机（开发代号"Project Natal"），同时它导入了即时动态捕捉、影像辨识、麦克风输入、语音辨识、社群互动等功能。

Kinect 有 3 个镜头，中间的镜头是 RG 彩色摄影机，用来采集彩色图像。左右两边镜头分别为红外线发射器和红外线 CMOS 摄影机所构成的 3D 结构光深度感应器，用来采集深度数据，即场景中物体到摄像头的距离。彩色摄像头最大支持 1280×960 分辨率成像，红外摄像头最大支持 640×480 成像。Kinect 还搭配了追焦技术，底座马达会随着对焦物体移动跟着转动。Kinect 也内建阵列式麦克风，由 4 个麦克风同时收音，对比后消除杂音，并通过其采集声音进行语音识别和声源定位。

微软公司已在 2011 年 6 月推出了 Kinect forWindows SDK Beta，特别是可以使用 C♯与 .NET Framework 4.0 来进行开发。Kinect for Windows SDK 主要是针对 Windows 设计，内含驱动程序、丰富的原始感测数据流程式开发接口、自然用户接口、安装文件以及参考例程。使用 C++、C♯或 Visual Basic 语言、Microsoft Visual Studio 工具的程序设计师可以使用 Kinect for Windows SDK 进行开发。本系统主要使用的是人体骨骼点提取的相关 API 函数。

4.3.4　系统软件设计

系统软件由界面模块、定位模块、飞行器控制模块和手势识别模块构成，其中界面模块是用户和硬件系统的接口，由界面程序的主线程调用各个子线程，而飞行器控制模块是主机和飞行器之间的接口。系统软件框架如图 4.34 所示,系统流程如图 4.35 所示。

图 4.34　系统软件框架

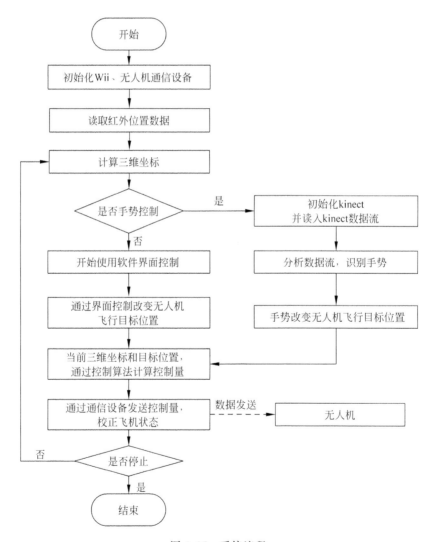

图 4.35　系统流程

1. 图形用户界面

由于宿主机使用 Windows 操作系统下的开发环境,我们使用 C++语言编写应用程序,选择了 Qt 作为界面开发工具。信号和槽机制是 Qt 的核心机制,可以让编程人员将互不相关的对象绑定在一起,以此来实现它们之间的通信。当对象的状态改变时,信号就由该对象发射出去,而与该信号连接的槽则负责接收这个信号,槽函数的执行相当于对此信号的响应。

基于 Qt 中信号与槽的机制以及 Qt 的图形界面框架,首先导入需要使用的图形资源,通过设置样式表或者继承基类并且重构函数的方法,来实现控件或窗口样式的自定义;在界面资源预配置的过程中,使用 layout 对图形界面进行整体布局,并且完成信号与槽的定义以及系统设置,包括基本按键操作的响应以及实时数据的显示与绘制,其中,实时数据的显示与绘制包括对 kinect 骨骼数据的图形化显示,以及使用 Opengl 实现的飞行器三维运动位置模拟场景绘制;最后编写处理、更新相应数据的槽函数,界面程序进入事件循环。界面设计流程如图 4.36 所示,模拟飞行器运动界面如图 4.37 所示。

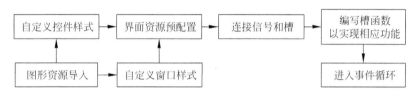

图 4.36　界面设计流程

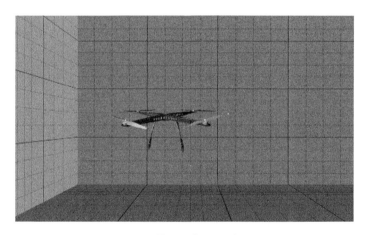

图 4.37　模拟飞行器运动界面

2. 定位软件设计

两个 Wii Remote 的二维坐标通过蓝牙传输,通过适配器传回主机。蓝牙为 USB-HID 设备,主机通过 VID、PID 和产品序列号来识别不同的 HID 设备,完成配对。系统参考坐标系是以 Wii Remote 1 为坐标原点的。配对完成后,即可获取数据流,进行坐标计算和数据处理,定位软件工作流程如图 4.38 所示。

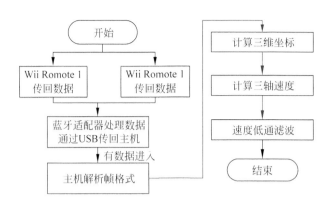

图 4.38 定位软件工作流程

3．飞行器控制软件

微型无人飞行器控制包括飞行轨迹和飞行姿态控制,而轨迹控制又是通过姿态控制来实现的,飞行器自身已经实现了稳定的姿态控制,所以外部仅需要根据轨迹改变飞行器的姿态。无人机姿态控制需要极高的精确性,传统的单级 PID 无法满足其性能要求,但如果采用复杂的控制算法,则在软件实现上具有一定的难度。而串级 PID 控制则能满足精度要求,同时便于调试。

串级 PID 控制系统是指两只调节器串联起来工作,其中一个调节器的输出作为另一个调节器的输入。

本系统对翻滚和俯仰通道的姿态采用串级控制,对高度进行分段串级 PID 控制,飞行器在飞行时需要翻滚角、俯仰角以及高度信息,而翻滚角、俯仰角以及高度的推算就需要飞行器的准确位置。响应速度快的作为内环,响应速度慢的作为外环,位置响应越慢,速度响应越快。因此,飞行器在参考坐标系下,X 轴、Y 轴、Z 轴的分速度做内环控制量,X 轴、Y 轴、Z 轴的位置做外环控制量,位置环的输出作为速度环的输入,就构成了串级 PID。其中速度环的作用是自稳,位置环的作用是调节。串级 PID 控制结构如图 4.39 所示。模型搭建完成后,难点在于 PID 控制器现象的分析和系数的整定。同时为了增强控制精度,加强数据融合,高度位置环的反馈值来自定位模块的测量数据,而内环在飞行器上执行,由超声波模块测量的高度计算出速度进行实时的控制。

4．手势姿态识别软件

本系统使用 Kinect 传感器来实现手势识别控制。由 Kinect 传回骨骼帧信息,通过判断当前的各个骨骼关节位置关系,来判断当前的手势状态。本系统将手势状态分为 5 种状态：Surestate、Leftstate、Rightstate、Upstate、Downstate,分别对应确认状态、左状态、右状态、上状态、下状态。再通过判断状态的转换,来识别最终的手势信息,例如由 Surestate(确认状态)转换至 Upstate(上状态)的手势信息为无人机起飞,添加确认状态作为中间状态可以使得手势易于操控,并且减少误操作的可能。手势识别数据处理流程如图 4.40 所示。

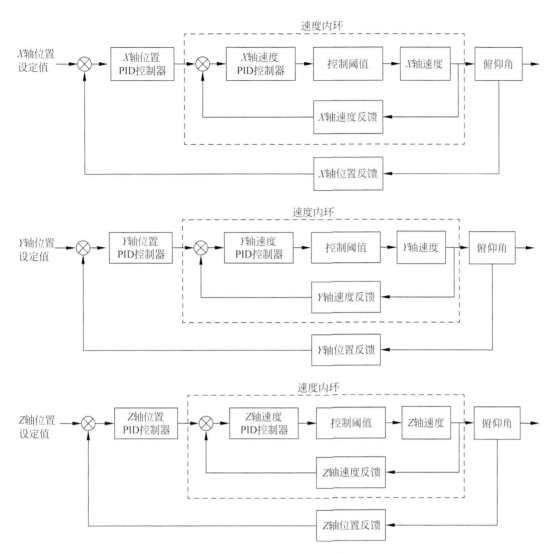

图 4.39　串级 PID 控制结构

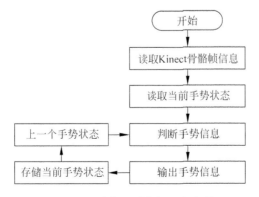

图 4.40　手势识别数据处理流程

4.3.5 系统测试

1. 定位测试

飞行器的定位测试分为两种。一种是飞行器静止时的坐标测试,对于校准后的坐标系,反映了飞行器在有效范围内的坐标捕获和坐标演算情况,用于测试坐标系校准和定位有效范围的判断。测试者手拿着红外光源在房间内来回走动,观察返回的坐标情况。

另一种是飞行器在飞行过程中的位置捕获、定位、数据滤波的测试。在飞机飞行时,存储位置和速度信息,利用 MATLAB 工具绘图进行分析。

对于校准后的坐标系,静止坐标测试结果如表 4.10 所示,除了已列出的几个典型值外,还测试当 $L=2\text{m}$, $H=1\text{m}$ 时,有效定位范围为 $2\text{m}\times3\text{m}\times2\text{m}$ 的空间,但 $L=3\text{m}$, $H=1\text{m}$ 时,有效定位范围为 $3\text{m}\times3\text{m}\times2\text{m}$ 的空间;且随着 H 和 L 的增大,有效定位范围也会随之增大,但精度会有一定程度的下降。

表 4.10 静止坐标测试结果

测试点坐标(x,y,z)	$(0,0,0)$	$(100,0,0)$	$(0,100,0)$	$(0,0,100)$	$(100,100,100)$
测试次数	200	200	200	200	200
误差 1%内次数	135	167	148	178	159
误差 10%内次数	54	33	47	21	35
误差 10%以上次数	11	0	5	1	6

另一种是飞行器在飞行过程中的位置捕获、定位、数据滤波的测试。由静止时的测量可以确定,飞行器的定位精度在 cm 级,能够满足飞行器实时控制的要求,定位结果测试及滤波后的速度测试如图 4.41 和图 4.42 所示,滤波后的位置和速度均没有毛刺,符合控制要求。

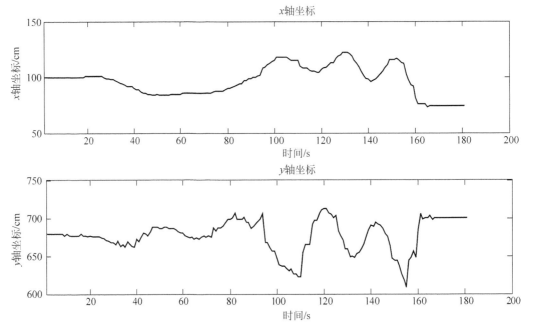

图 4.41 定位结果测试

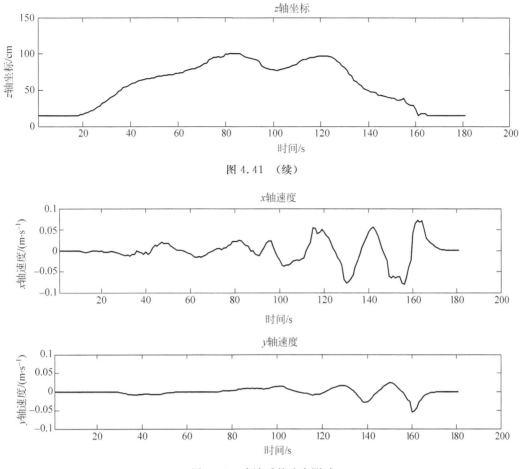

图 4.41　（续）

图 4.42　滤波后的速度测试

2. 手势姿态识别测试

Kinect 人体手势姿态识别的测试结果在白天的室内进行,为了测试手势以及其他肢体动作对飞行器控制的效果,随机选取无肢体残疾的 10 名志愿者,对每个人的各种动作做了 3 次有效的测试,每种手势可以得到 150 个测试结果。手势测试结果如表 4.11 所示。

表 4.11　手势测试结果

操 作 手 势	测 试 次 数	正 确 次 数	正 确 率
上升	10×3	29	97%
下降	10×3	28	93%
向右飞	10×3	28	93%
向左飞	10×3	27	90%
画圆	10×3	25	83%

3. 综合测试

本系统综合测试反应灵敏、性能稳定,各项指标达到了预期效果,可用手势稳定地控制飞行器的起飞、降落及一些特定动作。系统综合的 CPU 占用率和内存占用率分别为 88% 和 50%。

4.3.6　小结

本节设计并实现了一个基于 Intel 凌动处理器的室内飞行器定位与控制系统,实现了在室内没有 GPS 信号的情况下对飞行器的精确定位,以及基于手势姿态识别的对四旋翼的智能控制。

主要完成了以下工作:

(1) 友好的界面显示。界面是人与机器之间传递和交换信息的媒介,编辑良好的界面可以给操作者带来更好的体感。本系统利用 Qt 语言和 PS 工具设计了交互友好的界面,且实现了目标运动轨迹的三维重构,极大地增强了可视性。

(2) 交互式的操作。通过获取 Kinect 传感器的数据,识别人体的骨骼、关节信息,将现实世界中的关节运动通过坐标系转换影射到屏幕坐标系中,通过识别简单动作,建立手势模型和状态转化,以控制飞行器的飞行轨迹,是由遥控驾驶向手势驾驶的飞跃,增加了驾驶飞行器的趣味性。由手势代替实体,也向虚拟现实跨出了重要的一步。

(3) 稳定的自主飞行。在一定范围内识别飞行器,对飞行器进行定位追踪,自动控制飞行器的飞行,可实现定点起降、定点悬停、空中飞舞、手抓急停等高难度动作,为无人化操作提供可能。且完善了飞行器的安全措施,对危急情况做出预判,紧急减速降落以减小对飞行器自身和周围环境的伤害。

(4) 精确的室内定位。基于双目视觉和红外成像的定位方法实现了室内厘米级定位,可根据需定位的范围对红外摄像头进行组网,实现更大范围的定位追踪,具有极强的扩展性。红外灯源简单、易实现,现在智能手机上大多都配备有或留有接口。因此红外定位不仅可应用于飞行器的控制,更适用于大型商场等地的室内定位与消息推送。如结合互联网+,可设计配套 APP(Application),打开红外灯,处于被定位状态,接收商场相关商品的信息介绍等,具有宽广的应用前景。

(5) 飞行器远程控制。如果飞行器需要到室内或室外执行飞行和勘测任务,可以通过无线数据模块进行远程控制,无线数据模块功耗低、有效距离远、抗干扰能力强等特点,增强了本系统的功能,扩展了本系统的使用范围。

4.4　知音识谱小琴手

本系统基于 Intel 凌动处理器的 MinnowBoard Turbot 嵌入式平台,外加 Intel Genuino 101 平台和 STM32F103ARM 平台辅助整个系统的外部控制。核心平台利用串口向辅助平台发送指令,辅助平台控制机械手实现音乐演奏。演奏方式分为指定乐曲演奏、识谱演奏和听歌识曲演奏。指定乐曲演奏,通过交互界面人工选择乐曲并演奏;识谱演奏,通过图像识别,利用大津法全局阈值、RADON 倾斜校正和 SSIM(Structural Similarity Index Measurement)相似度匹配等算法实现曲谱的识别和快速匹配并演奏;听歌识曲演奏,利用快速傅氏变换(Fast Fourier Transformation,FFT)进行音谱分析,构造声纹库并利用 Shazam 算法进行歌曲的识别并演奏。大功率伺服电机驱动机械手的高速移动,小琴手的臂膀利用的是 3D 打印机专用的滑轨,形成 x-y 二维双轴正交结构,实现琴键的全方位覆盖,手指使用亚克力板定制而成,利用舵机实现按键驱动。此外,我们制定了电子乐谱标准协议,该标准规定 4B 为一帧,每帧代表一个音符。该协议还具有良好的拓展性。

4.4.1　电子乐谱协议

我们为本系统的电子乐谱定制了相应的标准,并称为电子乐谱协议。该协议规定:任意一首曲子的电子琴谱信息都存放在一个曲谱向量中,向量中每个元素的长度都是一个 32 位二进制数,为简洁起见用十六进制数表示,向量的长度为曲子的长度。其中,每首谱子中的每一个音符用一个 32 位数表示,这个 32 位数据称为一帧。电子乐谱协议的数据帧格式如图 4.43 所示。

图 4.43　电子乐谱协议的数据帧格式

(1) bit0~6/8~14:左/右手音律位。音律起点是以第二个手指所对应的"降降 do"这个音为初始化基准的。7 位音律键,$2^7=128$,除去全 0、全 1 以及 6 个 1、1 个 0 的 3 种情况一共可控制 125 个音,每个音对应一个琴键,电子琴有 61 个键,其实 6 位就刚好满足其需求。考虑到拓展性问题,钢琴有 88 个键,7 位足以应付所有的琴键。

(2) bit7/15:左/右手黑白键位。当需要按黑键时置 1,按白键时置 0。

(3) bit16~19/20~23:左右手指位。这 8 位从高位到低位依次对应两只机械手指的右手第 1、2、3、4 根和左手第 1、2、3、4 根手指。当对应位置 1 时,手指按下琴键;当对应位置 0 时,手指松开琴键。

(4) bit24~31:节拍位。这 8 位控制着每一个音符的节拍数。以一拍为一个节奏单位,因为拍数成倍出现,为便于计算,以移位代替乘法运算来指定节拍的编码。节拍键码对应关系如表 4.12 所示。

表 4.12　节拍键码对应关系

序　　号	节　　拍	键　　码
1	1/16 拍	0000 0001
2	1/8 拍	0000 0010
3	1/4 拍	0000 0100
4	1/2 拍	0000 1000
5	1 拍	0001 0000
6	2 拍	0010 0000
7	4 拍	0100 0000
8	8 拍	1000 0000
9	任意拍	组合

演奏开始时,会发送一帧指定帧为初始化帧,该帧数据将双轴配置在原点处,之后的帧到达后便按照其要求执行。演奏结束时,有一帧结束帧,也是初始化双滑轨,使其回到原始起点。这样减少了每次演奏中抖动出现的偏差,避免影响下一次演奏。

4.4.2 系统硬件设计

本系统的硬件部分主要分为核心平台、辅助平台和机械架构 3 个区域。核心区域由 Minnowboard 组成,辅助部分由 STM32 和 Intel Genuino101 组成,机械架构由驱动、电机、滑轨和机械手组成。整个系统主要有滑轨、机械手、电机和控制平台 4 个主要部分,滑轨用于实现机械手的左右和前后移动,机械手的手指负责按键,电机控制滑轨的滑动带动机械手移动,控制平台实现对这一系列动作的时序调配和资源调度。系统硬件结构如图 4.44 所示。

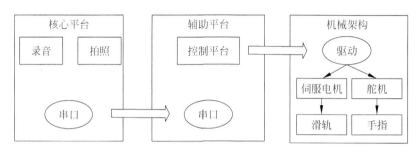

图 4.44 系统硬件结构

1. 核心平台及辅助平台

核心平台是 Intel 最新发布的一款 MinnowBoard 平台。辅助平台包括 Intel Genuino101 平台和 STM32F103ARM 平台。MinnowBoard 上面运行 Windows 10 的操作系统,实现交互式界面。MinnowBoard 具有较强的运算能力和图像处理能力,作为操作系统平台,整个交互式界面都由它承担,并且负责指令的下达、图像处理和语音识别等运算任务。STM32F103 通过串口接收指令,利用其定时器资源控制电机、滑轨、机械手的时序,使它们协调和配合。STM32 可同时实现双手滑轨和手指的时序控制来演奏电子琴。

核心平台 Intel MinnowBoard Turbot 配有一个外置硬盘接口,一个 Kingston128G 的外置固态硬盘,Windows 10 的操作系统放在固态硬盘内。平台通过 micro HDMI 转 VGA 接口接到显示器的通用 VGA 接口上,用于显示操作系统的内容。平台通过 USB 转串口模块与 STM32 辅助平台实现通信。

系统设计中的辅助平台 STM32 涉及与主核心平台的交互,执行主核心平台发出的指令。通过 I/O 口输出 PWM 波,PWM 波用于控制舵机运动来实现手指的按键,以及精确控制伺服电机实现滑轨的定位。

2. 机械架构

1) 伺服电动机及电机驱动

本系统采用的是 ASD-H1 系列伺服驱动电动机,主要功能特点为。

(1) 速度响应频宽 550Hz,命令整定时间 1ms 以内。

(2) 内置自动共振抑制滤波器,有效抑制机械共振频率。

(3) 17 位分辨率的增量编码器,电机高精准度。

(4) 高达 4MHz 高速差动脉冲输入。

(5) 3 倍过载能力,电机低扭矩纹波。

伺服电机控制模式如图 4.45 所示。

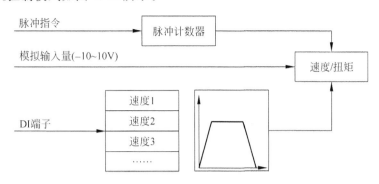

图 4.45　伺服电机控制模式

电机采用的分别是 750W 和 400W 的伺服电机,具有灵敏度强、精度高、速度快、负载能力极强等优点。750W 电动机主要负责长轴导轨的控制,其负载包括短轴滑轨、滑块、整套机械手和 400W 电动机。400W 电动机主要负责短轴滑轨的控制,其负载包括滑块和一套机械手。伺服电动机全部用的是 220V 的伺服驱动器,具有极强的驱动能力。

2)滑轨模组

滑轨由长轴和短轴两部分正交组成。长轴代表横向移动,沿着琴键排布方向,负责将机械手送到指定的按键音处。短轴与长轴垂直安置固定于其上,滑块使得机械手前后移动,且机械手能够区分黑白键。滑轨是定制的 3D 打印机的专用滑轨,具有精度高、滑动快、噪声小等优点。长轴与短轴通过定制的链接块垂直固定,形成 x-y 型结构。滑轨的基本模型如图 4.46 所示,二维衔接采用的是两个固定滑块,确保稳固性。

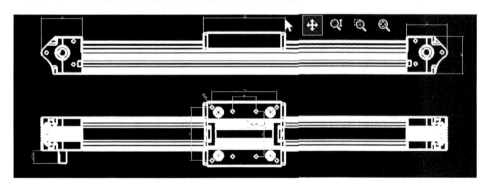

图 4.46　滑轨的基本模型

3)机械手

机械手是用 AutoCAD 设计而成,尺寸与琴键的间隔和大小相对应。机械手使用的亚克力的材质定制而成,材质坚固、有韧劲、耐磨。一只手有 4 个手指用来按键,手指使用舵机控制按下和松开。可以单指按下或者多指同时按下。手指戴有手套防止琴键磨损。相邻手指间间隔与相邻琴键相同,确保了演奏的连贯和顺畅。手掌和手指部分的设计如图 4.47所示。右边为手掌的设计图,图中预留了 4 个舵机安装的螺孔,右侧是长短不同的两种手指。

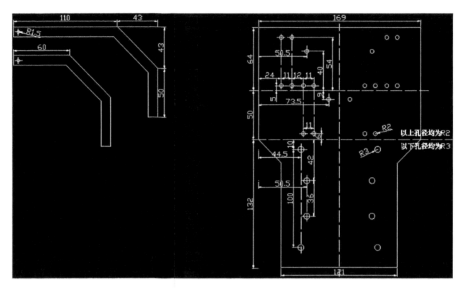

图 4.47　手掌和手指部分设计

4.4.3　系统软件设计

系统软件程序负责听歌识曲功能、看谱识曲功能、机械手演奏功能以及人机交互功能的实现。听歌识曲是基于指纹的音乐检索,通过 Shazam 算法得出音频段的 landmark,然后建立哈希表进行匹配。识谱功能则是,将五线谱删除后,对每一个乐符进行模板匹配来进行识别。系统根据听歌识曲功能得到歌曲的信息,或者由识谱功能得出一段乐谱的信息,通过串口发送给控制平台,从而控制机械手弹奏相应的歌曲。

1. 听歌识曲功能

1) 基于指纹的音乐检索

基于指纹的音乐检索是一种新型的音乐检索方式,它让用户录制一段正在播放的音乐,然后上传到服务器进行匹配,最后返回对应的歌曲信息。与哼唱检索相比,它适用范围更广,使用也更加方便。

基于指纹的音乐检索核心是从原始的波形音乐中提取指纹,然后利用指纹进行匹配。指纹可以看作一首歌的哈希值,相同歌曲有相同的指纹,不同歌曲对应不同的指纹。但是和哈希值不同,一首歌的指纹并不是一个单独的数字或者字符串,而是一个附属有时间属性的数字集合。

提取指纹的算法很多,主要有三大类: echoprint,chromaprint 和 landmark 等。目前最常用的指纹提取算法是 landmark 算法。由于 landmark 算法的检索准确率较高,因而被广泛研究并应用。

2) Landmark 算法流程

Landmark 算法流程如图 4.48 所示。首先采用 FFT 变换将原始波形音乐由时域变换到频域。每一帧的位移是一个可调参数,一般会选择 $10\sim40\mathrm{ms}$。FFT 变换后的立体图及频谱图如图 4.49 所示。变换后得到频谱图,如图 4.49(b)所示。频谱图是一个三维图,X

坐标是时间,Y 坐标是频率,Z 坐标是能量。其次,从频谱图中提取一系列的 landmark,即频谱图中的能量峰值,如图 4.49(a)中的黑点所示。选取 landmark 的规则不固定,根据不同方法和参数选定的 landmark 是不同的。可以通过控制参数调节每秒选取的 landmark 点数。然后,利用选定的 landmark 构造一系列指纹。构造指纹的方法很简单,根据 Shazam 算法的描述,将两个landmark 组合在一起。最后,利用提取的指纹从指纹库中检索得到结果。

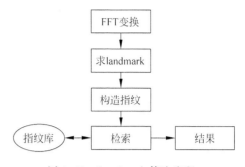

图 4.48　Landmark 算法流程

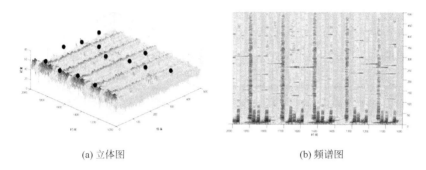

(a) 立体图　　　　　　　　　　(b) 频谱图

图 4.49　FFT 变换后的立体图及频谱图

3）构造指纹

指纹构造方法和 Shazam 算法一样。首先针对每一个 landmark 都有一个人为指定的targetzone,也就是一个 landmark 构造指纹的范围。然后,将 landmark 和 target zone 中的所有 landmark 两两组合,构成一个指纹。指纹由三部分构成:两个 landmark 分别的频率,以及两者的时间差。其中 landmark 的时间,表示这个指纹出现的时刻。

从原始音乐库构造指纹库,提取的指纹放入指纹库。指纹库可以用散列表实现,每个表项表示相同指纹对应的音乐 id 和 time。如果我们是检索音乐,则利用提取的指纹访问指纹库。构造指纹过程如图 4.50 所示。

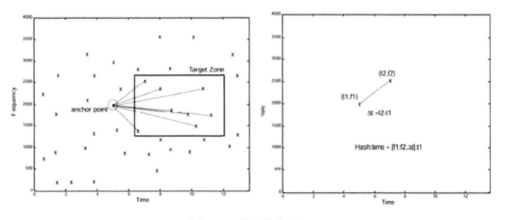

图 4.50　构造指纹过程

4) 音乐检索

检索是算法的核心,生成的指纹通过检索指纹库即可返回要检索的歌曲。生成的指纹放入散列表中,每一个表项都是相同指纹对应的音乐数据。音乐数据包括:音乐的 id 和指纹在音乐中出现的时刻 time。

当用户传递的音乐片段到达服务器之后,首先对该片段提取指纹,然后将所有的指纹与散列表中的指纹进行匹配。找到匹配的指纹后,获得该指纹对应的音乐的 id 和该指纹在音乐中出现的时刻 time。然后将提取的指纹对应的 time 减去从指纹库中获得的 time 得到一个时间差。最后将这些 id 和时间差进行排序:id 放在 long 型数据的高位,时间差放在 long 型的低位,排序后的结果就是针对每个 id 的一系列的时间差。

Shazam 算法选择结果依据假设:要检索的片段肯定来自于某一首完整音乐从某个时刻开始的片段,而它们的生成的指纹相同,对应的时间差也相同。所以排序结束之后就寻找含有最多相同时间差的音乐 id 即可。

2. 识谱演奏

识谱演奏的算法涉及图片的倾斜校正、谱线的检测与删除以及乐符的识别。

1) 曲谱照片的预处理

由于曲谱的拍摄可能存在一定程度的畸变或者倾斜,因此先得对拍摄的图片进行预处理。

(1) 二值化。选择适当的阈值,阈值的选取使用大津阈值法求解的全局阈值,将输入的扫描图像转化为二值图像,以便进行下一步处理。其中,阈值的选择是否合适决定了能否将图像较好地转化为二值图像,因此,要根据所处理图像的特点,选择合适的二值化方法。

(2) 膨胀。对字符进行膨胀之前,可以通过去除细小对象,去除对图像影响不大的像素权重,如字母 i 上的点以及标点符号等。膨胀运算是形态学图像处理的基本方法之一,可理解为对二值图像进行加长或变粗的操作。这种特殊的操作由一个称为结构元素的集合控制。可以通过适当增加膨胀的次数,使相邻的文本尽可能地联结成一个整体。此外,由于膨胀后的字符之间可能依旧有一些孔洞,可以通过填充孔洞的方法,使字符能够更完整地联结在一起。

(3) 提取边缘。为获得字符膨胀后所形成的图像边界,需要利用边缘检测技术。经典的边缘提取方法是考察图像的每个像素点邻域内灰度的变化,利用临近边缘的一阶或二阶导数的变化规律,检测边缘。常用的算子有 Sobel 算子、Prewitt 算子、Roberts 算子、拉普拉斯算子和 Canny 算子。本系统采用 Canny 算子进行边缘检测。

(4) Radon 变换。Radon 变换的思想是沿一条特定的直线求函数的积分,并将得到的积分值投影到 Radon 变换平面上,而积分值在 Radon 变换平面上的位置由直线与原平面原点的距离及倾斜角度所决定,θ 方向上的投影积分如图 4.51 所示。为了构造 Radon 变换的平面,需要将原始函数沿图像平面内所有可能的直线进行积分,包括到原点距离不同和倾斜角度不同的直线;然后将沿直线积分所得到的积分值投影到变换平面上对应的点。相应地,如果图像内包含有一条直线,则沿着这条直线积分时所得到的积分值最大,而其他积分方式所得到的积分值就相对较小。这一特性常被用来检测图像中的直线。

Radon 变换平面与原平面的关系为

$$g(s,\theta) = \int_{-\infty}^{+\infty} \int_{-\infty}^{+\infty} f(x,y)\delta(x\cos\theta + y\sin\theta - s)\,\mathrm{d}x\mathrm{d}y \qquad (4\text{-}18)$$

其中，$f(x,y)$ 为原图像平面上点 (x,y) 的灰度值；$g(s,\theta)$ 为 $f(x,y)$ 在角度 θ 上的一维投影。

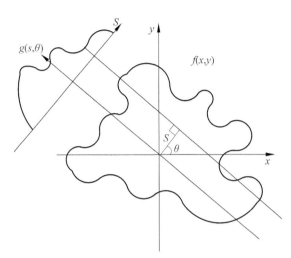

图 4.51 θ 方向上的投影积分

（5）旋转。为提高计算速度，可通过估计图像倾斜角度范围来限定 θ 的范围，减小计算量。此外，为使实验结果准确，可以通过对 Radon 变换求得的积分值进行排序，选取不小于最大积分值的 80% 的积分值，获得其对应的倾斜角度，取其平均值作为最终倾斜角度。

2）谱线的检测与删除

水平投影方法是最为直观、高效的谱线检测和定位方法。该方法抗干扰能力强，不必考虑谱线与其他图元的复杂关系，并允许谱线出现断裂甚至残缺。这一优势与复杂密集型版式多声部乐谱的需求相吻合，但是该方法对变形非常敏感，一旦谱线出现弯曲或倾斜，即使是轻微的，投影直方图的峰值也将被"淹没"，导致算法失效。为此，检测谱线之前先对变形进行自动校正，将谱线沿水平方向"拉直"，使谱线的直线特征得以恢复和加强，然后采用水平投影的方法定位谱线。该方法基本步骤如下：

（1）将图像分成若干个纵向条形区域，对每个区域作水平投影生成投影队列。

（2）利用投影队列间的交叉相关性计算获得区域像素的变形偏移量。

（3）并根据偏移量还原像素位置，实现图像变形校正。

（4）获得校正后的水平投影，确定谱线的位置。

在判断某个观测单元能否被删除时，除了对象自身的特征属性，如几何形态、位置、尺寸等，对象周边的环境特征也是判断的重要依据。像素在宏观上具有群体特征，可以聚合成游程，而相邻游程根据线宽一致性和拓扑一致性可进一步聚合成块。游程块较之像素，无论是表达范围和表达层次都有很大的延伸和提高，在处理效率、抑制噪声影响等方面具有明显优势。更重要的一点，游程块间的拓扑关系是删除单元环境特征的最直观体现，而环境特征有助于更全面、清晰地观测到谱线与非谱线单元的区别，从而减少谱线"过删"现象的发生。经过实验观察发现,当谱线与其他图元发生交叠时,谱线段(需删除)总是交叉处的分支;而图元段(需保留)总是相当于一个交点域。据此提出了基于游程块拓扑关系分析的谱线删除方法:

(1) 建立游程块邻接图。

(2) 根据游程块的拓扑关系确定其拓扑类型,分支或交点。

(3) 由游程块的拓扑类型及其几何、位置属性给出谱线删除的判定条件,实施谱线删除。

3) 乐符识别

乐符的识别使用了 SSIM 相似度匹配算法来实现,为每一个音符建立一个库,将它们保存在本地库中,使用 SSIM 评价体系,对待识别的乐符分别和库中各个乐符进行匹配,从而选取 SSIM 评价最高的乐符作为识别乐符的结果。

3. 弹琴功能软件设计

软件系统结构如图 4.52 所示。

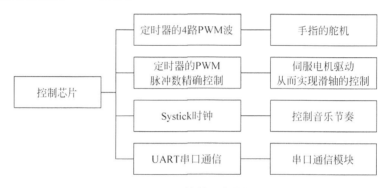

图 4.52　软件系统结构

(1) 舵机的控制。控制信号由 STM32 的 Timer 的 4 路输出通道进入信号调制芯片,获得直流偏置电压。它的内部有一个基准电路,产生周期为 20ms、宽度为 1.5ms 的基准信号,将获得的直流偏置电压与电位器的电压比较,获得电压差输出。最后,电压差的正负输出到电机驱动芯片决定电机的正反转。当电机转速一定时,通过级联减速齿轮带动电位器旋转,使得电压差为 0,电机停止转动。因此,采用 Timer 进行分频产生 50Hz 的 PWM 方波信号。

(2) 伺服电机的控制。一般伺服电机都有三种控制方式:速度控制方式、转矩控制方式、位置控制方式、速度控制和转矩控制都是用模拟量来控制的。位置控制是通过脉冲来控制的。

如果对电机的速度、位置都没有要求,只要输出一个恒转矩,选用转矩模式。如果对位置和速度有一定的精度要求,而对实时转矩不是很关心,用转矩模式不太方便,用速度或位置模式比较好。如果上位控制器有比较好的闭环控制功能,用速度控制效果会好一点。如果本身要求不是很高,或者基本没有实时性的要求,用位置控制方式即可。就伺服驱动器的响应速度来看,转矩模式运算量最小,驱动器对控制信号的响应最快;位置模式运算量最大,驱动器对控制信号的响应最慢。

由于我们需要精确控制按键,因此伺服电机采用位置控制方式,通过使用两个 Timer

的主从模式,一个进行 PWM 波的输出,一个进行精确计数,从而实现 PWM 波的精确控制。

(3)节奏控制与串口通信。节奏控制是指弹琴机器手对弹琴节奏的控制,即对按键时间间隔的控制,通过单片机的内部时钟进行控制,按照歌曲演奏的曲谱,每一首歌曲的按键和间隔进行编排,从而实现良好的演奏效果。

通信使用的是串口模块,它是控制单片机和主核心平台交互的桥梁,主核心平台下达的指令通过串口被单片机接收,从而执行命令。

4. 人机交互界面设计

友好的图形化界面是一个程序受欢迎的一个重要的指标。使用 MFC 作为界面的设计,考虑到 MATLAB 对于图像和音频的高效率处理库,在听歌识曲和识谱演奏上使用的是基于 MATLAB 的 GUI 界面。而 MFC 作为主控制程序,MATLAB 作为功能程序被 MFC 调用。听歌识曲界面和识谱演奏界面分别如图 4.53 和图 4.54 所示。

图 4.53　听歌识曲界面

图 4.54　识谱演奏界面

整体的界面开发不仅包括以上的简单界面,而且在开发中定制所需要的各种控件,以便实现软件界面的美观。

4.4.4 系统测试

按照系统工作流程,对系统进行测试。

1. 听歌识曲功能

此测试是为了检验基于主核心平台下,听歌识曲功能是否正常运行并且检验听歌识曲的成功率。

程序开始,点击听歌识曲功能,弹出听歌识曲的交互界面。

听歌识曲的歌曲库是提前收录好的,目前仅收录了 20 首歌曲,这是由于歌曲库虽然可以任意录入歌曲,但是歌曲库的建立需要耗费大量时间。点击开始录音后,播放任意一首歌曲,在 5~8s 内会得出检测结果,检测的结果分别有各个歌曲名,当检测匹配度低的时候,会出现"无法检测"的结果。"同桌的你"歌曲检验结果和歌曲无法识别时的显示结果分别如图 4.55 和图 4.56 所示。

图 4.55 "同桌的你"歌曲检验结果　　图 4.56 歌曲无法识别时的显示结果

上述验证了程序在核心平台上是可执行的,部分歌曲识别的测试结果如表 4.13 所示,以此来测试听歌识曲功能的成果概率。

表 4.13 部分歌曲识别的测试结果

歌　曲　名	测 试 次 数	成 功 次 数	失 败 次 数	成功率/%
红豆	18	16	2	88.9
同桌的你	31	29	2	93.5
雪绒花	28	25	3	89.3
莫斯科郊外的晚上	22	21	1	95.5
暗香	27	26	1	96.3
爱我还是爱他	16	14	2	87.5

2. 识谱演奏功能

先对识谱功能曲谱进行拍摄,如图 4.57 所示,听歌识谱识别过程如图 4.58 所示。

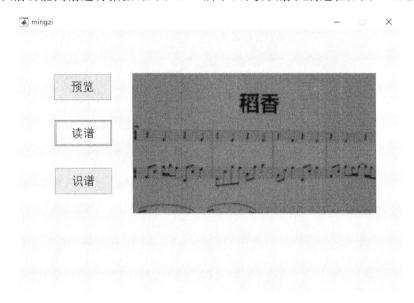

图 4.57　识谱功能曲谱拍摄

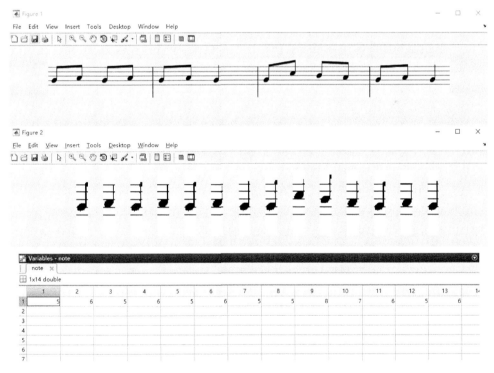

图 4.58　听歌识谱识别过程

硬件控制平台在收到主核心芯片发出的歌曲信息,控制滑轴和舵机进行曲目演奏。正在进行弹奏的机器手实物如图 4.59 所示。

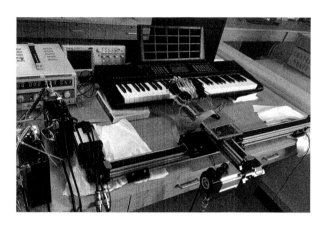

图 4.59　正在进行弹奏的机器手实物

3. 测试结果

测试结果表明,听歌识曲和看谱识曲均有较高的识别率,并且能够通过主控核心平台向控制芯片传输歌曲信息,从而实现机器手的演奏。

4.4.5　小结

本系统的特色主要体现在以下几点:

(1) 模拟人的手指进行电子琴的演奏,二维性的滑轴能够实现黑白按键的切换,歌曲的演奏流畅而又完整。

(2) 听歌识曲功能能够快速录音后便得出匹配结果,录音过程仅为 6s,而且在无法确定歌曲时,会自行继续录取歌曲,直到能够高匹配度地识别出歌曲。

(3) 识谱功能能够对拍摄的照片进行倾斜校正,能够允许一定的容错率,而且还能够识别连音符。

(4) 在规范友好界面的开发过程中,始终遵循对应用程序的易用性、规范性、合理性等,合理利用界面空间,保持界面简洁;合理利用颜色,使界面与显示内容达到协调;合理设计控件大小和数量,保持界面的易用性。

虽然系统功能都已经实现,但是还存在着一些不足:

(1) 听歌识曲算法并未实现百分百的准确性,可能存在着歌曲识别错误的情况。

(2) 识谱功能能够实现一些比较基本乐符的识别,但对于特别复杂的乐谱则可能会出现识别错误的情况。

(3) 由于舵机运行速度和滑轴移动速度的限制,因此对于一些特别快节奏的歌曲,不能达到很好的演奏效果。

4.5　反无人机侦察兵

针对低空无人机的监管问题,设计实现了一套自动巡航的反无人机视觉监控预警系统。通过智能小车自主巡航拍摄视频,利用 HOG(Histogram of Oriented Gradient)和 SVM(Support Vector Machine)对图像中无人机进行检测识别,并用 KCF 算法(Kernelized Correlation Filters)对无人机进行跟踪。利用平台的传感器模块,获取小车周围障碍物信息,实施路径规划并自主避障。系统以较低的成本实现了小车巡逻区域无人机的识别和跟踪,并用激光瞄准器模拟对它的打击,系统可应用于无人机监管方面,应对无人机的入侵,避免安全事故发生。

4.5.1　系统总体方案

系统总体分为 3 个模块:机器人模块、视觉模块、避障模块,系统总体结构如图 4.60 所示。其中,机器人模块由底盘、云台、开火系统组成,视觉模块由检测、跟踪两部分组成,避障模块主要通过超声波测距实现。

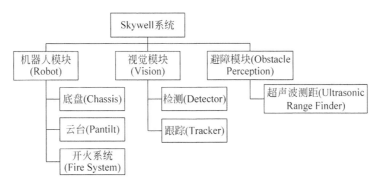

图 4.60　系统总体结构

4.5.2　系统硬件设计

系统硬件主要由 MinnowBoard Turbot 嵌入式平台、Intel Genuino101 开发板、Robot master 小车、单目摄像头、超声波传感器、电源模块组成。

1. 姿态控制硬件设计

系统采用 Robot master 智能战车,该小车主要由全向移动底盘及云台等组成。全向移动底盘采用 4 个 Mecanum 轮,且 4 个 Mecanum 轮独立驱动。Mecanum 轮由轮辐和固定在外围的许多小滚子组成,轮子和滚子之间通常为 45°,每个轮子共有三个自由度,第一个绕轮子轴心转动,第二个绕滚子轴心转动,第三个绕轮子地面接触点转动。轮子由电机驱动,其余两个自由度自由运动。通过对四个 Mecanum 轮转速和转向的精确控制可以实现小车前后直行、左右横移、原地零半径旋转、45°斜向移动等运动功能。云台上搭载炮台、摄像头、激光器等组件,通过电机能够控制炮台俯仰转动,完成对目标的瞄准。

小车的控制部分主要通过智能车的主控板完成,该主控板拥有较多接口,能够直接连接多个电机,并通过串口连接上位机,接收 MinnowBoard 发出的控制命令,对电机发送控制命令并读取其返回的姿态信息,有效控制小车的运动姿态。

2. 障碍感知硬件设计

障碍感知模块由 4 块超声波传感器模块和 Genuino101 开发板组成。超声波传感器使用 TELESKY HC-SR04 超声波模块,该模块能够探测距离 2cm ～450cm 的障碍物,感应角度不大于 15°,能够有效感知小车周围的障碍物。超声波模块采用 IO 触发测距,通过高电平触发后能够自动发送 8 个 40kHz 的方波,自动检测是否有信号返回。若有信号返回,则通过 IO 输出高电平,高电平持续的时间就是超声波从发射到返回的时间,即测试距离＝(高电平时间×声速(340m/s))/2。

Genuino101 使用 Intel 的低功耗高性能模块 Curie,拥有 384kB 闪存存储器和 80kB SRAM,带有 14 个 I/O 接口,同时加入低功耗蓝牙和六轴加速度计与陀螺仪传感器,能够很方便接入各种传感器,适合小型智能设备的开发。在本系统中,Genuino101 通过 I/O 口分别连接超声波传感器的输入输出串口,完成超声波数据的采集,并通过接口将数据打包封装发送至 MinnowBoard 开发板进行下一步处理。

3. 图像采集硬件设计

图像采集模块我们采用基于 OV5640 CMOS 传感器的单目摄像头,摄像头配置 AF 自动对焦马达的 800 万像素镜头,有效物距范围为 5~100m,并支持自动曝光控制 AEC、自动白平衡 AEB 和自动增益控制 AGC。

摄像头使用 USB2.0 接口完成视频信号的输出,将此摄像头接入 MinnowBoard 开发板 USB 接口,即可从中读取视频信号。

4.5.3 系统软件设计

系统工作过程中,小车进行随机巡查,判断是否有目标(无人机)出现在图像中,判断结果若为是,则进入检测;若为否,则继续进行巡查。

检测到目标后,直接进入跟踪模块,并每隔一段时间进行一次检测。若检测发现跟踪的目标不是无人机,即已丢失,则重新进入检测模块,否则继续进行跟踪。

在跟踪的过程中,小车根据图像中无人机的数据反馈,得到无人机的位置信息,根据无人机的大小判断距离小车的远近,控制小车的移动进行追踪,保持无人机在小车的视距范围内。期间通过超声波模块得到周围障碍物的位置信息,控制小车进行避障。系统软件结构如图 4.61 所示。

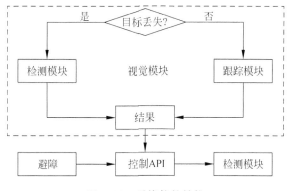

图 4.61 系统软件结构

1. 底层控制算法设计

要实现在空间内对目标物体的三维跟踪,底层控制至少需要给上层提供三个控制接口,即空间中的三维坐标控制向量。另外,要实现指定精度下的模拟打击,至少还需要另外的一个控制变量,即火控变量。因此,系统在底层控制层实现了 4 个控制接口,对应着 x, y, z, f 四个控制变量。其中,x 为机器人的底盘旋转(pan)速度控制变量;y 为机器人的云台俯仰(tilt)速度控制变量;z 为机器人的视距(zoom)控制变量;f 为机器人的火力(fire)控制变量。

控制分为 RC(Remote Control)控制、HC(Host Control)控制、RC 控制采用的是 DBUS

控制协议,HC 控制采用 CBUS 控制协议: hcader | x | y | z | f | checksum。

Header、x、y、z、f 字长均为 1,其中 header 固定为 0xff,x、y、z、f 范围为 0~254。

包传送协议如表 4.14 所示。

表 4.14　包传送协议表

字　　段	长　　度	说　　明
header	1	帧头,0xff
x	1	底盘旋转空置量,最大值 254,最小值 0,中间值 127
y	1	云台俯仰控制量,最大值 254,最小值 0,中间值 127
z	1	相机视距控制量,最大值 254,最小值 0,中间值 127
f	1	火力控制字,最大值 254,最小值 0
Checksum	1	CRC 校验和

其中,控制权限远程控制(RC)优先。

由于采用 RM2016_INFANTRY 开源硬件和开源驱动,系统底层控制部分只是在其 RC(Remote Control)DBUS 控制协议的基础之上拓展了一个 HC(Host Control)CBUS 控制接口,以使 Minnow Board 能通过此接口控制 RM 机器人。

1) 机器人底盘运动控制

小车底盘 Mecanum 轮的运动状态控制如图 4.62 所示,由此可见控制 4 个轮子转动不同的方向和速度,能够控制小车的移动方向和速度。

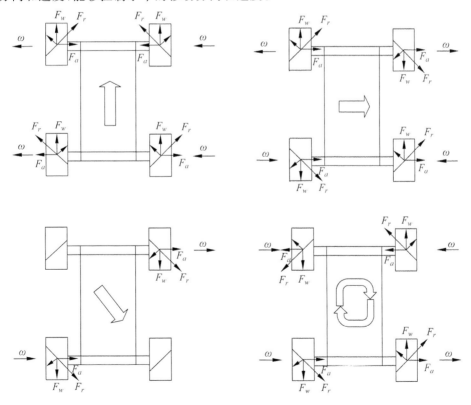

图 4.62　小车底盘 Mecanum 轮的运动状态控制

在程序中定义两个参量,通过这两个参量调用解析程序转化为每个轮子的控制命令完成轮子转向转速的控制:

(1) Y——控制小车左右移动的整型参量(取值$-127 \sim +127$),正值表示向右移动,负值表示向左移动,绝对值越大表示速度越快。

(2) Z——控制小车前后移动的整型参量(取值$-127 \sim +127$),正值表示向前移动,负值表示向后移动,绝对值越大表示速度越快。

在实际系统运行过程中,轮子与路面的接触情况会受到路面状况的影响,同时电机的数学模型难以精确描述,会对小车的精确控制产生影响,由此我们可以使用 PID 闭环控制技术。

PID 是一个基于反馈信号的闭环控制算法。我们控制一个电机的转速,这个反馈就是电机速度传感器返回给上位机当前电机的转速。当反馈跟预设值进行比较,如果转速偏大,就减小电机两端的电压,降低转速;相反,则增加电机两端的电压以提高转速,达到逐步靠近预设值的目的。

一般 PID 由比例(Proportion)、积分(Integral)、微分(Differential)三个部分组成,它将给定值 $r(t)$ 与实际输出值 $c(t)$ 的偏差的比例(P)、积分(I)、微分(D)通过线性组合构成控制量,对控制对象进行控制,PID 控制单元结构如图 4.63 所示。

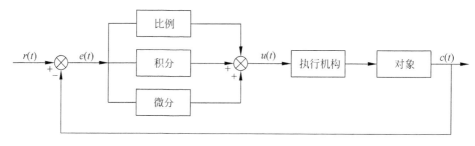

图 4.63　PID 控制单元结构

且由此可得

$$u(t) = K_P \left[e(t) + \frac{1}{T_I} \int_0^t e(t) \mathrm{d}t + T_D \frac{\mathrm{d}e(t)}{\mathrm{d}t} \right] \tag{4-19}$$

比例项部分其实就是对预设值和反馈值差值的放大倍数,比例 P 越大时,电机转速回归到输入值的速度将更快,调节灵敏度就越高。从而,加大 P 值,可以减少从非稳态到稳态的时间。但是有可能会造成电机转速在预设值附近振荡的情形。

积分项部分其实就是对预设值和反馈值之间的差值在时间上进行累加。当差值不是很大时,为了不引起振荡,可以先让电机按原转速继续运行。同时要将这个差值用积分项累加,当这个和累加到一定值时,再一次性进行处理,避免了振荡现象的发生。可见,积分项的调节存在明显的滞后。而且 I 值越大,滞后效果越明显。

微分项部分其实就是求电机转速的变化率,即前后两次差值的差。也就是说,微分项是根据差值变化的速率,提前给出一个相应的调节动作。可见微分项的调节是超前的,并且 D 值越大,超前作用越明显。可以在一定程度上缓冲振荡。

2) 单轴云台控制

由于采用了 mecanum 全向运动机构,底盘的旋转可以实现云台的 pan 参控制,故云台部分只需采用单轴模型。云台主要完成俯仰转动,而云台控制的本质是电机转速和转向的控制。云台控制流程如图4.64所示。

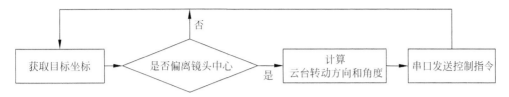

图4.64 云台控制流程

图像通过目标检测以后,可以得到目标中心坐标 $A(x,y)$ 以及目标区域大小 a,b。已知图像的中心坐标 $B(x_0,y_0)$,云台控制参量如图4.65所示,当目标处于给定范围内时,电机不进行调节。当人脸中心不处于给定范围内时,计算 A 与 B 的差值 $C(\Delta x,\Delta y)$。计算所得到的 Δx 和 Δy 的正负控制水平和竖直方向舵机的转动方向,其绝对值大小决定舵机转动角度大小。在图像大小确定的情况下,Δx 与 Δy 越大,相应的舵机单次转动角度越大,两者保持线性关系。每次电机转过固定角度,检测人脸是否处于给定范围内,如果不处于给定范围则继续调节,直到目标处于给定范围。

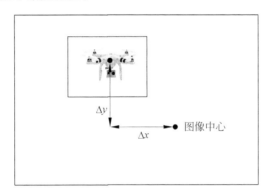

图4.65 云台控制参量

2. 视觉检测算法设计

在目标检测算法中,一般分为特征提取和分类匹配两个部分,其中 HOG 算子和 SVM 分类器相结合是最基本的目标检测算法,视觉检测算法的实现如图4.66所示。

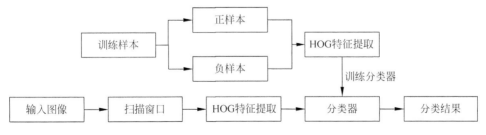

图4.66 视觉检测算法的实现

使用 Opencv 视觉算法库实现目标检测算法,过程如下:

(1) 准备训练样本集合,包括正样本集和负样本集,保证样本库足够大,并对样本进行处理,如裁剪样本或标记目标区域。

（2）提取所有正样本的 Hog 特征。

（3）提取所有负样本的 Hog 特征。

（4）对所有正负样本赋予样本标签；例如,所有正样本标记为 1,所有负样本标记为 0。

（5）将正负样本的 Hog 特征、正负样本的标签,都输入到 SVM 中进行训练；在这里我们采用了线性 SVM 分类器。

（6）SVM 训练之后,将结果保存为数据文件(. xml)。

（7）将 SVM 训练后得到的文本文件中的 alpha 矩阵同 support vector 数组相乘,得到一个列向量。再将列向量的最后添加一个浮点数 rho。如此,便得到了一个分类器,利用该分类器,直接替换 Opencv 中行人检测默认的那个分类器(cv∷HOGDescriptor∷setSVMDetector()),就可以利用训练样本训练出来的分类器进行目标检测了。

3. 视觉跟踪算法设计

在实际应用中,采用了具有尺度变化的 KCF 算法,KCF 算法流程如图 4.67 所示。

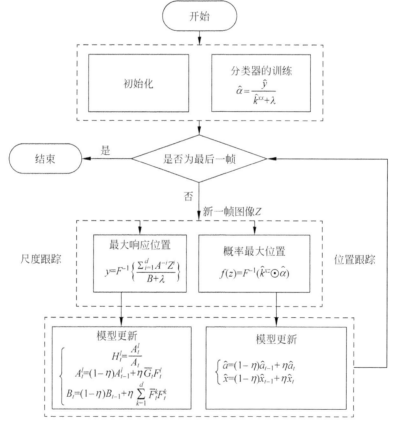

图 4.67　KCF 算法流程

4. 视觉调度算法设计

由于目标检测速率较慢,对以较高速度运动的目标难以实时捕捉,故系统采取了"低速检测＋高速跟踪"模式,视觉调度算法如图 4.68 所示。本视觉调度模块就是用以制定策略,安排检测模块和跟踪模块的运行时序,以使系统对不同运动速度下的目标有良好的跟踪能力。

图 4.68　视觉调度算法

目前本系统采用的视觉调度策略为：当目标丢失标志位置位或跟踪框在图像平面内的运动速度小于某一阈值时，启动检测模块，否则继续跟踪。这是因为，目前系统所使用的目标跟踪算法没有重检测的功能，也就是说，如果跟踪结果产生了漂移，跟踪算法将不能自行察觉和纠正，因此需要借助检测模块来补偿这一缺陷。但是由于检测模块的检测速率不高，如果该模块占用太多时序，那么整个视觉模块的运行速度将会受到影响。经过测试，如果单靠检测来实现跟踪(Tracking-by-detection)，在采用目前的 HOG＋SVM 算法的情况下，在 Minnow Board Turbo 上将达到秒(s)级别的处理速率，难以达到实时效果。而由于控制模块的控制指令来源于视觉模块的处理结果，低速的视觉算法将导致低速的指令流，控制的稳定度将难以得到保证。考虑到以上问题，必须尽可能地提高视觉处理速率，以达到更为平滑的控制效果。经过评估和测试后，在检测＋跟踪的架构之上，提出了"低速检测＋高速跟踪"的调度策略。如果目标的运动速度不高，那么采用较为低速的目标检测算法，在视觉上也不会表现出明显的迟滞感；而在目标运动较快的情况下，高速跟踪模块将持续运行，保证视觉上的最佳效果。从另一个更为深层的角度来理解，当目标运动速度不快的时候，图像序列信号的最高频率较小，对采样速率的要求可以降低；当目标运动速度较快的时候，信号的最高频率较大，对采样速率的要求也较高，这正是信号处理领域著名的奈奎斯特采样定律。

5. 视觉控制算法设计

视觉控制算法主要实现将目标区域坐标值转换为小车云台及转向轮的控制参量。我们设定小车 4 个控制参量，分别为：X——控制小车左右移动的整型参量($0\sim255$)；Y——控制云台的俯仰角度($0\sim255$)；Z——控制小车前后移动的整型参量($0\sim255$)；F——控制云台上附加部件的启动(0：不启动任何部件；1：启动激光器)。其中 X,Y,Z 这 3 个参量由目标区域的坐标值决定，F 由外部设定。

6. 障碍感知算法设计

障碍感知算法主要实现通过超声波传感器获取距离数据，并将该数据传送到 MinnowBoard 系统板，完成对周围障碍物的判断。由传感器数据的输出结构，我们可以知道测试距离＝(高电平时间×声速($340\mathrm{m/s}$))/2。

4.5.4　系统测试

为了让系统能够稳定地运行，需要对一些功能进行测试，主要包括开发过程中的功能模块测试以及系统性能测试。

1. 底层控制接口测试

通过直接输入小车控制参数控制小车的运行，来测试底层硬件接口的性能。分别对 x，y,z,f 这 4 个参数进行测试，并观察小车的动态。底层控制接口特性如表 4.15 所示。

表 4.15　底层控制接口特性

输 入 参 数	参 数 值	小 车 动 态
x	0	逆时针全速旋转
	254	顺时针全速旋转
	127	停止
y	0	云台向下偏转
	254	云台向上偏转
	127	停止
z	0	小车后退
	254	小车前进
	127	停止
f	0x01	打开激光器
	0x02	发射装置打开
	0x03	装弹装置打开
	0x00	停火

2. 目标检测模块测试

使用 HOG+SVM 目标检测模块分别测量了室内室外两种场景的情况,并统计出其漏检率、误检率、花费时间、帧率等,目标检测模块测试结果如表 4.16 所示,室内成功检测到无人机目标、室外成功检测到无人机目标及目标太小无法检测到无人机目标分别如图 4.69~图 4.71 所示。经过数据分析发现,两种环境下的检测均有漏检和误检的情况,其中室外场景漏检率和误检率比较高。

表 4.16　目标检测模块测试结果

环　　境	测试总帧数	误检率/%	漏检率/%	每帧花费时间/ms	帧率/fps
室内	2552	0.2	5.6	135.3781	7.47637
室外	1552	1.0	6.7	125.5943	8.075138

图 4.69　室内成功检测到无人机目标

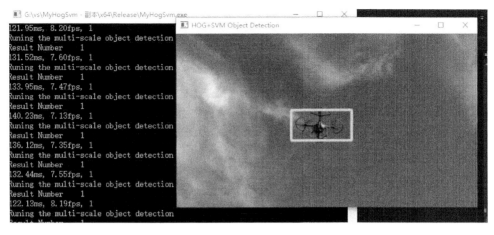

图 4.70　室外成功检测到无人机目标

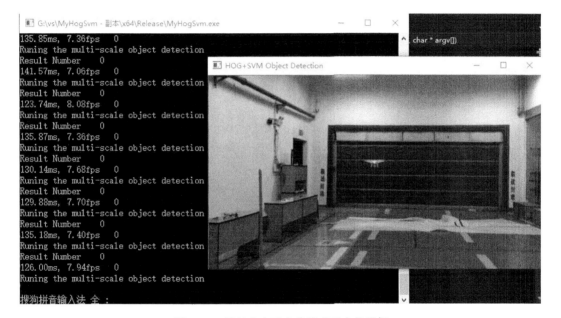

图 4.71　目标太小无法检测到无人机目标

3. 目标跟踪模块测试

使用 KCF 跟踪算法分别测量室内和室外的情况,计算跟踪每帧所花费的时间,目标跟踪测试结果如表 4.17 所示。室内和室外的检测速度基本一致,可知 KCF 基本不受环境的影响。同时跟检测算法进行对比,可以发现跟踪算法运算速度比检测算法快约 10 倍,具有很高的实时性。KCF 测试结果如图 4.72 和图 4.73 所示。

表 4.17　目标跟踪测试结果

环　　　境	花费时间/ms	帧率/fps
室内	31.87	31.38
室外	31.37	31.91

图 4.72　KCF 测试结果 1

图 4.73　KCF 测试结果 2

4. 视觉调度模块测试

视觉调度模块使用检测跟踪目标是否静止或跟丢作为重新启动检测模块的策略。程序测量相邻两帧目标中心点的位置,若 KCF 判断目标跟丢或者计算出相邻帧的位置小于某个阈值,则能判定实施重检测。

对视频中不同的工作状态进行了检测,视觉调度测试结果如表 4.18 所示,进入跟踪状态和目标丢失重新检测如图 4.74 和图 4.75 所示。

表 4.18　视觉调度测试结果

帧　号	目标中心移动距离/cm	工 作 状 态	花费时间/ms
1	0	检测状态	113.475
2	1	刚进入跟踪状态	15.5

续表

帧　　号	目标中心移动距离/cm	工 作 状 态	花费时间/ms
3	0	检测状态	109.233
4	2.23607	跟踪中	17.04
5	36.055	跟踪中	18.6208

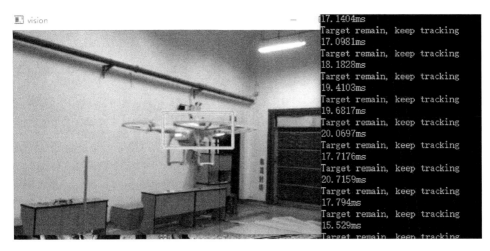

图4.74　进入跟踪状态

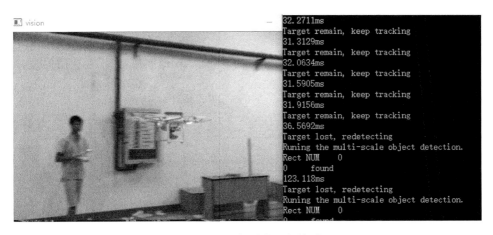

图4.75　目标丢失重新检测

5. 障碍感知模块测试

障碍感知模块测试为超声波传感器的灵敏度测试,我们在超声波传感器前面放置障碍物,测试障碍物与超声波的距离,并与传感器测量得出的距离进行对比,障碍感知模块测试结果如表4.19所示。

表4.19　障碍感知模块测试结果

障碍物与传感器实际距离/cm	传感器感知距离/cm	误差/cm	相对误差/%
30	36.4	6.4	21.3
45	51.8	6.8	15.1

续表

障碍物与传感器实际距离/cm	传感器感知距离/cm	误差/cm	相对误差/%
28	33.2	5.2	18.6
10	12.1	2.1	21
8	9.5	1.5	18.75

同时,当超声波传感器检测到小车附近存在障碍物时,小车会自动减速停下,避免造成撞击。

4.5.5 小结

本系统使用基于 Intel MinnowBoard Turbot 的嵌入式平台、Intel Genuino 101、多块超声波传感器、智能小车主控板实现无人控制实时检测跟踪系统,其主要功能如下:

1) 空中目标检测

系统能通过单目可变焦摄像头传送实时视频信息至 Intel 凌动嵌入式平台,每秒 30 帧。同时加以小车的不断旋转扫描周围环境,可实时监控四周空中环境,自动完成无人机目标检测识别,分割出目标图像进行分析。

2) 无人机定位与追踪

系统能够对检测出来的无人机目标进行自动追踪,确定目标的位置及移动状态,并生成实时移动控制信号发送至智能车控制装置,控制云台俯仰转动及小车转向轮转向移动瞄准无人机目标。

3) 自动智能避障

系统通过超声波传感器自动判断小车周围物体离小车的距离,如果存在障碍物,则自动停止前进,绕过障碍物,防止小车受到碰撞。

4) 网络传输功能

系统有无线传输功能,能够通过无线信号远距离监测系统运行情况及目标检测追踪数据,在屏幕上显示出目标区域的图像。

第 5 章

全国电工电子基础课程实验

教学案例设计竞赛

5.1 电子称的设计

5.1.1 实验内容与任务

本实验通过解决一个实际问题,设计一个电子秤,巩固和加深对常用传感器的结构、原理和特性的认识以及基本知识的理解,提高综合运用课程所学知识的能力。主要内容包括:

(1) 以传感器为核心,设计一个电子秤,可以用不同的传感器,将非电量转化成电信号。

(2) 电信号与重量的关系成正比例关系。

(3) 根据各种传感器的原理、结构和特性,选择其中一款合适的传感器进行设计。

(4) 优化性能,提高灵敏度,精确到 1g。

(5) 测量范围 10kg。

(6) 显示被测物体重量。

5.1.2 实验过程及要求

学生以二人一组的形式进行实验,密切配合,充分理解题目要求,利用所学传感器、模电、数电等相关知识,确定方案,认真设计,完成调试。实验步骤如下:

(1) 根据实验内容,确定实验方案,选择一种传感器,查找满足方案要求的器件型号,包含 A/D 转换器。

(2) 研究传感器的转换电路,画出实验框图。

(3) 要求进行校称,包括零点和量程的标点。

(4) 进行电路的设计和调试,记录实验数据和现象。

(5) 分析实际测量误差,给出系统的测量灵敏度。

(6) 撰写设计报告。

5.1.3 相关知识及背景

本实验综合性很强,涉及传感器技术、电子电路、自动控制、微机等。主要知识点包括传感器的基本特性,如电阻式传感器、电感传感器、霍尔传感器相关的原理、性能;同时包含低频电路和高频电路里的重难点内容,如低频信号的放大、滤波,高频电路的振荡、频率调整、模/数信号转换、数据显示等知识;软件知识主要有单片机开发软件 Keil 的基本使用方法、电路原理图绘制软件 Altium Designer 的基本使用方法。

5.1.4 教学目的

(1) 能够综合运用已学的传感器技术、电子电工相关基础知识,解决日常生产生活中的实际应用问题,学以致用;深刻理解各个传感器的工作原理,灵活选择系统方案和实现电路,实现完整的系统功能;培养学生养成独立思考问题的习惯,并锻炼其动手能力和强化学生的团队合作意识。

(2) 引导学生了解现代测量方法、传感器技术,实现方法的多样性及根据工程需求比较选择技术方案;引导学生根据需要设计电路、选择元器件,构建测试环境与条件。

5.1.5 实验教学与指导

实验前讲授内容:

(1) 本实验是一个综合应用实验,首先与学生进行需求分析,根据传感器的特点,引导学生可以采用不同种类的传感器作为对象量,不同传感器输出信号的形式、幅度、驱动能力、有效范围、线性度都存在很大的差异,后续的信号调理和放大电路也要根据信号的特征来设计。

(2) 学习 ADC0809、DAC0832 和 LCD1602 的工作原理和接口信息,了解并熟悉单片机最小系统及 51 单片机的指令系统。

(3) 根据所学的传感器的特点和适用场所,选择一款适合的传感器,熟悉其特性、参数性能。

(4) 各组完成设计方案后,提交老师评审后,放可进行实验。

实验中的指导或引导:

(1) 对各组给出的总体方案设计进行评审,提出具体的修改意见,并告知实验中的注意事项如零点标点、量程标点。

(2) 传感器的测量电路是核心部分,包含放大电路、相敏滤波、低通等电路,考虑测量灵敏度。

(3) 实验进行中,回答学生提出的疑问、查找错误电路,对学生明显出现的偏差进行纠正,并对无法解决的问题进行指导。

(4) 调试时,建议先对各个模块独立调试,然后进行系统联调。

(5) 整个实验中,尤其要注意系统电源的稳定性和可靠性,调试过程中如果遇到问题,一定要学会借助手上的仪器发现、定位问题,如示波器、万用表。读取数据时学生之间应互相配合。

5.1.6 实验框图及方案

1. 系统总体方案

本实验系统总体结构如图 5.1 所示。可以选择多种传感器,如电阻式传感器、电感传感器、电容传感器、霍尔传感器等,每个传感器的性能不同,所用的信号调理也不尽相同,这里列出电阻式、电涡流、差动变压器的系统实现方案。

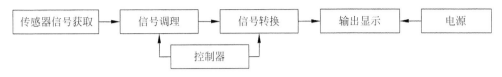

图 5.1 系统总体结构

2. 实现方案

传感器信号的获取可以用多种传感器,学生可以根据自己前期做的实验,自行选择可以称重的传感器,如应变式传感器、电感式传感器、霍尔传感器、电涡流传感器,各个传感器的参考测量电路分别如图 5.2~图 5.7 所示。

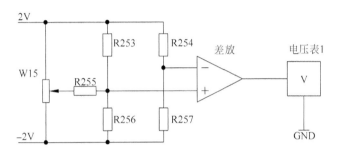

图 5.2 应变片参考测量电路

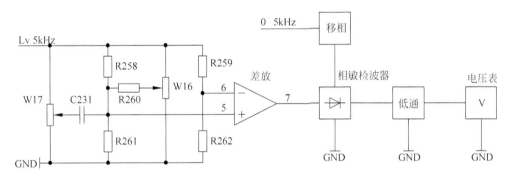

图 5.3 差动变压器参考测量电路

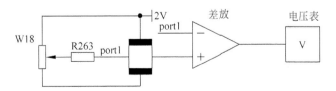

图 5.4 霍尔传感器参考测量电路

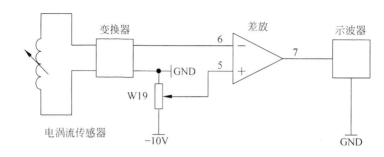

图 5.5 电涡流传感器参考测量电路

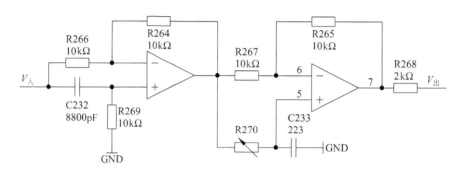

图 5.6 移相器参考电路

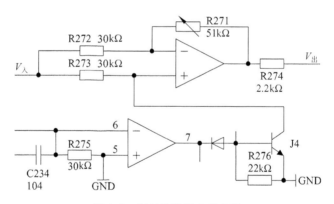

图 5.7 相敏检波器参考电路

5.1.7 实验报告要求

实验报告内容包括以下 5 个部分：实验基本原理、系统实现方案、电路设计与器件选型、电路测试与数据记录、数据处理与结果分析以及实验总结与实验心得。

实验报告务必翔实完整，数据必须真实，对调试的数据进行测量记录，处理并分析数据，分析实验结果等；也需要详实地记录存在的问题、解决方法、自己的体会等。

5.1.8 考核要求与方法

（1）时间节点：三周，包括方案设计与方案论证，电路制作和调试、集成联调，实验报告。

（2）考核方法：检查总体方案，提交实物，完成现场测试，完成实验报告。

（3）成绩评定标准如表 5.1 所示。

表 5.1　成绩评定标准

要　求	内　容	得　分
基本要求	焊接可靠、布局美观，实验效果良好	50
提高要求	电路设计有创新性，完成基本方案以外的功能	10
报告要求	实验数据和数据处理准确，分析问题，图表正确，报告规范整洁	30
其他要求	实验完成速度	5
	充分利用实验室现有元器件	5

5.1.9　项目特色与创新

（1）本项目是一个完整的系统，实际应用性很强，可以全面考查学生综合运用所学知识的能力。

（2）以传感器为主线，以系统集成为纽带，将《传感器技术》课程中所学的各种不同传感器知识有机地结合起来，同时将电子电工相关多门基础课程如电子线路、微机原理等课程融会贯通，有利于学生对专业知识的全局性把握。

（3）可以在实验箱验证，也可以参考电路，难度可控。

5.2　加法器的设计与实现

5.2.1　实验内容与任务

1. 基本环节

（1）设计并实现加法器，理解加法器的设计原理。

（2）掌握基于 FPGA 的组合逻辑电路的设计、仿真、调试与硬件实现方法。

2. 扩展环节

（1）设计实现高性能的 64 位加法器，通过并行结构设计与优化提高性能。

（2）保留实验结果，后续版图设计时，使用本次设计构架，对比性能差异。

5.2.2　实验过程及要求

学生实验前应做好预习，熟悉相关背景知识介绍中所讲解的内容，检索参考文献，并思考本实验的基本与扩展部分。

实验平台使用 Altera 联合实验室的 Tnano 微型开发板。一般要求 1～2 人一组完成实验，学生实验时可以相互讨论进行探索；使用 Quartus 和 Modelsim 软件完成范例中全加器的设计与仿真，使用老师提供的脚本文件与测试 IP 代码；实现编译、下载等验证过程；记录设计的程序代码，记录仿真波形，记录硬件测试时的数据结果，记录综合结果，记录时序分析数据；对比仿真过程，验证硬件实现效果。记录实验过程中的异常情况，分析问题，解决问题。

实验结果必须由教师验收确认；扩展部分实验完成的同学可申请演讲，交流报告自己的实验成果与实验体会；总结报告中必须有上述记录的结果；按自身能力与要求，完成基本、扩展部分的实验要求；报告必须每人独立完成，合作完成实验的，报告中要报告自己主要负责完成的任务工作。

5.2.3 相关知识及背景

本实验课程的提前预修课程包括数字逻辑电路、计算机组成原理、微机系统与接口、单片机原理及应用、集成电路设计、电子技术实验等理论与实践课程。需要掌握 QuartusII、Modelsim 软件的使用、Tnano 微型开发板的使用，具备基本的程序调试能力。

5.2.4 教学目的

运用数字逻辑电路课程中相关组合逻辑的基本知识，使用 FPGA 设计技术实现指定加法器的设计与硬件实现。培养查阅文献、自主学习的能力，提升动手能力，培养工程实践素质。

（1）实现基于 FPGA 的全加器设计范例，让学生掌握 FPGA 的基本设计、仿真、验证流程。

（2）通过对 64 位高性能加法器构架结构设计的思考，使学生深入理解组合逻辑电路设计优化的实现过程。

（3）在课前、课堂、课后的实验设计练习中，提高学生扩展知识的自学能力，与对所学知识综合应用的能力。

5.2.5 实验教学与指导

为了达到每个实验的教学预期效果，学生实验前必须认真预习背景知识，实验中必须遵守实验安全规则、操作细则，实验结束后必须认真撰写实验报告进行总结。实验中的指导采用学生自学、讨论为主，教师讲解、答疑为辅，实验完成后验收的模式。

1）全加器

一位全加器如图 5.8 所示，可用门电路实现两个二进制数相加并求出和的组合电路。一位全加器可以处理低位进位，并输出本位加法进位。多个一位全加器进行级联可以得到多位全加器。

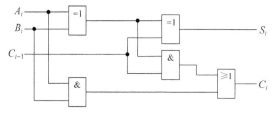

图 5.8 一位全加器

一位全加器的逻辑表达式如下：

$$S_i = A_i \oplus B_i \oplus C_{i-1} \tag{5-1}$$

$$C_i = A_i B_i + C_{i-1} A_i + C_{i-1} B_i \tag{5-2}$$

用门原语结构化描述方式,可按下述代码实现:

```
Module FA_struct(A, B, Cin, Sum, Cout);
input A;
input B;
input Cin;
output Sum;
output Cout;
wire S1, T1, T2, T3;
xor x1(S1, A, B);
xor x2(Sum, S1, Cin);
and A1(T3, A, B );
and A2(T2, B, Cin);
and A3(T1, A, Cin);
or O1(Cout, T1, T2, T3 );
end module
```

上面例子中,全加器由 2 个异或门、3 个与门、1 个或门构成。S1、T1、T2、T3 则是门与门之间的连线。代码用结构建模的方式完成。

2)进位选择加法器

最简单的加法器是逐位进位加法器,在进行每一位的计算时,都在等待前一位的进位结果。那么不妨预先考虑进位输入的所有可能,对于二进制加法来说,就是 0 与 1 两种,针对这两种可能性提前计算出若干位结果。等到前一位的进位来到时,可以通过一个双路开关选出正确的输出结果。这就是进位选择加法器的设计思想。

下面是 8 位进位选择加法器的 verilog 实现。

(1) add4.v:4 位逐位进位加法器。

```
module add4(a, b, cin, sum, cout);
input [3:0] a, b;
input cin;
output cout;
output [3:0] sum;
wire [3:1] c;
fa u1(a[0], b[0], cin, sum[0], c[1]);//对模块的引用,输入的变量名与端口名要对应
fa u2(a[1], b[1], c[1], sum[1], c[2]);
fa u3(a[2], b[2], c[2], sum[2], c[3]);
fa u4(a[3], b[3], c[3], sum[3], cout);
end module
```

(2) add8.v:顶层的模块,通过引用 4 位加法器模块实现。选择进位加法器结构如图 5.9所示。

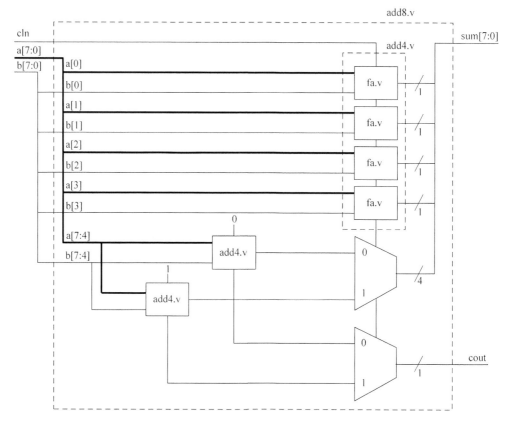

图 5.9 选择进位加法器结构

```
module add8(a, b, cin, sum, cout);
input [7:0] a, b;
input cin;
output cout;
output [7:0] sum;
wire c4, c8_0, c8_1;
wire [7:4] sum_0, sum_1;                        //中间变量

add4 u1(a[3:0], b[3:0], cin, sum[3:0], c4);     //低四位的相加
add4 low_add(a[7:4], b[7:4], 1'b0, sum_0, c8_0);  //无进位时高 4 位相加
add4 high_add(a[7:4], b[7:4], 1'b1, sum_1, c8_1);  //有进位时高 4 位相加

assign sum[7:4] = c4?sum_1:sum_0;               //选择正确的求和结果输出
assign cout = c4 ? c8_1 : c8_0;                 //选择正确的进位输出
end module
```

（3）addertb.v：实验中的测试模块。

```
Module addertb;
reg [7:0] a_test, b_test;
wire [7:0] sum_test;
```

```
regcin_test;
wirecout_test;
reg [17:0] test;

add8 u1(a_test, b_test, cin_test, sum_test, cout_test);

initial
begin
  for(test = 0; test <= 18'h1ffff; test = test +1)          //进行循环赋值
begin
cin_test = test[16];
a_test = test[15:8];
b_test = test[7:0];
    #20;
if({cout_test, sum_test} !== (a_test + b_test + cin_test)) begin
    $display(" *** ERROR at time = % 0d *** ", $time);
    $display("a = % h, b = % h, sum = % h;  cin = % h, cout = % h",
a_test, b_test, sum_test, cin_test, cout_test);          //加法错误时显示
    $finish;
end
    #20;
end
  $display(" *** Testbench Successfully completed! *** ");     //加法正确时显示
  $finish;
end
end module
```

加法器设计实现时,不同代码风格对实现结果"殊途同归"。testbench 设计可使用穷举法,枚举测试向量。注意设计 testbench 时测试覆盖的完整性。设计 64 位高性能加法器时,不必闭门造车,可查阅文献参考前人的设计方案。

5.2.6 实验原理及方案

1) 实验基本原理
本次实验基本内容为全加器、4 位逐位进位加法器、8 位选择进位加法器的设计实现。
2) 实验方案参考
(1) 使用纯文本编辑器(如 notepad++等)、编辑全加器、4 位逐位进位加法器、8 位选择进位加法器代码。
(2) 在 cmd 命令窗口,输入 sim,运行给定的批处理文件 sim. bat,启动仿真过程,如果程序正确,则可看到仿真波形图输出在 wave 窗口。观察 transcript 窗口给出的 testbench 仿真输出结果,是否能看到预先设计的正确提示信息" *** Testbench Successfully completed! *** "。有错误的话,修改代码,并检查实验流程是否有操作错误。
(3) 在 cmd 命令窗口,输入 run 使用给定的批处理文件 run. bat,运行脚本运行文件,完成代码的流程编译、下载过程。如果没有错误,sram 配置数据(sof 文件数据)会下载到 tnano 板上,实现加法器以及测试逻辑电路。
(4) 运行所给的测试 tcl 脚本,实现通过计算机端的虚拟按键(source)程序,输入加法

器的加数与被加数,则虚拟探针(probe)会读出加法器的结果。

5.2.7　实验报告要求

实验总结报告中必须有:设计的程序代码,记录的仿真波形,在线调试截取的真实信号数据,综合结果,timequest 的时序分析结果,并完成结果分析。按自身能力与要求,完成基本与扩展部分的实验要求。报告必须每人独立完成,合作完成实验的报告中要报告自己主要负责完成的任务工作。

5.2.8　考核要求与方法

基础部分在实验室 4 学时完成,其他扩展部分可课后完成。

(1) 基础考核:按照范例完成全加法器的设计、实现与验证。

(2) 优秀考核:代码规范、测试方案正确完整、实验过程遵守操作规程。

(3) 扩展考核:64 位加法器的优化实现,速度取胜。

5.2.9　项目特色或创新

(1) 创新理念,将虚拟仿真的技术思想引入实验。通过自主设计的数码管、按键等虚拟硬件资源的 IP 仿真模块,虚拟仿真硬件实体,在 FPGA 最小系统上替代实际硬件资源,完成实验,降低了实验设备的成本,提高便携性,使口袋实验室成为可能。

(2) 设计、实现模块化,调试操作一键化。实验中,通过模块化的实现方式,复杂的电路 IP 模块事先由教师设计完毕,提供给学生使用。通过使用老师预先编制的脚本,调试程序,可一键操作,不必学习 Quartus、Modelsim 复杂的设计流程与用户界面。学生将主要精力用于本次实验的关键知识与技术的运用和理解上,学生仅需设计、实现本次实验的核心内容,在不降低实验复杂性的前提下,降低了实验实现的难度,减小了学生的畏难情绪。

(3) 注重培养学生探索求知的精神和实践能力,未采用 step by step 模式编写讲义,扩展部分实验细节留给学生自行设计。有效地发展了主动学习和多层次项目导向的教育理念,体现综合性,分层次进行创新能力培养,为电工电子相关课程体系虚拟仿真改革试点提供了新思路。

5.3　嵌入式系统串口通信实验

5.3.1　实验内容与任务

本课程实验采用积分制,总分 100 分,学生可选做相应的实验内容,完成即获得实验分,课程结束,所获实验分累积即为最终成绩,本实验内容积分 8 分,其中报告 2 分。

1) 基本内容

连接好 PC 与实验平台的任意之一串口,设置好串口参数,连接好 JTAG 仿真器,选用对应的集成开发环境和测试软件,编写程序,可参照基础程序模板,并将程序调试、编译生成 bin 文件,通过 JTAG 接口将程序烧写到实验平台,实现以下功能:

(1) 实验平台上电后,首先将自己的专业、姓名及学号显示在 PC 端"串口助手"接收端。

(2) 通过"串口助手"发送端等时间间隔地发送任意长度的字符,在接收端显示。

（3）通过"串口助手"发送长度大于 5B 的十六进制数据，实验平台收到，去掉其中头 2B 和尾 2B 的数据，将剩下的数据回传给 PC 端，并在"串口助手"接收端显示。

2）进阶内容

（1）GPS 模块，提取星数、时间、精度和纬度值，并显示出来（可选，参考文档自学）。

（2）GPRS 模块，利用 AT 指令发送短信（可选，参考文档自学）。

（3）串口相机，获取图片（可选，参考文档自学）。

5.3.2　实验过程及要求

实验前，结合实验指导书，预习并准备以下内容：

（1）理解 PXA255 嵌入式系统上串口硬件电路组成及连接方法。

（2）理解 GPIO 口寄存器的配置。

（3）串口寄存器配置及中断响应处理。

（4）掌握集成开发环境、串口工具的使用。

（5）根据"基本内容"预先编写程序。

实验中，需要完成以下工作：

（1）使用交叉串口线连接好 PC 与实验平台，连接好平台电源线和 JTAG 程序下载器。

（2）进行程序设计及调试，记录好实验现象、出现问题及解决的办法。

（3）任务完成后向指导教师提出验收，该项实验内容且实验报告验收完成较好者记满分 8 分，完成该实验内容可选进阶模块，自学进阶模块的技术资料，完成进阶实验内容，获得 4 分的加分。

（4）实验结束后，认真完成实验报告。

5.3.3　相关知识及背景

本实验的内容涉及：ARM 嵌入式系统的基本组成；底层 ARM 系统软硬件开发的基本流程；基于 PXA255 嵌入式系统中 GPIO 口的控制方法；UART 的使用、寄存器配置及中断响应的处理；嵌入式系统集成开发环境的使用；串口调试的工具及 PC 上位机的程序设计；工程实际应用技能。

5.3.4　教学目的

通过该实验，让学生巩固 ARM 嵌入式系统基本开发流程，掌握各种开发工具的使用，深入掌握 I/O 接口、寄存器的配置，特别是掌握串口通信的基本方法、软硬件设计技巧，为后续操作系统实验奠定基础。

5.3.5　实验教学与指导

选做该实验内容之前，学生应该通过理论课程对串口通信的技术和方法有比较全面的理解，实验简化设计要求描述，让学生能快速理解实现目标，"基本内容"看上去简单，但在"基本内容"中已经隐含融入了嵌入式系统串口设计中的难点和重点，包括：

（1）嵌入式系统 GPIO 口工作模式、配置方法。

（2）串口通信基本参数设置。

（3）异常向量表的配置。

（4）ARM 汇编、C 语言混合编程方法。

（5）ISR 服务程序的编写。

（6）串口数据的处理技术。

学生在实现目标的过程中必然会遇到这些技术难点,同时,在指导手册和教材中提供了出现这些问题的原因和解决办法,学生边实践边发现,边发现边学习,边学习边解决,培养学生用嵌入式系统中的串口通信实现特定功能。

PXA255 嵌入式系统的串口传输有两种实现方式:程序查询状态寄存器和中断处理。根据 PXA255 开发板的串口硬件连接,不加入 Modem 传输协议,仅利用 UART 引脚 TXD 和 RXD 进行数据接收和发送。

1) 基本串行接口(UART)

PXA255 处理器有 4 个 UART,每个 UART 能将从 RXD 端接收的串行数据转换为并行的数据,并且能够将来自处理器的并行数据转换为串行数据,然后通过 TXD 端发送出去。根据 UART 是否在 FIFO 模式下执行,发送和接收的数据会有选择地锁存在发送/接收 FIFO。无论是接收还是发送,当运行在 non-FIFO 方式时,数据不会被锁存在 FIFO,而只会被锁存在寄存器 RBR 或 THR,可以简单认为在 non-FIFO 时,RBR 和 THR 分别与接收移位寄存器和发送移位寄存器直接相连。

当需要对数据接收或发送时,应该首先根据 UART 的状态标志来决定是否写入 RBR 或从 THR 读出,每个 UART 都有一个 Line Status Register(LSR),它提供了传输状态信息,通过读取响应的位便可以得知当前情况是否适合发送。这里有两种方式实现控制 UART 的发送和接收:

（1）通过程序不断轮询 UART 的状态寄存器 LSR 来决定是否发送和接收数据。

（2）以中断方式来实现发送和接收数据,此时可以通过 UART 的当前状态来触发中断,即利用接收或发送事件请求令中断发生,然后在中断服务例程里实现发送和接收。

实验平台上有串口 1 和串口 2,对两个串口编程就能够实现接收和发送数据。

2) 波特率产生器

每个 UART 包含一个可编程的波特率发生器,它采用 14.7456MHz 作为固定的输入时钟,并且可以对它以 $1\sim(2^{16}-1)$ 分频,波特率可以通过以下公式计算:

$$波特率 = \frac{14.7456\text{MHz}}{16 \times 分频器} \tag{5-3}$$

分频器的取值可以是 $1\sim(2^{16}-1)$,该值是通过在寄存器 Divisor Latch Registers(DLL 和 DLH)中设置,DLL 和 DLH 都是 32 位的寄存器,但只有低 8 位可以使用,所以 DLH[0:7] 和 DLL[0:7] 就组成了一个 16 位的分频器,DLH[0:7] 为分频器的高 8 位,DLL[0:7] 为分频器的低 8 位。部分波特率与分频器对应关系如表 5.2 所示。

表 5.2 部分波特率与分频器对应关系

波特率/(b·s⁻¹)	分 频 器	DLH	DLL
9600	96	0x0	0x60
38400	24	0x0	0x18
57600	16	0x0	0x10
115200	8	0x0	0x8

5.3.6 实验原理及方案

1) 程序查询状态寄存器方式

(1) 配置 GPIO,目的是使处理器的引脚 GP34、GP39 分别作为 FFUART 的 RXD 和 TXD 端。GP34 要作为输入端,GP39 作输出端,所以,GPDR1[PD34] 设为 0,GPDR1[PD39] 设为 1。

GP34 要作为 FFRXD 功能引脚来使用,GP39 要作为 FFTXD 功能引脚来使用,所以,需要将 AF34 设为 01,AF39 设为 10。

(2) 配置寄存器 Power Manager Sleep Status Register(PSSR),目的是将 CPU 的 GPIO 输入引脚可用。

(3) 配置 FFUART 寄存器,实现 FFUART 的发送接收功能。

(4) 设计接收/发送函数。通过查询寄存器 FFLSR[DR] 的状态判断是否需要访问寄存器 FFRBR,通过查询寄存器 FFLSR[TDRQ] 的状态来判断是否适合发送数据。

2) 中断处理方式

(1) 打开 IRQ 中断控制。

(2) 设置中断控制器的中断屏蔽寄存器 ICMR(0x40D0_0004)。ICMR[IM22] 为 FFUART 的中断屏蔽位,将该位置为 1,中断控制器可以接收 FFUART 发出的中断请求。

(3) 设置 UART 寄存器。

(4) 设置 IRQ 中断服务例程。由于中断屏蔽寄存器 ICMP 只开启 FFUART 中断,另外,FFUART 只开启 Received Data Available 中断,所以,当中断发生时,必然是由 FFUART 的 Received Data Available 中断引起的。

(5) 设计中断服务例程:①在中断向量表的 0x18 的位置写上跳转到 IRQ 中断服务例程的指令 B IRQ Handler;②中断服务例程。

```
__rq void IRQHandler(void)
{
Char newchar;
Newchar = FFRBR;
FFTHR = newchar;
}
```

当接收数据时,处理器会跳转到中断服务例程执行,所以程序无须查询 FFUART 的状态来判断是否需要接收数据。

5.3.7 实验报告要求

实验报告最高积 2 分,需在设计报告中体现:实验目的、软硬件原理、开发设计流程、固件程序设计流程、程序测试方法及步骤、小结。实验报告不迟于下次实验前提交,纸质打印,提交电子档程序代码,并手写签名。

5.3.8　考核要求与方法

本课程实验采用积分制,总分 100 分,学生可选做对应实验内容,完成即获得实验分,课程结束,所获实验分累积即为最终成绩。

独立完成,本实验基本内容部分要求当堂(2 个学时内)完成并通过验收,需要学生提前做好预习和准备工作,完成基本内容即获得本项实验内容积分 8 分,其中,实验报告占 2 分,进阶拓展部分可在课外或开放实验时间完成和验收,完成进阶拓展部分实验内容的,可多获得积分 6 分;未在课堂时间内完成实验内容的,只能通过开放实验完成和验收,且最多只能获得该项实验内容积分的 50%,即 4 分。

5.3.9　项目特色或创新

(1) 将硬件、软件、开发工具、驱动程序设计、上位机程序设计融合在一起,让学生较全面地认识嵌入式系统开发与设计的方法,为后续操作系统实验奠定基础。

(2) 将有工程实用价值的内容引入到实验中,引导学生自主拓展学习。

5.4　数字调频收音机

5.4.1　实验内容与任务

本实验要求学生完成一套完整的数字调频收音机,实现以下功能:

(1) 立体声调频收音功能:能够接收 5 个以上的电台,能进行手动搜台,可扩展为自动搜台。

(2) 频道存储功能:可以把接收到的电台存储下来,每次开机,保证播放上次关机时的频道,实现固定频率接收。

(3) 实时显示功能:能通过 LCD 显示屏显示接收频率、当前操作、时间、环境温度等信息,并且能对时间进行调整。

(4) 音量调节功能:能对音量进行手动控制,可扩展为按键控制。

实验中要求学生对各电路模块芯片进行选型、软硬件设计和电路焊接,测试记录搜集到的电台频率,思考未接收到电台信号时,电路输出的噪声很大的原因和解决方案。

5.4.2　实验过程及要求

(1) 了解频率调制和解调原理和过程,了解数字调频收音机的结构组成。

(2) 了解数字调频收音机各模块中芯片的功能、特点及用途,学会对芯片进行选型。

(3) 学会使用 51 单片机,通过编程对调频收音机的工作模式、音量等功能进行控制。

(4) 学会简单功能电路的设计,掌握系统设计的流程和方法。

(5) 熟悉电路的焊接,将各功能模块级联起来,实现相应的功能。

(6) 学会对电路进行调试,对电路出现的问题进行分析并解决。

(7) 撰写设计总结报告,并通过分组演讲,学习交流不同解决方案的特点。

5.4.3　相关知识及背景

调频收音机是生活中常见的物件,它涵盖高频电路中许多重要的知识点,如高频小信号放大、混频、振荡、功率放大、鉴频等知识。同时单片机作为电子类专业的重要部件,可通过软件编程实现对硬件的功能控制,使得硬件设备有更好的体验和交互感。

5.4.4　教学目的

本实验将高频电子线路知识点和单片机完美融合,旨在完成数字调频收音机的设计制作。通过软件和硬件相结合,实现了电子线路的综合设计,提升学生对专业的理解和动手能力。

设计过程中,从调频信号接收、调频、放大、声音控制、单片机控制、LCD 显示等内容都有涉及,对学生的知识要求涵盖了单片机和高频电路。用单片机通过程序设计,与收音机硬件电路连接起来,作为对调频收音机功能的创新和完善,能加强学生在电路设计、电路理解、编程等方面的能力。在综合设计过程中,知识的交叉融合也将加深学生对专业的理解和兴趣,锻炼学生发现问题、思考问题、解决问题的能力。

5.4.5　实验教学与指导

本实验是一个综合设计型实验,对学生的要求较高,除要求学生独立完成以外,应在以下几个方面加强对学生的引导:

(1) 针对实验内容和设计任务,如何在保证系统功能的前提下,兼顾性价比,确定系统方案,是迈向成功的第一步。

(2) 信号输入部分是系统效果的关键之一,因此天线(包括天线的接口)的设计选型尤为重要,每个组根据自身的 FM 模块选型情况,确定合适的天线。

(3) 如果想要在空旷的地方实验,系统供电是一个需要考虑的问题。

(4) 在雷电等极端天气下,应该如何有效地保护系统电路。

(5) 系统输出可以根据功放电路的不同设计,灵活选择耳机或喇叭。

(6) 系统软件采用模块化设计,便于维护升级。

(7) 各部分电路焊接完成后,建议先分别调试每个独立的功能模块,再进行系统联调。

(8) 实验完成后,可以鼓励完成速度快、实验效果好的学生以 PPT 的形式给大家交流经验,提高大家的学习积极性,激发各种不同的思路。

整个实验过程中,尤其要注意系统电源的稳定性和可靠性,建议在正式上电以前,采用试触的方法,确保系统供电安全。调试过程中如果遇到问题,一定要学会借助手上的仪器和软件发现、定位问题,尽可能多地利用能够找到的各种资源,比如百度、图书馆等,分析、解决问题,也可以跟同学互相讨论交流,也可以多和老师沟通。

5.4.6　实验原理及方案

1. 系统方案

基于 MCU 的数字 FM 收音机需要用到的主要硬件组成有天线、FM 收音模块、音频功放模块、MCU 主控模块和按键/显示等部分。各个硬件之间互相连接后,组成整个收音机的硬件系统,系统总体结构如图 5.10 所示。

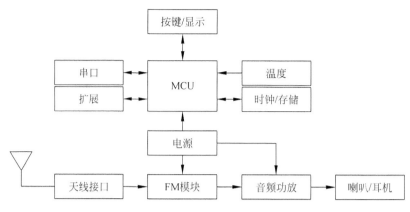

图 5.10　系统总体结构

2. 参考电路

FM 模块电路如图 5.11 所示。FM 模块的核心芯片采用 RDA 公司的 RDA5807SP,该芯片为数字立体声 FM 芯片,采用 SOP16 封装,工作电压 2.7～5.5V;RF 接收频率范围是76～108MHz。根据 RDA5807SP 的接收频率范围,结合当地电台的工作频率,选择适当的天线,为系统获取最佳的调频信号输入。

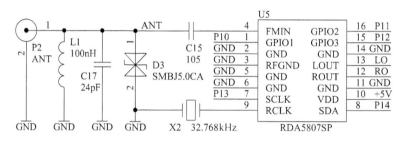

图 5.11　FM 模块电路

音频功放电路如图 5.12 所示。RDA5807SP 输出的信号功率可以直接推动 32Ω 耳机工作,如果需要外接喇叭(扬声器),则需要单独设计音频功放电路。TS4962 为双输入、双输出立体声音频功放,外接 8Ω 喇叭时,可最大输出 1.7W,满足一般场合的需求。

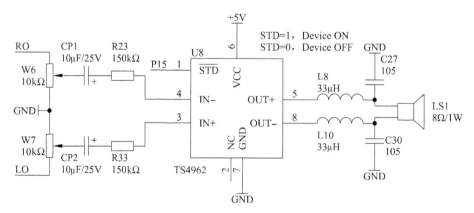

图 5.12　音频功放电路

MCU 主控模块如图 5.13 所示。STC89C52 为宏晶科技有限公司推出的单片机,可以通过串口或 ISP 下载程序,给调试升级带来了非常大的方便。另外,系统通过 JP1 和 JP2 将 MCU 的引脚全部引出,方便扩展其他功能。复位电路略。

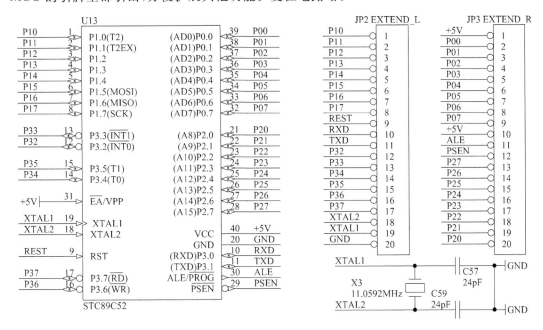

图 5.13 MCU 主控模块

时钟/存储模块电路如图 5.14 所示。时钟电路选用 DS1302,晶振频率选取 32.768kHz,主电源 VCC1 采用+5V 供电,备用电源 VCC2 采用电池供电,可实现时钟记忆。存储电路选用 24C16,通过单片机控制,可实现电台存储等功能。

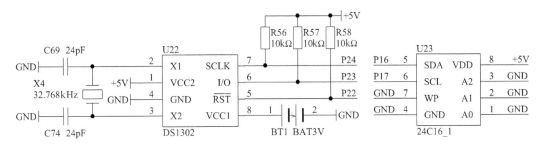

图 5.14 时钟/存储模块电路

按键/显示/温度功能电路如图 5.15 所示。系统可接 1602 液晶屏,实时显示频率、时间、温度等信息。可以通过按键实现电台选择、时钟调整等功能,DS18B20 实现环境温度的采集。

电源电路如图 5.16 所示。系统可接收 7.4~12V 宽范围的电压输入,并设计了过压、过流保护功能。通过凌特公司生产的三端稳压芯片 LT1086IT-5,为系统提供+5V 的工作电压。

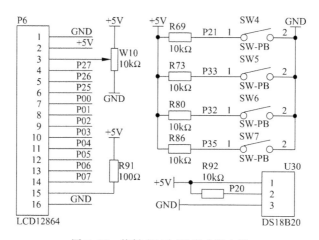

图 5.15 按键/显示/温度功能电路

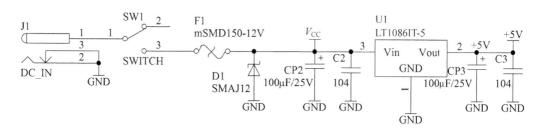

图 5.16 电源电路

5.4.7 实验报告要求

（1）实验基本原理。

（2）系统实现方案。

（3）器件选型。

（4）硬件电路设计和电路焊接。

（5）程序设计与调试。

（6）问题分析和解决方案。

（7）电路功能测试与数据记录。

（8）实验总结与实验心得。

5.4.8 考核要求与方法

（1）时间节点：实验共持续四周的时间，早完成、早验收。

（2）考核方法：学生焊接实验电路，调试完成后找老师当场检查实验效果，课后完成实验报告。

（3）考核标准如表 5.3 所示。

表 5.3 考核标准

要求	内容	得分
基本要求	焊接可靠、布局美观	5
	实验效果良好	40
	实验思路清晰	10
提高要求	电路设计有创新性	5
	完成基本方案以外的功能	5
报告要求	电路图设计和功能代码完整	10
	实验报告规范整洁	10
	数据记录完整	5
其他要求	实验完成速度快	5
	系统性价比高	5

5.4.9 项目特色或创新

（1）本项目是一个完整的系统，工程性很强，可以全面考查学生综合运用所学知识的能力。

（2）对学生的知识要求涵盖了单片机和高频电路等方面，加强了学生的电路设计、电路理解、编程等能力，培养学生软件硬件相结合的能力。

（3）将综合性实验引入高频电路实验教学，跳出实验箱的局限性，将极大地提高学生的动手能力和综合设计能力。

5.5 射频收发系统

5.5.1 实验内容与任务

（1）基于 ADS 软件，完成一个射频收发系统的设计及关键指标参数的仿真，其中发射信号为调幅信号，载波频率为 680MHz，调制信号为 1kHz 的正弦波。接收采取 60MHz 中频接收。请自行设计发射系统和接收系统，并利用 ADS 仿真软件的行为级功能模块来搭建射频收发系统，并对系统增益、频率选择性等参数进行仿真。

（2）基于射频实验箱，按照设计的射频收发系统进行系统搭建，完成射频发送、接收综合试验，并使用频谱分析仪对收/发信机关键性指标（如发射部分的频率范围、输出功率、杂散辐射核接收机的增益、灵敏度等）进行测试。

5.5.2 实验过程及要求

（1）学习射频收发系统的原理和组成，掌握射频其关键指标的意义及测量方法。

（2）根据系统参数进行射频收/发系统设计，确定系统设计方案及各模块参数和指标。

（3）根据设计方案，使用 ADS 中诸如滤波器、放大器和混频器等行为级的功能模块搭建收/发信机系统。

（4）运用 ADS 的各类仿真器对收/发信机系统的各种性能参数进行检测，给出结果图。

（5）结合仿真结果调整各模块的参数，直至达到预期效果。

（6）利用射频试验箱提供的模块，搭建射频发射机、接收机，完成发送/接收综合试验，在接收端解调出预期信号。

（7）使用频谱仪对射频收发系统主要参数进行测试，汇出数据表格。

（8）撰写设计总结报告，并通过分组演讲，学习交流不同设计方案的特点。

5.5.3　相关知识及背景

这是一个运用射频电路知识进行射频前端综合设计的典型案例，结合设计指标和理论计算，完成特定射频前端的初步设计，再利用仿真软件的行为级功能模块来设计并搭建射频收发系统，使学生能对其组成、功能和结构有充分认识，并对发射机、接收机的重要指标进行仿真，进而评估系统性能。

5.5.4　教学目的

通过系统实验引导学生结合设计指标和理论计算来完成特定射频前端的设计，学会利用仿真软件进行系统设计和电路仿真的方法，掌握结合实验箱完成综合实验及参数测量的技术，达到培养学生射频系统综合设计能力的目的。

5.5.5　实验教学与指导

本实验是在学生完成模块设计性实验后，在其熟练掌握对各个典型的射频电路模块的设计方法的基础上，开设的综合实验。学生要顺利完成实验，需要经历学习研究、方案设计、参数仿真、系统搭建、系统联调、参数测量、设计总结等过程。在实验教学中，应在以下几个方面加强对学生的引导：

（1）学习射频前端的工作原理及主要组成，了解不同种类的接收机的电路设计特点。射频发射系统的主要功能是产生并发射信号，通常由发射天线、振荡器、混频器、滤波器和功率放大器组成。不同的通信系统，接收机有很多种结构，比较常见的有零中频接收机和超外差接收机，要根据实际需要进行选择。

（2）理解射频收/发系统的关键技术指标，如灵敏度、噪声系数、增益、动态范围、频率选择性等。这些参数与各个模块的选择与连接有关，在系统设计时要对它们进行充分的评估。

（3）根据设计要求（发射接收的指标）来完成系统设计方案，确定各个模块的参数设计。

（4）利用 ADS 的行为级功能模块来设计并搭建射频收发系统。对系统设计而言，它直接用行为级和功能级的角度去研究分析系统性能，这就相当于只需把已经封装好的模块拿来用，而不必去考虑其具体的电路构成是怎样的。尤其是在具体方案实现前进行设计的可行性分析，这样不必涉及具体电路实现的情况，更显其独特的优越性和重要性。

（5）运用 S 参数仿真、交流仿真、谐波平衡仿真和瞬态响应仿真器对整机方案的各种特性进行仿真。谐波平衡仿真，通过接收机的下变频仿真将看到接收机是如何将射频信号的频谱搬移到零中频的，也就是接收机的频域响应特性。预算增益仿真在谐波平衡分析以及交流分析中都可以进行，但如果在交流仿真中进行的话，混频器不能是晶体管级的。因为这里进行的是行为级仿真，混频器的非线性特征是已知的，所以这里就用交流分析进行仿真。仿真会在接收机总增益最大和最小两种情况下进行以得到较为全面的分析结果。

（6）利用射频实验箱中的模块搭建射频收发系统，将接收到的信号连接到示波器上看是否能正确接收和解调。通过这两套系统的搭建与测量,学生可从整体角度了解和掌握系统的原理和性能,在掌握系统测试技能的同时,深入理解信号间的相互作用,感性地认识混频流程以及信号的传输过程,改变调制信号的幅度和频率,观察接收到的信号是否同样变化。

(7)利用实验室提供的频谱仪、信号源和示波器等,结合前面的实验中的典型模块测试方法,设计测试方法,测量射频发送机的载波频率与功率电平及射频接收机前端的灵敏度。

(8)在实验完成后,可以组织学生以项目演讲、答辩、评讲的形式进行交流,了解不同解决方案及其特点,拓宽知识面。

在设计中,要注意学生设计的规范性,如系统结构与模块构成,各模块的参数设计的合理性及接口要求;在仿真中,要注意模块选取的正确性及仿真环境与工具设置是否正确;在系统调试中,要注意工作电源对系统指标的影响以及电缆连接的可靠性,如果收不到预期信号要学会逐级排查来找到问题;在测试分析中,要充分利用频谱仪、示波器等的量程,分析系统的误差来源并加以验证。

5.5.6 实验原理及方案

1)实验基本原理

通信机由发射机和接收机组成。发射机射频部分的任务是完成基带信号对载波的调制,将其变为通带信号并搬移到所需的频段上且有足够的功率发射。接收机的射频部分与发射机的相反,它要从众多的电波中选出有用信号,并放大到解调器所要求的电平值后再由解调器解调,将频带信号变为基带信号。射频发射模块结构和接收前端结构分别如图 5.17 和图 5.18 所示。

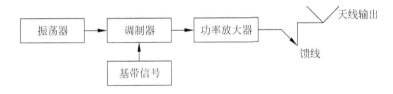

图 5.17 射频发送模块结构

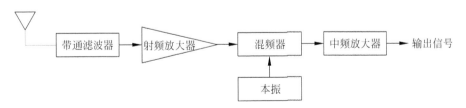

图 5.18 射频接收前端结构

发送机发射的信号是处于某一信道内的高频大功率信号,应尽量减少它对其他相邻信道的干扰。发送机的主要技术指标有工作种类、调制方式、频率范围、频率稳定度及准确度、输出功率、效率、杂散辐射等。接收机的主要技术指标有灵敏度、噪声系数、频率选择性、信号带宽、增益、动态范围等。接收机的一个很重要指标是灵敏度,它定义为:在给定的信噪比的条件下,接收机所能检测的最低输入信号电平。灵敏度与所要求的输出信号质量即输出信噪比有关,还与接收机本身的噪声大小有关。噪声系数定义为系统输入信噪功率比与输出信噪功率比的比值,常用 F 表示。噪声系数表征了信号通过系统后,系统内部噪声造成信噪比恶化的程度,系统总的噪声系数主要由第一级决定,通过提高第一级的增益,有助于减小系统总的噪声系数。接收机射频前端的频段选择性,就是接收机射频前端选择有用信号,同时抑制带外干扰的能力,主要取决于射频前端结构中的中频滤波器特性。

2) 实验方案

本实验要求设计一个射频收发系统,实验任务包括系统设计、基于 ADS 的仿真实验,并利用实验室原有的实验平台为来完成系统搭建和测试,主要完成一个工作在 680MHz 的射频发射接收系统的设计与仿真。

(1) 设计是建立在实验室中已有的中频调制和解调的硬件基础上的,因此发射端和接收端系统仿真中不考虑信号的调制和解调过程。发射系统由经过调制后的 680MHz 信号经高通滤波器,再经过功率放大送入发射天线发射出去。接收端在设计中要考虑增益、噪声系数、灵敏度等因素,比发射端的设计更为复杂。接收机端电路可采用超外差接收机的结构,中频为 60MHz。经天线接收到的弱信号送入射频滤波器,选择信号频段,减小互调失真。经滤波后的信号送入到低噪声放大器进行放大,低噪声放大器的选择对于降低系统的噪声系数的作用是至关重要的。接着信号由 3dB 功分器分成大小相等的两路信号,分别与两路正交的本振信号进行正交下变频得到 I/Q 两路基带信号,经中频滤波、中频放大后得到中频 I/Q 信号。建立原理图时,对各个模块的相关参数的设置要结合模块的实际参数进行设置。

(2) 原理图建立以后,在 ADS 的模拟设计环境下,添加相关的仿真控件,进行预算路径设定,建立预算增益方程,对发射端和接收机端进行预算增益仿真,得到各个模块的增益和系统的增益。通过设置射频输入信号的范围,利用软件的 S 参量仿真控件,可得到在不同输入频率下的接收机端输出信号增益变化情况。利用谐波平衡仿真控制器,将射频输入以及本振信号作为基波频率,得到接收机的频域响应特性曲线。

(3) 运用试验箱进行系统搭建时,射频发送与接收的连接示意图如图 5.19 所示。实验箱中有各式滤波器,VCO(压控振荡器)的电压和输出频率均可调,搭建电路时应根据设计原理图进行选择和调整。发射部分:发射部分 VCO 产生的本振信号输入调制器后,信号被滤波、放大,送到天线发射出去。接收部分:天线接收到的射频信号输入混频器进行下变频,混频器输出中频信号,滤波、放大后送到同轴检波器,同轴检波器对放大后的中频已调波进行检波,恢复已经过脉冲调制的信号的包络信息,即函数发生器产生的正弦波信号,并通过数字示波器显示出来。在电路搭建完成后,调节频谱分析仪衰减器直到接收到正常信号,观察并记录信号频谱,通过接到示波器观察基带信号波形。

(4) 射频发射机测试方案和射频接收前端测试方案分别如图 5.20 和图 5.21 所示。逐渐加大发送部分衰减量使接收的基带信号逐渐减小至高于噪声电平 3dB,此时的信号电平即对应于这一由射频前端和频谱分析仪组成的接收机的灵敏度。调节发送和接收装置使接收机的灵敏度达到最佳,测量此时接收装置的各项技术指标。

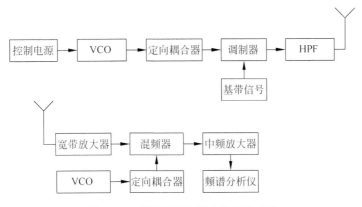

图 5.19　射频发送与接收的连接示意

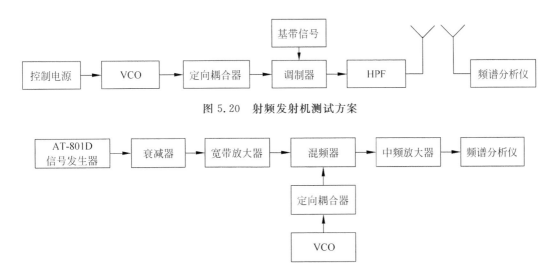

图 5.20　射频发射机测试方案

图 5.21　射频接收前端测试方案

5.5.7　实验报告要求

(1) 实验需求分析。

(2) 实现方案设计,给出总体方案设计。

(3) 电路设计与参数选择:结合系统设计指标给出电路设计及各模块的参数。

(4) 仿真原理图:基于 ADS 的发射机和接收机的原理图。

(5) 仿真结果及分析:基于 ADS 的仿真结果。

(6) 实测数据处理分析:基于频谱仪的实测结果。

(7) 实验结果总结。

5.5.8　考核要求与方法

(1) 实物验收:是否完成系统设计,是否完成一个完整的射频收/发系统,功能与性能指标的完成程度,完成时间。

(2) 实验质量:电路方案的合理性,系统设计的合理性,仿真指标结果,实际发射接收实验中实测接收信号的质量,结果的可重复性等。

(3) 自主创新:功能构思、电路设计的创新性,自主思考与独立实践能力。

(4) 实验成本:是否充分利用实验室已有条件,电路模块选择的合理性。

(5) 实验数据:测试数据和测量误差分析。

(6) 实验报告:实验报告的规范性与完整性。

5.5.9 项目特色或创新

充分考虑到实验时间限制、可操作性和可实现性等方面的因素,在熟练掌握对各个典型的射频电路模块的设计方法的基础上,通过软件仿真和硬件调试相结合的方式让学生对一个完整的射频系统进行建模并对其关键指标进行仿真和测量,进而评估系统性能,实验现象直观,实验过程系统化,达到了培养学生射频系统综合设计能力的目的。

参 考 文 献

[1] 黎东,赵海涛.航空遥感航线设计系统研究与实现[J].测绘科学,2013,13(5):34-35.

[2] 赵大建.基于 FPGA 的 Kalman 滤波器实现研究[D].南京:南京航空航天大学学位论文,2012.

[3] 张金利,景占荣,梁亮,等.微弱信号的调理电路设计和噪声分析[J].电子测量技术,2007,30(11):40-42.

[4] 沈建华,杨艳琴.MSP430 超低功耗单片机原理与应用[M].2 版.北京:清华大学出版社,2013.

[5] 刘文怡,李进武.基于 RS485 总线多机通信系统可靠性的研究[J].弹箭与制导学报,2005,25(3):102-104.

[6] 冯子陵,俞建新.RS485 总线通信协议的设计与实现[J].计算机工程,2012,38(20):215-218.

[7] 綦声波,李君峰,梅兴东.应用 TeeChart 控件实现数据曲线分析[J].工业控制计算机,2006,19(9):38-39.

[8] 王福昌,鲁昆生.锁相技术[M].2 版.武汉:华中科技大学出版社,2009.

[9] 远坂俊昭.锁相环(PLL)电路设计与应用[M].何希才,译.北京:科学出版社,2007.

[10] 曾庆贵.锁相环集成电路原理和应用[M].上海:上海科学技术出版社,2012.

[11] 小柴典居,植田佳典.振荡/调制解调电路[M].李平,译.北京:科学出版社,2000.

[12] 黄智伟.调制解调器电路设计[M].西安:西安电子科技大学出版社,2009.

[13] 李正勇,严颂华,刘志忠,等.天地波组网雷达同步控制系统设计[J].雷达科学与技术,2014,5:473-481.

[14] 李伦.高频地波雷达海洋动力学参数反演与应用方法研究[D].武汉:武汉大学,2013.

[15] 何缓.双基地高频地波雷达海洋环境监测若干问题研究[D].武汉:武汉大学,2012.

[16] 游伟.天波超视距雷达信号处理理论与算法研究[D].成都:电子科技大学,2013.

[17] 杨平,王威.MSP430 系列超低功耗单片机及应用[J].国外电子测量技术,2008,12:48-50.

[18] 伍刚,张小平.有源低通二阶滤波器的设计[J].兵工自动化,2005,4:85-88.

[19] 陈玉凯,吴财福,张建轩.太阳能光伏并网发电与照明系统[M].北京:科学出版社,2009.

[20] 冯垛生.太阳能发电原理与应用[M].北京:人民邮电出版社,2007.

[21] 黄汉云.太阳能光伏发电应用原理[M].北京:化学工业出版社,2009.

[22] Mellit A. Development of an expert configuration of stand-alone power PV system based on adaptive neuro-fuzzy inference system（ANFIS)[Z].2006:893-896.

[23] 张筱文,郑建勇.光伏电站监控系统的设计[J].电工电气.2010(9):12-16,20.

[24] 高嵩.独立式光伏逆变电源的研究[D].北京:北京交通大学,2008.

[25] 陈琼.基于无线网络的自动跟踪式光伏发电站监控系统[D].杭州:浙江大学,2010.

[26] 吴翔.光伏电站智能监控系统设计[J].北京电力高等专科学校学报(自然科学版),2011,28(3):32.

[27] 宋福霞,徐小力,乔道鄂,等.基于 Web 的光伏电站远程无线监控系统[J].仪表技术与传感器.2011(5):43-44,75.

[28] 张志霞,苑璐,郭帅.基于单片机控制的液晶彩屏 TFT 显示原理及应用[J].自动化技术与应用,2014,33(9):33-37,57.

[29] 孙盛坤,丁昊,宋杰.基于 FPGA 和 TFT 彩屏液晶的便携示波器设计[J].电子设计工程,2011,19(4):158-161.

[30] 闫志红,郑海林.基于 PIC18F4520 和 PD6453 的点钞机字符叠加器的设计[J].工业控制技术,2011:76-78.

[31] 吕斌,王芝萍,贺海靖.基于 PIC18F4520 与 GPRS 的远程路灯监控系统设计[J].仪表技术,2012(12):11-15.

[32] 刘小群,钱郁,陈磊.基于单片机的多路数据采集与传输显示系统[J].电源技术,2014,38(8)：1546-1563.

[33] Gary J Sullivan, Jens-Rainer Ohm, Woo-Jin Han, et al. Overview of the high efficiency video coding (hevc) standard[J]. IEEE Transactions on circuits and systems for videotechnology,2012,22(12)：1649-1668.

[34] 白彦鹏,吴学智,何如龙.视频质量客观评估方法分析[J].计算机与数字工程,2011,39(10)：170-173.

[35] 佟雨兵,张其善,祁云平.基于 PSNR 与 SSIM 联合的图像质量评价模型[J].中国图像图形学报,2006,11(12)：1758-1763.

[36] 陈小桥,叶晓涵,胡婷,等.基于双目视觉的无人机定位与控制系统[J].武汉大学学报(工学版),2017,50(4)：624-629.

[37] 陈小桥,胥鸣,葛文丽.基于 FPGA 的数字频谱分析仪的设计与研究[J].武汉大学学报(工学版),2010,43(2)：269-272.

[38] 杨光义,程鑫,金伟正,等.基于 MSP430 的小功率无线发射/接收系统[J].实验技术与管理,2017,34(11)：96-101.

[39] 陈小桥,黄恩民,张雪滨,等.基于单片机与 AD9851 的信号发生器[J].实验室研究与探索,2011,30(8)：98-102.

[40] 黄智伟.全国大学生电子设计竞赛.常用电路模块制作[M].北京：北京航空航天大学出版社,2011.

[41] 谭浩强.C 程序设计[M].4 版.北京：清华大学出版社,2010.

[42] 李朝青.单片机原理及接口技术(简明修订版)[M].北京：北京航空航天大学出版社,1999.

[43] 丙延年.传感器与检测技术[M].苏州：苏州大学出版社,2005.

[44] 黄根春.全国大学生电子设计竞赛教程——基于 TI 器件设计方法[M].北京：电子工业出版社,2011.

[45] 谢亮.基于 ADF4360-8 的锁相环频率合成器的设计与实现[J].时间频率学报,2013,36(2):75-83.

[46] 夏宇闻.Verilog 数字系统设计教程[M].3 版.北京：高等教育出版社,2013.

[47] 董尚斌.电子线路(II)[M].北京：清华大学出版社,2008.

[48] 李朝青.单片机原理及接口技术[M].北京：北京航空航天大学出版社,2013.

[49] 陈宇浩.基于 FPGA 和 DDS 的频谱分析仪的设计与研究[D].上海：东华大学学位论文,2009.

[50] 黄根春,周立青,张望先.全国大学生电子设计竞赛教程[M].北京：电子工业出版社,2011.4.

[51] 杨光义,闫燕莺,熊飏,等.锁相环调频发射接收系统[J].实验技术与管理,2014,31(10)：123-127.

[52] 黄根春,陈小桥,张望先.电子设计教程[M].北京：电子工业出版社,2007.

[53] 何苏勤,翟纯青.VHF/UHF 波段接收机动态范围的研究[J].电子设计工程,2009,17(6)：90-92.

[54] 施永热,陈霁月.VHF 调频电台接收机射频前端的仿真设计与研究[J].电子科技,2009,22(9)：34-38.

[55] 单长虹,孟宪元.基于 FPGA 的全数字锁相环路的设计[J].电子技术应用,2001,27(9)：58-60.

[56] 邓延安.一种基于 FPGA 的调制指数可调的数字化调频方案[J].现代电子技术,2006,29(11)：84-85.

[57] 杨光义,尹佳琪,王雪迪,等.基于 TFT-LCD 的多路实时采集显示系统研究[J].实验室研究与探索,2015,34(6)：150-154.

[58] 王力超,熊超,王晨毅,等.基于竞争机制的简化双目立体视觉测距算法及系统设计[J].传感技术学报,2007,1：150-153.

[59] Douglas E Comer. Internetworking With TCP/IP Vol Ⅰ: and Architectures Fourth Edition. Publishing House of 2001 Principles, Protocols, Electronics Industry.

[60] 孙克辉,尧平,洪娟娟,等.基于 JRTPLIB 库的 H.264 视频传输系统[J].计算机系统应用,2011,12：21-24.

［61］ 郭芳.复杂环境下四旋翼无人机定位研究[D].天津：天津大学,2012.

［62］ 马敏,吴海超.基于四元数自补偿四旋翼飞行器姿态解算[J].制造业自动化,2013,23：18-21.

［63］ 陈孟元,谢义建,陈跃东.基于四元数改进型互补滤波的 MEMS 姿态解算[J].电子测量与仪器学报,2015,9：1391-1397.

［64］ 梁延德,程敏,何福本,等.基于互补滤波器的四旋翼飞行器姿态解算[J].传感器与微系统,2011,11：56-58,61.

［65］ 陈孟元,谢义建,陈跃东.基于四元数改进型互补滤波的 MEMS 姿态解算[J].电子测量与仪器学报,2015,9：1391-1397.

［66］ 万晓风,康利平,余运俊,等.互补滤波算法在四旋翼飞行器姿态解算中的应用[J].测控技术,2015,2：8-11.

［67］ 甄子洋,浦黄忠,陈琦,等. Nonlinear Intelligent Flight Control for Quadrotor Unmanned Helicopter[J]. Transactions of Nanjing University of Aeronautics and Astronautics,2015,1：29-34.

［68］ 陈彦民,何勇灵,周岷峰. Decentralized PID neural network control for a quadrotor helicopter subjected to wind disturbance[J]. Journal of Central South University,2015,1：168-179.

［69］ 唐贤伦,仇国庆,李银国,等.基于 MATLAB 的 PID 算法在串级控制系统中的应用[J].重庆大学学报(自然科学版),2005,09：65-67.

［70］ 冯庆端,裴海龙.串级 PID 控制在无人机姿态控制的应用[J].微计算机信息,2009,22：9-10,45.

［71］ 蔡胜辉,朱绣鑫.蓝牙协议栈实现及 HID 设备[J].电子测量技术,2005,28(4)：92-94.

［72］ Brown S.数字逻辑基础与 Verilog 设计(原书第 2 版) [M].北京：机械工业出版社.2008.

［73］ 周立青,章研,安舒,等.基于硬件 Kalman 滤波器的航拍云台姿态获取[J].电子技术应用,2014,40(10)：93-95,102.

［74］ 叶嘉成,程文胜,胡婷,等.基于 MSP430 的火电厂化学量监测系统的设计[J].实验科学与技术,2016,14(4)：107-112.

［75］ 李正勇,严颂华,刘志忠,等.天地波组网雷达同步控制系统设计[J].雷达科学与技术,2014,12(5)：473-481.

［76］ 张兰,岳显昌,夏彤,等.微波技术实验中数字检流计设计与应用[J].实验技术与管理,2016,33(12)：90-94.